—

SYPHILIS

ET

SANTÉ PUBLIQUE

PRINCIPAUX TRAVAUX DU MÉME AUTEUR

Article SYPHILIDES (*Nouveau Di.tionnaire de médecine et de chirurgie vratiques*, 1883, t. XXXIX) [Barthélemy et Balzer].

SYPHILIS et ALCOOLISME (*Société de mé.ecine légale*, 1882, et *Annales d'hygiène publ. et de méd. lég.*, 1882).

SYPHILIS HÉRÉDITAIRE TARDIVE. LÉ-IONS DU FOIE (*Archives générales de médecine*, 1884). Congrès de Copenhague.

SYPHILIS DU REIN. (*Annales de dermatologie*, 1881. — *Bulletin médical*, 1887.)

ÉTIOLOGIE DES DERMATOSES. CONTAGIOSITÉ DU CANCER. (*Annales médico-chirurgicales*, juin 1885).

NOTE POUR SERVIR A L'HISTOIRE DES PURPURAS. PURPURA INFECTIEUX. (*Archives générales de médecine*, décembre 1882.)

ACNÉ. ÉTIOLOGIE ET TRAITEMENT. (*Congrès de dermatologie*, 1889.)

TUBERCULE ANATOMIQUE OU mieux TUBERCULE PROFESSIONNEL. Cure rapide et certaine par l'ignipuncture, 1882. — Congrès de la tuberculose, 1888.

SUEURS COLORÉES [par Balzer et Barthélemy]. (*Annales de dermatologie*, juin 1884.)

RECHERCHES SUR LA VARIOLE, thèse de doctorat. Paris, 1880, 288 pages.

PURULENCE CHEZ LES BRIGHTIQUES. (*Société clinique*, 1879.)

CANCERS DU CŒUR. (*Société anatomique*, 1879.)

INTOXICATIONS PAR LES VAPEURS DE CHARBON. (Paralysies toxiques. Prédispositions au ramollissement cérébral par le fait de certaines professions) [par Barthélemy et Magnan]. (*Société de médecine légale*, 1881, et *Annales d'hygiène publique et de médecine légale*, 1881.)

TRAITÉ PRATIQUE DES MALADIES DE LA PEAU, de Duhring, traduit et annoté par Barthélemy et Colson, 1883.

ÉMILE COLIN — IMPRIMERIE DE LAGNY

SYPHILIS

ET

SANTÉ PUBLIQUE

PAR

T. BARTHÉLEMY

Médecin nommé au concours de Saint-Lazare,
Ancien Chef de clinique de la Faculté de Médecine
à l'hôpital Saint-Louis, etc. etc.

Avec cinq planches.

PARIS

LIBRAIRIE J.-B. BAILLIÈRE ET FILS

19, RUE HAUTEFEUILLE, près du boulevard Saint-Germain

—

1890

A

ALFRED FOURNIER

Hœmmage de reconnaissance, de respect et d'affection.

T. BARTHÉLEMY.

INTRODUCTION

Cet ouvrage est le résultat de plusieurs années de reclherches et de réflexions. C'est à dessein que j'ai procédé si lentement. Je n'ai pas voulu faire œuvre de parti pris ; je ne l'ai publié qu'après m'être adressé à moi-même toutes les objections qui ont été., de divers côtés, opposées au système que je préconise. J'ai voulu aussi me garder des opinions primesautières et ce n'est qu'après avoir longuement pesé le pour et le contre, les avantages de la liberté sans limite, les difficultés de la réglementation et les inconvénients de la maladie que j'ai établi des conclusions.

J'ai tenu compte aussi des difficultés sociales et budgétaires. Certaines propositions m'ont coûté à inscrire sur mon programme; je ne l'ai fait qu'après avoir étudié à plusieurs reprises la question sous toutes ses faces et après m'être convaincu que l'absence de telle ou telle clause entraînait un état de choses encore plus fâcheux et plus regrettable.

C'est toujours au nom du plus grand nombre, au nom des innocents, des faibles ou des pauvres, au nom de ceux qui sont incapables de se protéger eux-mêmes que j'ai pris la parole. Ici comme dans d'autres questions, le peuple se trompe : là où il ne voit que la police, il devrait voir sa santé. C'est au nom des femmes, des enfants, des victimes non coupables et pourtant si nombreuses, que je demande sauvegarde et préservation.

J. Grumbeck, qui écrivait vers 1496, met en tête de son livre une gravure où l'on voit les malheureux vérolés implorer la puissance divine. Trois siècles plus tard, au nom des êtres à préserver de la syphilis, j'implore les Pouvoirs publics. Aurai-je plus de succès que les malheureux du quinzième siècle?

C'est parce que j'ai bien consciencieusement constaté la grandeur du mal resté socialement méconnu que je me suis décidé à revenir sur une question que l'impossibilité de concilier des intérêts majeurs opposés a discréditée et qu'on ne discute plus qu'avec lassitude, comme toute question qu'on ne peut faire aboutir.

J'affirme que le souci seul de la santé publique m'a guidé et soutenu dans la campagne entreprise.

Je veux rendre hommage aux efforts des adversaires du système que je présente comme le plus utile. Certaines de leurs tentatives sont dignes d'éloges ; mais j'ai cru remarquer qu'ils poursuivaient seulement le triomphe d'intérêts particuliers, je ne dis pas personnels. Je crois qu'ils n'envisagent pas la question sous ses divers points de vue et que l'ensemble du problème leur échappe.

Pour moi, je le dis sans restriction, je n'ai considéré que l'intérêt général, l'intérêt des nations et, même j'oserai dire, de l'humanité. C'est en effet pour la race humaine en général que la syphilis est un fléau.

Or, nous sommes arrivés à un degré de civilisation et de puissance suffisant pour pouvoir nous affranchir d'un joug aussi odieux. Ce n'est plus le temps de nous incliner devant la syphilis comme devant un mal insaisissable ni de la subir comme un malheur impossible à conjurer. Maintenant nous avons pour devoir de la combattre, non pas seulement par des efforts individuels, mais par des mesures générales, les seules efficaces en l'espèce.

Certes les autres maladies vénériennes sont pénibles et cruelles ; il serait à désirer qu'elles fussent évitées aussi ; mais contre elles la lutte individuelle est suffisante : d'abord, parce que le mal est local et passager, qu'il n'est pas insidieux comme la syphilis, mais surtout parce qu'il ne se propage que dans des conditions toutes spéciales. La Société dépasserait peut-être ses droits en ne distinguant pas.

Au contraire, la syphilis est une maladie générale, infectant peut-être pour la vie l'individu, pénétrant dans son sang, dans tous ses organes, atteignant ses proches, ses descendants. Elle menace toutes les races, tous les âges, le fœtus comme le vieillard, le pauvre comme le riche ; elle fait des infirmes et des estropiés aussi bien que des idiots, tout comme elle tue. Elle produit aussi bien l'avortement que la folie et constitue une cause puissante de dépopulation et d'abâtardissement des races, tant au point de vue intellectuel qu'au point de vue physique.

Voilà le mal profond dont il s'agit de débarrasser la société ; c'est un danger général rentrant précisément dans la catégorie de ceux contre lesquels toute société civilisée a le devoir de se protéger.

C'est à cause de si grands méfaits que je demande, au nom des connaissances bien et dûment conquises par la science, aux Pouvoirs publics de ne pas repousser de parti pris la question posée comme une chose jugée et sur laquelle il n'y a pas à revenir, mais au contraire de la reprendre avec une sollicitude et des documents nouveaux.

La syphilis peut, seule parmi les maladies vénériennes, justifier des mesures restrictives de la liberté individuelle, et seulement pendant sa période dangereuse. Or, à part des cas exceptionnels, rares par conséquent, cette période contagieuse ne dépasse pas trois années, deux parfois ; ce fait, ainsi que celui que les *vétérans de la syphilis*, dont la contagiosité est minime, seront exemptés de toute contrainte et de toute surveillance, simplifiera et le service et le budget. L'amélioration proposée par Pospelow trouvera ici son application.

La prostitution clandestine, la plus dangereuse, devra être réglementée et moins favorisée qu'aujourd'hui où, à partir d'une certaine heure, les plus belles promenades de la ville semblent lui appartenir. Il est certain que la facilité et la multiplicité des occasions qui existent aujourd'hui est un mal. Une victime nous disait encore récemment comme l'ivrogne : « J'ai bien résisté une fois et deux fois ; mais la troisième j'ai succombé ! »

Mais si la surveillance médicale préventive et par conséquent l'inscription sont indispensablement maintenues, elles seront pratiquées avec des tempéraments appropriés aux mœurs et à l'esprit de notre temps. C'est sous ces divers points que les conclusions que je propose différeront surtout de celles qui ont été antérieurement formulées.

Je dois reconnaître que quelques timides et peu complètes tentatives d'amélioration ont été récemment ébauchées ou plutôt promises par l'administration. Mais tout en rendant hommage à de si louables intentions, il est de notre devoir de constater une lenteur voisine de l'inertie. Avec quels regrets on semble renoncer à l'indifférence et à la routine! Ou bien, si le défaut de précipitation est une condition des réformes assez bien ordonnées et assez bien combinées pour donner des résultats définitifs, Dieu que ce sera bien !

A quoi peut tenir en pareille matière une si surprenante indifférence? Les gens au pouvoir sont généralement d'un âge déjà avancé. Or, Ricord nous l'a dit, à partir de cinquante-cinq ans, personne n'a plus jamais eu la syphilis.

D'ailleurs, à cet âge les maladies vénériennes semblent tellement rares que l'autorité n'a plus à s'en préoccuper. Deux vieillards causaient ensemble : « C'est curieux, dit l'un, comme la civilisation et l'hygiène triomphent des maladies; même les plus secrètes ont diminué dans une grande proportion. » — « C'est vrai, répond l'autre ; autrefois, j'avais constamment la chaudepisse; or, voilà plus de dix ans que cela ne m'est arrivé. »

Je dois dire un mot de la *forme* de cet ouvrage. Cette forme, dira-t-on, n'est pas exclusivement scientifique. Eh bien, je dois dire que, s'il y a faute, je suis d'autant plus coupable que le fait est intentionnel. Je ne fais en effet aucune difficulté d'avouer que je m'adresse ici à un public varié qui est loin d'être exclusivement médical, puisque je m'adresse à tous ceux qui ont pouvoir et à tous ceux qui font l'opinion publique, cette reine du jour.

A côté de recherches tenant à la santé publique, sont venues prendre place des études d'après nature par les artistes les plus distingués. MM. Berton, H. Cain, et Oudin, ont tour à tour prêté leur talent à la reproduction de types que je suis heureux de pouvoir placer sous les yeux de mes lecteurs. Je saisis l'occasion bien agréable de remercier mes amis, et aussi M. Bayard, du gracieux concours qu'ils ont apporté à l'œuvre que je poursuis.

Dans le premier chapitre, je cherche à faire connaître un des modes de contamination les plus intéressants. Depuis 1882, époque où j'ai publié les *Inviteuses*, bien des travaux relatifs à cette plaie sociale ont vu le jour.

En dehors de la prostitution clandestine, il est bien d'autres moyens de prendre la syphilis, depuis l'acte professionnel de la nourrice jusqu'au sifflet infecté par le marchand, mais j'ai voulu montrer comment la syphilis, à Paris, venait en buvant, presqu'en se jouant.

La syphilis une fois contractée, je la suis à travers l'organisme et je cherche à savoir les dégâts qu'elle a produits, dix ou quinze ans après, dans la santé de l'homme atteint ; c'est l'*invalide de la syphilis ;* c'est le pronostic individuel. Ai-je besoin de dire ici que la syphilis est loin de consister seulement, *comme un vain peuple pense,* dans les taches de la peau ou les érosions des muqueuses ? Non moins souvent elle atteint les organes internes, les viscères, et provoque, à échéance plus ou moins lointaine, des affections aussi variées que graves.

Ce sont les conséquences éloignées de la *syphilis acquise* que je signale dans les chapitres suivants où je montre l'affreuse maladie semant autour d'elle la souffrance et la mort.

D'ailleurs, tous les ravages précédemment indiqués, s'observent dans la *syphilis héréditaire,* soit *précoce,* soit *tardive,* non moins que dans la syphilis acquise. Cette dernière, quand elle est transmise par le produit de conception, procède parfois d'une manière tout particulièrement insidieuse ; c'est dans la *forme conceptionnelle* à laquelle je consacre un chapitre spécial. C'est la syphilis de l'entourage, la syphilis de l'épouse, de la mère, digne pendant de la syphilis héréditaire précoce ou tardive. Enfin je signale les avortements, l'effrayante mortalité infantile due à cette seule cause, les déchéances physiques, les tares intellectuelles et les autres produits *parasyphilitiques,* comme on les a justement appelés.

Une fois tous ces *méfaits* bien constatés, je me demande ce qu'on a fait pour les prévenir. Je passe alors en revue les mesures prises à l'Étranger et en France. Je décris ce qui existe dans notre pays et ce qui, à mon avis, devrait exister ; c'est dans ce chapitre que j'expose en détail toutes les mesures qui, après réflexion et discussion, me paraissent utiles à conseiller et à prendre.

Enfin je propose un projet de mesures internationales prophylactiques, puisque la *syphilis* est devenue de nos jours une *question internationale*. Ce projet a été adopté *en principe* par le Congrès international de dermatologie et de syphiligraphie récemment réuni à Paris, à l'hôpital Saint-Louis.

En somme, je me suis efforcé de résumer les principaux éléments du procès et de présenter dans son ensemble la question de cette *loi de préservation sociale*. Heureux si je puis parvenir à soulever un coin du voile qui obscurcit le débat aux yeux de ceux qui ont l'honneur, mais aussi la *responsabilité*, de veiller à la destinée et à la santé de leurs concitoyens.

C'est maintenant au public à juger. Je vais dire avec le regretté Bouley que : « *quand l'opinion publique est saisie d'une question* nettement posée, rien ne saurait plus empêcher que cette question fut soumise à l'examen sérieux que réclame l'intérêt supérieur de l'humanité. »

T. BARTHÉLEMY.

Paris, le 25 novembre 1889.

TABLE DES MATIÈRES

PREMIÈRE PARTIE

LES MÉFAITS DE LA SYPHILIS

SECONDE PARTIE

HYGIÈNE SOCIALE

LISTE DES PLANCHES

SYPHILIS

ET

SANTÉ PUBLIQUE

PREMIÈRE PARTIE

LES MÉFAITS DE LA SYPHILIS

CHAPITRE PREMIER

SYPHILIS ET ALCOOL — LES INVITEUSES

Dans ce chapitre, nous étudierons le rôle de l'*alcoolisme* dans la *syphilis*. Dès 1882 (1), nous avons signalé l'influence marquée des boissons alcooliques sur les accidents cutanés de la syphilis, sur leur intensité, leur forme et leur durée. Il faut que le médecin, en face d'un accident cutané, de forme, d'intensité ou de durée insolites, reconnaisse immédiatement, et par cela même, le cachet de l'alcoolisme : Une peau alcoolisée est

(1) Barthélemy et Devillez. *France médicale*, 1882, nᵒˢ 25, 26, 27.

le terrain le plus favorable au développement des
dermatoses et réciproquement les dermatoses les
plus intenses se montrent sur des sujets alcooliques ou à l'occasion d'excès alcooliques.

I. — INFLUENCE DE L'ALCOOLISME SUR LES DERMATOSES EN GÉNÉRAL

Certaines substances ont la propriété de favoriser
l'apparition et d'exaspérer les affections cutanées.
Aussi le traitement de presque toutes les dermatoses recommande-t-il l'abstinence de toute substance (salaisons, charcuterie, marée, alimentation
épicée et de haut goût, café, thé, fraises, melons,
glaces aux fruits, etc.) indigeste ou prompte à fer-
menter, capable par conséquent de congestionner
la peau et d'ajouter, par une hyperhémie nouvelle,
à la phlegmasie déjà existante. On peut dire que
l'alcool est, à ce point de vue, un des agents les
plus actifs, qu'il s'agisse de dermatoses diathésiques
ou d'éruptions saisonnières ou même parasitaires,
que celles-ci soient passagères, comme l'érythème
papuleux multiforme, ou qu'elles soient chroniques,
comme le psoriasis. A l'occasion de cette dernière
affection, ne peut-on pas se demander si c'est parce
que l'alcoolisme est plus habituel et plus accentué
chez les hommes que chez les femmes, que le
psoriasis est plus fréquent, plus intense et plus
tenace sur les premiers que sur les secondes ?

Besnier montre journellement à ses élèves les
preuves de l'action de l'alcoolisme, soit aigu,

soit chronique, sur les dermatoses. Dans une leçon clinique sur le *pemphigus*, Lailler (1) insiste sur le rôle considérable que joue l'alcoolisme dans l'apparition des maladies de la peau. Vidal a publié un curieux exemple de cet effet de l'alcoolisme aigu sur la *production de l'eczéma*. Un de ses infirmiers, souvent consigné, ne sortait que rarement de l'hôpital ; mais, chacune de ses sorties était marquée par un sacrifice excessif à Bacchus. Chaque écart de régime était, d'ailleurs, régulièrement suivi d'un eczéma aigu. L'infirmier le savait, s'y attendait, ne s'en effrayait pas et persistait ; il avait même fini par annoncer à l'avance l'apparition de ses poussées eczémateuses.

Ce n'est pas seulement sur *l'apparition et la récidive* des affections cutanées que l'alcoolisme exerce un puissant effet, c'est encore sur *l'aggravation de leurs caractères et sur la prolongation de leur durée*.

Fournier, dans son service de Saint-Louis, attirait récemment encore l'attention de ses auditeurs sur un fait remarquable confirmant cette proposition. Il s'agissait d'un *érythème papuleux arthritique* ; il s'était produit sur les membres inférieurs des taches rouges ou violacées, à base dure et saillante, rappelant *l'érythème noueux*. Or, sous l'influence de l'imprégnation alcoolique du sujet, le plus grand nombre de ces éléments éruptifs pré-

(1) Lailler, *Leçons sur les affections cutanées*, 1877.

senta, au centre, une *large pustule pleine de séro-sité purulente.*

De nombreux exemples analogues pourraient être cités. Chose rare en dermatologie, l'accord est fait sur ce point, et l'influence exercée sur le système tégumentaire externe par l'abus prolongé des boissons spiritueuses n'est mise en doute par personne.

Les auteurs classiques étaient, jusque dans ces derniers temps, muets à ce sujet, excepté toutefois pour ce qui touche *l'acné rosée*, qu'ils attribuaient, trop exclusivement même, à cette cause. La question est à peine effleurée dans le *Dictionnaire de médecine et de chirurgie pratiques* (1), où l'on se borne à dire que l'alcool trouble la « nutrition intime de la peau » ; à signaler la tendance des ivrognes à avoir des furoncles, des anthrax, des érysipèles, des érythèmes, des ulcères même (*geneva-ulcer*, ou ulcère du gin, des Anglais), enfin à rappeler le nom de chancre *œno-phagédénique*, trouvé par Ricord.

Il faut arriver jusqu'en 1874, où, dans sa thèse, Renault (de Saint-Denis) étudie le fait et cherche même à en donner une explication, que nous allons résumer brièvement :

La peau est, on le sait, un des émonctoires les plus importants de l'économie ; à ce titre, elle entre pour une large part dans l'accomplissement de l'élimination des alcools. Chez un grand nombre

(1) Alf. Fournier, Article ALCOOLISME.

d'individus, les éléments constitutifs de la peau sont journellement impressionnés par cet agent, soit par le fait de leurs habitudes alcooliques, soit même par le fait de leur exposition continuelle aux vapeurs spiritueuses. L'alcool fixe, en quelque sorte, l'oxygène sur les globules. Cette union intime altère les fonctions des globules sanguins qui portent ce gaz dans l'intimité des tissus et a pour résultat de soustraire ces mêmes tissus à la combustion oxygénée. Ainsi seraient constitués un obstacle à l'artérialisation du sang et une véritable asphyxie aiguë et surtout chronique. On constate ensuite une diminution de la rapidité circulatoire et du nombre des globules, ainsi qu'un refroidissement qui est en rapport avec l'arrêt de l'oxydation. L'alcool, enfin, agit sur les centres nerveux. Il n'est donc pas étonnant que les éléments constitutifs de la peau, longtemps imprégnée par l'agent toxique et devenue le *locus minoris resistentiœ* (Verneuil et ses élèves), acquièrent une susceptibilité morbide toute spéciale et subissent tôt ou tard une atteinte profonde dans leur vitalité.

D'autre part, si l'on en croit Gigot-Suard (1), il faudrait attribuer à la rétention préalable de l'acide urique dans le sang, et à son élimination consécutive par la peau, la tendance que présentent les alcooliques à la production et à la persistances des éruptions cutanées. Gigot-Suard a fait

(1) Gigot Suard, *De l'herpétisme*, 1870.

un certain nombre d'expériences (injections d'acide urique chez des chiens, apparition de dermatoses et de démangeaisons) à l'appui de ses conclusions.

Quoi qu'il en soit de ces explications théoriques, les faits cliniques restent indiscutés : *l'alcool exaspère les maladies de la peau*. La loi est bien générale et s'applique à toutes les dermatoses.

II. — INFLUENCE DE L'ALCOOLISME SUR LA SYPHILODERMIE

La syphilis ne fait pas exception à la règle ; il ne se passe pas de semaine où Fournier, à Saint-Louis, ne fasse constater à ses élèves l'exaspération que l'alcoolisme imprime à la diathèse syphilitique et à ses manifestations cutanées.

Mais, sur ce point encore, ce n'est pas dans les traités classiques que l'on trouvera des renseignements.

Bazin et Dubuc ont, il est vrai, étudié les syphilides malignes ; mais l'alcoolisme n'est signalé qu'en passant. Diday insiste surtout sur ce fait que l'alcoolisme diminue le degré de résistance dont peut jouir l'organisme vis-à-vis de la syphilis. Il dit que, comme la misère, la scrofule ou les privations, les excès alcooliques rendent les manifestations syphilitiques plus précoces et plus rebelles, mais il s'occupe surtout *de l'état général* du malade et de la gravité de la maladie, plutôt que *de la forme de l'affection cutanée*. Renault (de Saint-Denis), et Ory (1) s'occupent aussi beaucoup plus de l'état général que de l'état local ; quand ils étudient les syphilides, *ils ne parlent que des syphilides tertiaires ulcéreuses de la peau.* C'est aussi ce qu'ont fait Horteloup, Taylor, et plus récemment L. Jullien (2). Dans son ouvrage, on voit seulement que, dans certains cas, « la syphilis peut borner ses ravages à la peau et laisser sans atteinte les organes profonds, voire même le squelette et l'état général » ; mais il ne parle de l'alcoolisme qu'incidemment et presque banalement : « Méfiez-vous de la vérole chez les vieillards, chez les alcooliques et chez les diathésiques, » et, plus loin il le cite, en passant, parmi les causes d'affaiblissement en général, au même titre que les suites de couches, les affections fébriles, le traumatisme, les émotions morales, etc.

La stimulation, que reçoit la syphilis de l'alcool, se caractérise par plusieurs ordres de faits : marche accélérée de la maladie, qui parcourt plus rapidement ses divers stades et arrive presque d'emblée aux périodes graves : récidives plus fréquentes des accidents ; entr'actes plus courts, ou même *continuité* de l'action morbide ; gravité plus redoutable des éruptions ; étendue plus considérable ; durée plus longue ; profondeur plus grande et précocité

(1) Ory, *Étiologie des syphilides précoces malignes.* Paris, 1876.

(2) Louis Jullien, *Traité pratique des maladies vénériennes,* 2ᵉ édition, Paris, 1886.

des ulcérations ; développement excessif des croûtes ; complications fréquentes de lymphangite, de suppurations, de purpura surtout, enfin, résistance beaucoup plus tenace au traitement.

Telles sont les conséquences habituelles de l'alcoolisation de la syphilis. On voit que *l'alcool* agit sur la *syphilodermie* plus encore que la scrofule et que les autres causes de débilitation énumérées par Ory : alimentation insuffisante, fatigue, misère, chagrins, malpropreté, débauche, veilles, surmenage par le travail ou par le plaisir, anémie, cachexie, diabète, âge avancé, insomnie, grossesse, allaitement.

Nous n'étudierons ici que l'influence *de l'alcool sur les accidents syphilitiques cutanés*, mais non pas seulement sur les syphilides tertiaires et ulcéreuses (Ory, Renault, Jullien) ; nous nous efforcerons de démontrer que l'alcool agit sur la syphilis, *dès le début même de cette maladie*, qu'il imprime *au chancre*, aux *syphilides secondaires cutanées ou muqueuses* (syphilides papulo-érosives, syphilides papulo-hypertrophiques, syphilides papuleuses disséminées ou disposées en corymbes et en îlots, syphilides tuberculeuses, sèches, ulcéreuses ou croûteuses, etc., c'est-à-dire sur la syphilodermie tout entière) et non pas seulement sur les lésions ulcéreuses, des modifications dans leurs formes, leur profondeur, leur intensité, leur abondance, leur durée et leur ténacité ; et et enfin que ces modifications sont telles, qu'il est possible de diagnostiquer l'alcoolisation de la syphilis, à *toutes* ses étapes, *au début*, aussi bien qu'à toute autre période de son évolution. Les lésions révèlent un caractère de grossièreté ou de *brutalité* presque pathognomoniques.

Ces phénomènes s'observent aussi bien chez les hommes que chez les femmes. On peut les constater presque journellement chez les bouchers, les cochers, les manouvriers, les placiers, et tous ceux qui croient que « leur métier les oblige à boire beaucoup. »

Dans sa pratique, Fournier a observé un fait analogue chez un homme très sobre, mais qui est distillateur et exposé, par son métier, presque constamment aux vapeurs spiritueuses. Nous-mêmes, nous avons vu deux autres cas de ce genre.

Si nous ne rapportons aujourd'hui que *des faits relevés sur des femmes*, c'est pour des considérations que nous développerons plus loin.

Nous ferons remarquer que toutes les malades qui font le sujet de nos observations jouissaient d'une bonne santé, et que, chez elles, la *syphilis alcoolisée* ne se montrait réellement sévère *que pour la peau*. L'état général était aussi bon que l'état local était peu satisfaisant.

Nous exposerons d'abord les faits, ensuite les déductions qu'ils comportent.

III. — OBSERVATIONS.

I. Syphilis alcoolisée. — P... (Thérèse), 22 ans, fille de brasserie depuis deux ans.

Très bonne santé habituelle. Pas d'antécédents personnels ni héréditaires. Déflorée à 18 ans. A 19 ans grossesse à terme. L'enfant est mort à 9 mois de convulsions; il était élevé au biberon.

Jamais d'autre grossesse. Bonne menstruation. Leucorrhée habituelle. Coïts multiples et variés.

Le 24 octobre 1880 elle eut pour la première fois des « boutons à la partie ». La lèvre gauche se tuméfie considérablement.

Sous l'influence d'un alcoolisme intense, la lésion primitive reçut une violente exaspération et prit rapidement une grande extension. Elle eut l'*étendue*, au moins, d'une *pièce de 2 francs*, mais de forme ovale. Elle fut d'une coloration rouge foncé, de chair musculaire (viande crue violette) avec des points purpuriques et presque hémorrhagiques çà et là. L'induration fut extrême, vrai bourrelet cartilagineux. Autour du chancre, il y eut une production néoplasique qui infiltrait le derme et qui fut considérée comme un syphilome diffus secondaire précoce; syphilides papuleuses en nappe de Fournier.

Le chancre dura plus de trois mois.

Les accidents secondaires sont aussi fort intenses. La malade est revenue le mois dernier avec d'énormes *syphilides papulo-hypertrophiques.*

Ici la malpropreté ne peut être mise en cause, l'alcoolisme seul doit être invoqué.

Ce fait et tous les suivants montrent *l'importance de la sobriété chez les syphiliques*, pour lesquels l'indication d'un régime sévère est formelle.

II. Syphilis alcoolisée. — A... (Anaïs), 18 ans, habite Paris depuis trois ans.

Il y a un an, la passementerie allant mal, cette femme entra dans une brasserie. Relations sexuelles fréquentes et variées.

Depuis deux mois seulement elle est pâle et se sent fatiguée, facilement essoufflée; elle est, de plus, sujette à des crampes d'estomac si vives qu'elles provoquent presque des lipothymies.

C'est aussi depuis deux mois que la malade a observé sur elle les premiers boutons et les ulcérations secondaires. On voit encore sur les flancs des taches brunes de roséole.

Ainsi, en moins de deux mois, elle eut le corps couvert de taches, de boutons, de croûtes larges et épaisses.

Grâce à l'alcool, la *syphilis, on le voit, arrive prématurément à la période des pustules et de l'ecthyma.*

La suppression des liqueurs, le régime de l'hôpital permettent au traitement d'agir; en trois mois, la malade est améliorée.

III. Vérole et alcoolisme chronique. — B... (Marthe), fille de brasserie depuis deux ans (26 ans).

Syphilis datant de trois ans et demi. La malade est sujette à des céphalalgies et à des douleurs musculaires et osseuses; elle a une insomnie habituelle et fatigante.

Vient-elle à s'assoupir, aussitôt rêves fréquents et effrayants. Soubresauts. Perte d'appétit.

Elle se sent molle, sans force, sans énergie; tout effort lui coûte.

Elle est très affaiblie, chancelle et peut parfois à peine se porter. Les contractions musculaires sont pénibles, elle est sujette aux vertiges.

Elle a souvent la tête vague, la mémoire moins fidèle ; elle n'a plus de réparties, n'aime plus à lire ni à causer, elle est triste, mélancolique. Elle a perdu toute gaieté, toute vivacité physique et intellectuelle, et recherche la solitude.

Jamais elle n'a eu d'attaques de nerfs, ni de sensation de boule, etc.

Gastralgies continuelles, pituites fréquentes, pâleur, maigreur.

En résumé, asthénie généralisée, vertiges, torpeur intellectuelle, céphalée, insomnie, chloro-anémie, gastrite chronique (syphilis dénutritive de Fournier, syphilis précoce maligne des auteurs).

Syphilome nasal, extrêmement rebelle, ayant résisté plus d'une année aux traitements appropriés.

IV. Syphilis alcoolisée. — D... (Jeanne), 23 ans, fille de brasserie. Depuis cinq ans, elle sert dans le même établissement.

Auparavant, elle ne faisait rien et avait une santé excellente. Règles apparues à 12 ans, jamais abondantes, mais indolentes. Déflorée à 17 ans, elle eut l'année suivante une petite fille qui se porte bien. Depuis trois ans, Jeanne D... est devenue très grosse ; *menaces d'obésité, jamais d'excès sexuels.*

Elle revient à la consultation le 25 juillet 1880. *Chancres syphilitiques* multiples, déjà bourgeonnants ; ils se font remarquer par *leur étendue, leur induration, leur profondeur relative*, et, d'une manière générale, par la *grossièreté et la brutalité* de leurs caractères. Leur durée a été très longue.

Le corps est littéralement couvert de papules saillantes, grosses comme des pois, roses, mais à reflets jaunâtres transparents. Ces papules sont turgides, fongoïdes, gonflées, mollasses ; on les croirait infiltrées de sérosité claire ou gélatiniforme. (*Syphilides papuleuses hypertrophiques de la peau.*)

Cette éruption de syphilides est grave *par l'abondance, par l'intensité* des éléments ; de plus, elle *est précoce*, car elle date déjà d'un mois, et cependant *les chancres durent encore.*

2º séjour (1880). Bien que la malade ait continué le traitement en ville, bien qu'elle ait gardé une abstinence relative, *elle revient avec de nouveaux accidents.*

L'alcoolisation de la syphilis se manifeste encore par la réapparition *rapide des accidents, leur intensité, leur persistance, leur coloration vineuse et par leur étendue.* (*Syphilides érythémateuses diffuses*, moulées par Baretta.)

3ᵉ séjour (1881). Nouvelle apparition d'accidents cutanés qui sont remarquables encore par leur nombre et par leur abondance, par la rapidité de la succession des poussées et la précocité de leur forme, enfin par leur dimension. (*Syphilides papulo-croûteuses, papulo-tuberculeuses.*)

V. Syphilis et alcool. — R... (Laure), 29 ans, fille de brasserie depuis huit ans.

Constitution remarquablement robuste.

Syphilis contractée il y a dix ans. Jamais d'autre maladie.

Soignée à plusieurs reprises, soit à Saint-Louis, soit à Lourcine.

Retours très fréquents des accidents cutanés et muqueux.

Il y a trois ans, Vidal la soigna déjà pour des syphilides ulcéreuses. Depuis cette époque, elle a été *presque constamment* malade. A peine sortie d'un service, elle était obligée d'y rentrer pour une nouvelle récidive.

En 1879, nous la vîmes une première fois pour des syphilides tuberculo-ulcéreuses périvulvaires et périanales et pour des syphilides ulcéro-croûteuses du cuir chevelu, c'est-à-dire pour des accidents tertiaires de syphilis.

Ces ulcérations se font remarquer par leur irrégularité, la *saillie* de leurs bords, *leur dureté*, l'inégalité de leur fond et leur coloration grisâtre. Fournier les désigne sous le nom *d'ulcus elevatum* (Verneuil) : leur *surface est végétante*, leur aspect *frambœsioïde*..

Guérison en trois mois (mai 1880).

Nouveau séjour tout récent. Récidive de syphilides ulcéreuses dans les lombes et sur le cuir chevelu (1881). On peut constater sur elles les mêmes caractères que précédemment : *profondeur, dureté, aspect grossier et brutal des lésions, croûtes épaisses, résistance au traitement, récidives rapides.*

D'ailleurs, *l'état général est bon*, les divers organes fonctionnent normalement. La malade est très vigoureuse ; il le faut pour qu'elle résiste aussi bien à une alcoolisation aussi intense, ayant été prolongée pendant plusieurs années. Il n'y a guère que trois ans que la malade est devenue sobre. Toutefois, sa syphilis est encore manifestement influencée par l'alcoolisme.

Nous aurions pu citer des observations bien plus nombreuses. Nous n'en rapportons qu'une seule de chaque forme. Nous voulons montrer que la présence de l'alcool se manifeste sur la peau dès le chancre et se poursuit jusqu'à la période tertiaire.

On le voit, l'alcoolisme est partout présent, il est partout le compagnon, le complice de la syphilis.

L'alcoolisme, cependant, est beaucoup plus rare chez les femmes que chez les hommes.

Frappé du nombre de cas analogues aux précédents, nous avons voulu en rechercher les causes. Un jour, nous avons mis à part toutes les observations de syphilis graves et nous avons vu que presque tous les cas, où *la maladie* s'était montrée sévère pour la peau, s'étaient rencontrés chez des alcooliques. C'était là le lien commun à toutes ces observations. Nous avons ensuite fait la contre-épreuve et nous avons pu nous convaincre que presque tous les cas, où l'alcoolisme avait été signalé, s'étaient fait remarquer par des accidents aggravés du côté de la peau. Enfin, ayant remarqué que, dans ce recueil d'observations spéciales, les femmes étaient représentées par un nombre relativement considérable, supérieur à ce qu'on observe, en France du moins, au sujet des habitudes alcooliques, nous avons pu constater que tous les cas de syphilodermie intense — sauf quelques-uns notés chez des blanchisseuses et chez des cuisinières — portaient sur *une seule et même catégorie de femmes.*

Ces femmes, en général jeunes, d'un extérieur assez agréable, sont toutes des *femmes de « brasserie. »*

Il nous a semblé qu'à l'instant où l'on s'occupe de cette question des brasseries servies par des femmes, cette étude pouvait avoir quelque intérêt aux yeux de ceux qui demandent la suppression ou la surveillance de ces établissements *au nom de l'hygiène et de la salubrité publiques.*

Nous avons multiplié, réitéré, précisé nos recherches et nos interrogations et nous avons obtenu des résultats fort édifiants... Véritable recueil de faits que considérerait, à coup sûr, comme une mine précieuse et riche en *documents*, telle école de littérature contemporaine qui fait, à juste titre, beaucoup parler d'elle, et qui a pris pour devise : « Ne pas imaginer, mais observer et décrire. »

C'est grâce à ce procédé que nous avons su que cette alcoolisation n'était le résultat ni d'impérieux besoins, ni d'habitudes invétérées et encore moins d'attraits irrésistibles trouvés aux liqueurs.

Ces femmes n'éprouvent même, en général, aucun plaisir à boire ainsi.

Quelques-unes à peine, les novices ou bien les autres, de temps en temps seulement, y voient un moyen d'échapper parfois aux instants inévitables de tristesse ou de découragement.

« C'est bon *quelquefois* pour s'étourdir », disent-elles.

Mais le plus souvent, boire leur est désagréable : « Je n'aime pas, je déteste toutes ces boissons », nous ont dit plusieurs de nos malades.

En effet, c'est le besoin de manger qui fait boire toutes ces femmes.

C'est là leur gagne-pain ; et les professions ouvertes aux femmes étant, dans notre société, peu nombreuses et fort mal rétribuées, c'est leur moyen de lutter pour l'existence et c'est l'une des faces du « *struggle for life* » qu'il nous est donné de considérer.

Mais comment cela peut-il se faire ?

Comment ces femmes peuvent-elles remplir leur bourse en consommant, c'est-à-dire en faisant ce

BERTONY, del. Publié par J.-B. BAILLIÈRE et FILS.

L'INVITEUSE.

qui, précisément, vide la poche de toute autre personne ?

La chose est simple. Cela se passe ainsi grâce à une estimable industrie qui n'a d'autres bases que l'encouragement au vice et l'excitation à la débauche.

Ces femmes sont des *entraîneuses*, des *inviteuses* pour le compte d'autrui. Ce sont les agents provocateurs de l'alcoolisme.

Elles travaillent, les patrons touchent; elles boivent, les patrons gagnent.

En doutez-vous ? Transcrivons les récits de ces femmes :

Le métier est fatigant : de deux heures de l'après-midi à trois heures du matin, il faut marcher, servir, être toujours debout.

Elles doivent « pousser à la consommation », soit par la parole, soit par l'exemple. Elles *doivent* exciter à boire, se plaindre qu'on ne boit pas, offrir des consommations que les messieurs ne peuvent ensuite refuser de payer.

Dans telle brasserie, 8 à 10 femmes font ce métier d'inviteuses à boire.

Elles ne sont pas payées par le patron, elles sont seulement nourries, et, encore, n'ont-elles les deux repas que quand elles viennent à 11 heures, au lieu de 2 heures.

Elles ne sont pas payées en proportion des bocks qu'elles ont pu faire boire ; il n'y a que sur les consommations de 60 à 75 centimes qu'elles ont un sou de remise.

Non seulement elles ne reçoivent aucun salaire du patron qui les emploie, mais elles sont tenues de fournir les allumettes aux consommateurs. Dans quelques rares brasseries, elles ont 10 centimes par franc, mais elles doivent alors fournir le costume. Le plus souvent, elles ont pour tout bénéfice les pourboires des consommateurs.

A la fin de la journée, elles ont des résultats très variables, tantôt beaucoup moins, le plus souvent 3 ou 4 fr.

A... était souffrante ; son médecin lui avait défendu les liqueurs et la bière. Grâce à ces recommandations, elle ne buvait plus dans la journée que « deux caraçaos, une prune et une cerise. »

Quand elle était « *forcée* » de consommer, elle prenait un petit verre de tisane de queues de cerises, qu'elle annonçait au client comme une liqueur quelconque et que, suivant la bonne mine des individus, elle faisait payer 30 à 40 centimes le verre.

(Nous racontons toujours, sans rien *ajouter* ni *exagérer*.)

Mais cet argent ne lui profitait pas ; elle était obligée de le remettre entièrement à la caisse, tout comme si elle payait « une consommation véritable. »

Notre malade était *mal vue* par le maître de l'établissement, parce qu'elle *ne buvait pas assez* avec les clients qui voulaient lui faire des politesses.

Sans tenir compte de ses gastralgies, on lui reprochait d'être une servante sans zèle « et de ne pas faire aller le commerce ! »

Les autres femmes, de santé plus robuste, ne buvaient pas de tisanes, mais de la *bière*, des *liqueurs* ou des apéritifs ; chaque client « offre souvent 2 ou 3 bocks », quelquefois davantage.

A la fin de la journée, ces malheureuses ont fait une consommation habituelle d'*une quinzaine de bocks*, de *5 ou 6 verres de liqueurs* et de *3 ou 4 apéritifs !*

Beaucoup sont en état d'ivresse régulièrement tous les soirs ; quelques-unes le sont dès l'après-midi.

La malade termine : « Dans toutes les brasseries, c'est pareil. »

Peut-être allez-vous croire qu'il n'y a là que des exagérations, des coïncidences et qu'il s'agit de faits exceptionnels.

Ecoutez cette autre femme :

Les femmes employées dans ces brasseries ont pour fonction de faire boire et de boire. Elles sont mal vues par le patron si elles ne boivent pas ; aussi elles boivent, parce que, ajoute-t-elle, les affaires iraient mal si les clients n'avaient à payer que leurs consommations. Toute infraction à ce règlement est d'ailleurs punie par des amendes dont les chefs d'établissements ne sont pas avares.

Certaines femmes savent mieux que d'autres attirer et retenir les consommateurs ; elles sont plus « *commerçantes* » les unes que les autres ; quelques-unes se créent une clientèle qui leur est personnelle.

Nous devons dire d'ailleurs que presque aucune des brasseries dont nous avons eu à examiner les *serveuses*, n'a de dépendances suspectes, ni de cabinet particulier.

Dans presque toutes ces maisons, il est interdit aux femmes de s'asseoir sur la banquette, à côté de leurs clients ; elles n'ont droit qu'à une chaise en face de leur interlocuteur. Défense formelle, sous peine des amendes signalées plus haut, de permettre une faveur ou de laisser prendre la moindre liberté : dans quelques brasseries même, le patron pousse le culte des convenances, la *respectabilité*, jusqu'à empêcher ces dames de fumer.

Dans aucun établissement, *les verseuses* ne sont payées ; dans quelques-uns, le patron, au contraire, est payé par ses servantes ; il reçoit 1 franc par jour en moyenne, excepté dans les établissements qui commencent et qui cherchent à s'achalander. Suivant l'importance des brasseries, les femmes paient de 5o centimes à 2 fr. 5o par jour ; souvent elles sont obligées de fournir leur costume-uniforme qui coûte parfois fort cher.

Les femmes n'ont même pas tant pour cent sur la vente des consommations qu'elles font faire ou qu'elles font.

Dans certaines maisons cependant, où elles ont beaucoup de frais, la générosité du patron va jusqu'à leur donner un sou par franc. Elles n'ont pour tout bénéfice que les pourboires.

Plus elles attirent de consommateurs, plus elles ont de pourboires. Suivant l'importance de la clientèle qu'elles ont su se créer, elles gagnent ainsi de 3 à 15 fr. par jour ; tels sont les deux extrêmes, la moyenne est de 4 à 6 fr. Telle, fort habile, gagne toujours 10 fr. par jour et a pu « se faire » jusqu'à 18 fr.

Mais, c'est un excellent métier, allez-vous dire, et ces filles ne sont pas tant à plaindre ! — A première vue, il peut ainsi paraître ; mais avant de vous prononcer, veuillez songer au prix de *quel empoisonnement lent* elles arrivent à ce résultat.

Celle-ci boit *par jour* 15 bocks, 2 madères et *deux* fine-champagnes. Celle-là, qui est de *garde* le matin : 25 bocks, 10 madères, 4 curaçaos et 2 chartreuses.

Enfin, la femme, qui est citée comme exemple, *celle qui ne refuse jamais une consommation*, celle enfin qui jouit du *summum* de considération dans l'établissement, est arrivée à absorber *en une seule journée* : 42 bocks, 2 chartreuses, 3 absinthes et un grog américain. C'est elle qui a gagné 18 francs.

Voilà cinq ans qu'elle fait ce métier dans la même brasserie !

Jugez un peu des résultats d'une telle hygiène prolongée pendant un certain temps. Toutefois, nous devons à la vérité de dire que cette femme, remarquablement robuste, supporte assez bien son affreux régime. Elle est, certes, un peu obèse, mais elle dit qu'elle a toujours été *forte*. Elle dort bien, elle n'a pas de rêves, elle n'a pas de tremblement. Elle a les mictions très fréquentes, pas de diarrhées, mais jamais d'appétit le matin. A part quelques étourdissements qui n'ont jamais amené de chute, à part quelques pituites le matin (*vomitus matutinus potatorum*), elle est très satisfaite de son état de santé.

Ce qui démontre jusqu'à quel point le métier d'inviteuse est bien caractérisé, c'est qu'on en fait, dans bon nombre de brasseries, une fonction toute spéciale.

Appliquant à cette industrie le principe de la division du travail, on fait servir ces dames par des garçons.

On les emploie parce qu'on offre une consommation à une femme et qu'on n'en offre point à un garçon de café.

Lorsqu'à leur tour, elles sont invitées et qu'elles ont le choix de la consommation, elles sont tenues de se faire apporter, non ce qu'elles préfèrent, mais ce qui coûte le plus cher et rapporte le plus au patron.

Elles ne se font, du reste, pas faute d'aller au-devant des invitations. Quelques-unes ont tant de clients, qu'avec la meilleure volonté et le meilleur estomac du monde, elles ne peuvent boire éternellement des liqueurs ; c'est alors qu'elles se servent de petits verres d'eau pure et limpide qu'elles présentent comme du kirsch, ou bien de la tisane de figues, de graine de lin et de réglisse qu'elles font passer tantôt pour du curaçao, tantôt pour du malaga.

La galant consommateur, suivant qu'il a bonne ou mauvaise mine, paiera de 30 à 50 centimes cette consommation de haute fantaisie.

Mais ces procédés deviennent, paraît-il, difficiles à pratiquer maintenant. Jamais on n'a vu les clients aussi méfiants que de nos jours; ils surveillent bien si les consommations sont prises et, souvent — pâlis, ô saint Thomas, — ils les goûtent ! Plus d'une fois, cependant, un pseudo-madère est payé cinq ou six fois par des clients différents.

Les inviteuses cherchent, d'autre part, à se dédommager de leurs frais et à augmenter leurs recettes par une foule de petits moyens : ces malheureuses filles se font offrir des fleurs, pour 1 fr. ou 1 fr. 50 ; puis, elles revendent le bouquet à la marchande pour moitié prix.

C'est aussi par nécessité de métier qu'elles sont contraintes de « *courir* ». Et, comme elles courent, « *presque toutes les femmes de brasserie sont malades.* » Tel est le jugement trop véridique porté par l'une d'elles sur l'ensemble de la corporation, qui n'est donc bien, en fin de compte, qu'une des branches de la *prostitution clandestine.*

De notre côté, nous, qui sommes bien placés pour juger des résultats, nous pouvons avancer, sans crainte d'exagération, que *la moitié des cas de syphilis, constatés chez les jeunes gens des Ecoles, ont été contractés avec ces femmes de brasserie.*

Il nous serait aisé de multiplier ces renseignements à la fois curieux et navrants. Mais ceux qui précèdent suffisent amplement pour donner à qui l'ignore une idée sur les estimables industriels qui emploient les inviteuses.

N'est-ce pas là un des modes de l'exploitation de la femme, et d'autant plus dangereux qu'il se présente sous les dehors d'une industrie avouable?

D'ailleurs, ce métier est lucratif. A force de vendre 30, 50 ou 60 centimes des verres d'infusion de queues de cerises et de faire payer à boire à des femmes qui n'ont pas soif, les patrons de ces établissements pernicieux arrondissent rapidement leur pécule et ne tardent pas à pouvoir se retirer des « affaires ».

Une chose plus étonnante encore que l'anomalie psychique de ces gens, c'est l'indifférence au milieu de laquelle ils accomplissent leur destinée. N'est-il pas étrange que ces faits ne soulèvent aucune protestation et qu'ils passent aux yeux du plus grand nombre comme d'ordre naturel?

Récemment, toutefois, un écrivain de beaucoup d'esprit s'est éloquemment élevé contre une industrie analogue florissant dans certains théâtres.

« Les choses les plus monstrueuses finissent au milieu de l'indifférence générale par sembler naturelles et personne ne s'en émeut.

« Pour prendre un exemple bien frappant, à qui

viendrait-il à l'idée aujourd'hui de s'indigner
contre les directeurs qui paient 100 fr. par mois
des actrices dont les toilettes en coûtent 3,000?
Evidemment, à entreprendre cette campagne, on
se ferait rire au nez. Et pourtant, n'est-il pas vrai
que ces messieurs spéculent sur la mauvaise conduite de leurs pensionnaires? N'est-il pas vrai
qu'ils s'enrichissent à ce commerce? Mais allez
donc leur dire que c'est honteux. Ils ne compren-
dront même pas. »

En face de pareils faits, cyniquement commis
chaque jour, ne peut-on estimer qu'il y a là un
réel outrage à la civilisation et un défi jeté à la dignité humaine? Est-ce bien digne du siècle et de la
Ville où nous vivons?

Pour nous, nous n'hésitons pas à livrer à l'opinion publique industrie et industriels, exploiteurs
et exploitées.

Sans sortir des *attributions médicales*, nous
croyons pouvoir réclamer, au nom de l'*hygiène
morale* et de l'*hygiène matérielle*, la suppression
ou la transformation des brasseries servies par des
femmes. Telles qu'elles sont aujourd'hui, ce sont
des *établissements insalubres au premier chef.*

Les industriels qui les dirigent ne sont point tellement intéressants qu'il faille tenir compte de
leurs récriminations. Les femmes qui les desser-
vent feront ce qu'elles voudront, mais rien de pire,
assurément. On n'y perdra rien, pas même de
bonnes consommations. On ne peut qu'y gagner.

La santé publique surtout s'en trouvera bien. En effet, la *prostitution clandestine*, qui va sans cesse croissant, doit être considérée comme une des sources les plus actives de la propagation et de la persistance de la vérole dans la société moderne.

Récemment, il est vrai, on a soutenu que la « *transmission de la syphilis n'était ni un crime ni même un délit !* »

Sans contredit, cela dépend des goûts ; pour notre part, nous connaissons plus d'une personne qui aimerait cent fois mieux qu'on lui prît son porte-monnaie dans sa poche, plutôt qu'on lui vendît, ou même qu'on lui donnât la syphilis.

Et, d'autre part, si l'on vient à vérifier dans quelle effrayante proportion la syphilis contribue à la dépopulation et à l'affaiblissement de la Race (1), on reste tout surpris de l'indifférence où est laissée cette grave question de la *Transmission de la syphilis*. Sur ce point encore, depuis 1882, nous attirons l'attention du législateur. Un des maîtres les plus éminents et les plus spirituels de la syphiligraphie moderne, nous avons nommé D.day, vient de faire paraître à ce sujet un bien intéressant chapitre où il montre comment ceux qui transmettent la syphilis échappent à la pénalité et comment la loi elle-même favorise cette transmission (2).

(1) Fournier, *Syphilis et mariage*, 1880.
(2) *Lyon médical*, sept. 1889.

CHAPITRE II

LA VÉROLE EST LOIN D'ÊTRE LE MONOPOLE
DE LA DÉBAUCHE
ET DE CONSTITUER UN STIGMATE DE LIBERTINAGE.
ELLE FRAPPE SOUVENT LES INNOCENTS.
DANGERS POUR L'ENTOURAGE

L'inviteuse, on le voit, est dangereuse ; mais elle ne l'est pas encore autant que la prostituée libre, vulgaire. Elle joue pour l'étudiant le rôle rempli près du soldat par la fille du débit de vin et par la domestique pour l'ouvrier. Les bonnes sans ouvrage sont aussi à redouter ; on connait le cas (1) cité par Celso Pellizari, de la domestique sans place et sans domicile! Cela dit, il faut noter que très nombreuses sont les manières de contracter la syphilis :

(1) Une bonne syphilisée est renvoyée par ses maîtres. Si elle avait pu entrer à l'hôpital, comme pour la variole ou la fièvre typhoïde, elle se fût soignée et eût pu pendant ce temps chercher une nouvelle place. Mais elle ne fut pas admise, et la voilà courant à la recherche de gens capables de lui assurer le couvert et un gîte, semant la vérole partout pour payer sa bienvenue.

Deux compagnons d'armes se conduisent également bien dans une bataille; l'un reçoit une balle, l'autre n'a rien. De même, deux hommes ont une conduite identique; l'un prendra la vérole, l'autre restera sain. Le plus débauché, souvent plus expert, saura même parfois éviter le danger.

Dans un de nos cas, ce fut par vengeance qu'une femme donna à son galant une syphilis qu'elle se savait très bien posséder et dont elle connaissait la période éminemment transmissible.

D'autre part, l'amour peut être blessé dès le premier coup d'aile. Nous avons en souvenir, pour notre part, plusieurs faits de ce genre : Tel jeune homme contracte à son premier coït la syphilis, par *inexpérience* et non par débauche vraie; car, taillé comme un homme, il peut en avoir les désirs et les besoins; or, nous le demandons à tous, ne vaut-il pas mieux cent fois qu'il s'adonne au coït plutôt qu'à toute autre détestable habitude ! Poser la question, c'est la résoudre.

Enfin, bien des personnes sont contaminées d'une façon toute accidentelle et nullement vénérienne. C'est ce dont témoignent la fréquence des chancres extra-génitaux (doigt, œil, oreille, joue, seins, bras, abdomen, hanches, jambes, etc., ainsi que la fréquence des cas de syphilis accidentelles et professionnelles (médecins, nourrices, vaccine (1), etc.). En attendant la syphilis au télé-

(1) Fournier, *Syphilis vaccinale*, 1889. — Lancereaux, Acad. de Méd., 5 nov. 89.

phone, Martineau a rapporté un cas de contamination par cornet acoustique.

N'avons-nous pas vu, il y a quelques années, un homme qui avait contracté la vérole en se battant avec un débardeur? La main, appliquée sur la figure, avait rencontré les dents de l'adversaire qui étaient probablement imprégnées de salive virulente. Citerons-nous le cas de ce sergent de ville qui eut un chancre du doigt pour avoir été mordu par un misérable qu'il arrêtait ? Trois mois après, il avait une *paralysie faciale,* bientôt suivie de phénomènes cérébraux. S'il eût été estropié dans l'exercice de ses fonctions, en vertu d'une cause banale, il eût eu probablement une compensation quelconque ; nous parierions bien qu'on n'a pas seulement songé à lui donner une récompense en échange de sa santé perdue, de par la syphilis.

Les *chancres extra-génitaux* sont infiniment plus communs qu'on ne croit vulgairement. A chaque observation de chancre extra-génital, nous marquons d'un trait dans la région correspondante le dessin d'un corps humain ; la surface en est aujourd'hui presque entièrement recouverte ; nous publierons prochainement ce *schèma panchancreux.* Ce n'est pas le lieu d'insister. Nous voulons seulement ici faire nettement observer que très nombreux sont les cas de syphilis à la genèse desquels la débauche n'a pris aucune part. (Syphilis méritées et syphilis imméritées.)

Mais, *quelle que soit l'origine du mal*, ce qu'il faut bien savoir, c'est que tout syphilitique constitue un véritable danger pour tous ceux qui l'entourent ou l'approchent : or, nous sommes loin de faire allusion ici aux seules prostituées ou même aux relations sexuelles.

Dans une communication à la Société de Médecine légale (1881), nous appelions déjà l'attention du législateur sur la nécessité de s'opposer par tous les moyens possibles à la transmission de la syphilis (1). Il s'agissait dans ce cas d'une nourrice qui, ayant, d'une façon certaine contracté la syphilis de son nourrisson (enfant étranger pour elle bien entendu), l'avait transmise à son tour à son mari, à un enfant né d'une grossesse ultérieure, lequel n'avait pas tardé à succomber.

Dans le précédent chapitre, nous avons montré combien de jeunes gens contractaient la syphilis dans les brasseries. L'un de ces jeunes gens, étudiant en droit, que nous avons traité depuis cette époque, pour une syphilis contractée avec une serveuse de brasserie, transmit la maladie accidentellement, par le simple contact du baiser, à sa sœur, âgée de 16 ans, et à sa grand'mère, âgé de 66 ans. Celle-ci en mourut cachectique dans le cours de la seconde année.

Fournier a fait, en 1887, une leçon clinique sur toute une famille contaminée par le fait d'une nourrice syphilitique qui infecta son nourrisson (2).

(1) Barthélemy. *Considérations médico-légales à l'occasion de quelques maladies de la peau ou des muqueuses. (Ann. d'hyg. publique et de médecine légale,* 1882, 3ᵉ série, tome VIII, p. 557.)
(2) *Gazette hebdomadaire,* nov. 1887.

Presque chaque médecin pourrait citer un ou plusieurs faits analogues. Nous nous contenterons de rapporter les suivants qui nous ont été obligeamment communiqués par G. Leroux et par Raymond, professeur agrégé à la Faculté et médecin de l'hôpital Saint-Antoine. Nous leur adressons ici nos remerciements :

I. — M. X..., commerçant, 53 ans. Grand fumeur, vient me consulter pour un « chancre des fumeurs ». Je constate une syphilis datant de six à huit mois, ayant débuté par un chancre à la verge; il avait attribué cette plaie au frottement de son caleçon de flanelle.

Alopécie soignée par les frères Mahon, plaques muqueuses anales, traitées par une garde-malade qui donnait des bains de feuilles de vigne et frottait les parties malades avec une pommade secrète pour guérir les hémorroïdes. X... n'avait plus aucun rapport avec sa femme qui cependant fut syphilisée et dut être confiée pendant huit mois à Galezowski pour une iritis spécifique.

X... avait deux filles; l'aînée, âgée de seize ans, fut également contaminée, et sa syphilis évolua en même temps qu'une tuberculose qui l'emporta en cinq mois (G. Leroux).

II. — M. Z..., soigné pour mal de gorge depuis deux mois. Je constate une syphilis; il n'avait eu aucun rapport en dehors de son ménage depuis son mariage; impossible de trouver des traces de l'accident primitif. J'examine à fond sa femme que je soupçonnais d'être cause de tout le mal; je la trouve saine; je fais alors les recommandations nécessaires, qui sont plutôt exagérées pour le mari et la femme, gens fort raisonnables et dociles ; trois mois après, syphilis chez la femme, sans pouvoir trouver le chancre primitif (G. Leroux).

III. — M. Y..., magistrat en province, est contaminé pendant les relevailles de sa femme, relevailles « qui duraient trop » ; sa femme, avec laquelle il n'avait aucun rapport, est atteinte à son tour. Elle vient passer les vacances chez sa mère, à Paris ; son frère, jeune homme de 22 ans, est contaminé. Il me fait examiner sa maîtresse, la seule femme qu'il ait vue jusqu'alors ; elle est parfaitement saine. Trois mois après l'examen, cette jeune femme revenait avec de la céphalée, de la pâleur, et une roséole datant de quelques jours (G. Leroux).

IV. — Madame M..., cuisinière, est dans la même maison avec son mari ; ménage très uni et très rangé ; elle prend une fille de cuisine « qui a une maladie de peau », et qui reste deux mois avec elle. Madame M..., quatre mois plus tard, est couverte de syphilides. G. Leroux m'écrit en terminant : (*Cette malade est venue te consulter, envoyée par moi ; tu as diagnostiqué une syphilide lichénoïde ; plus tard, elle a été soignée pour une iritis spécifique par Galezowski.*)

V. — Madame X..., grand-mère de l'enfant, 69 ans ; c'est la première examinée : Syphilides pustuleuses généralisées ; plaques muqueuses pharyngiennes et anales. Éruption très bien guérie par le traitement.

2º Mademoiselle X..., 17 ans, tante de l'enfant, même état. De plus, malgré la virginité certaine, plaques muqueuses à la vulve et à l'anus.

3º Petite fille de madame X..., 3 ans, faciès de l'enfant syphilitique, éruptions péri-anales. — *Glossite* avec rhagades et fissures, considérées par Besnier comme très contagieuses.

4° Madame X..., mère de l'enfant, 23 ans, complètement indemne.

5° M. X..., père de l'enfant, 32 ans, *idem*. Nie tout
antécédent et, de fait, on ne retrouve rien sur lui.

Il importe de faire remarquer que la mère ne s'occu-
pait presque jamais de son enfant, confiée presque
exclusivement à la grand'mère et à la tante.

Mademoiselle X..., 17 ans, se marie à 18 ans 1/2,
malgré les conseils qui lui sont donnés. A six mois,
fausse couche. Elle redevient enceinte quatre mois
après; nouvelle fausse couche à trois mois.

Je ne connais pas le mari de cette dame (Raymond).

Ces faits ne sont pas plus extraordinaires que
ceux de la pratique courante. Si nous les avons
empruntés à la clientèle de nos amis plutôt qu'à la
nôtre, c'est pour faire bien voir que la spécialité
n'est pas indispensable pour les faire rencontrer.

C'est à tort, on le voit, qu'en face d'une vérole
on se laisse aller aux idées préconçues et aux insi-
nuations malveillantes; elle n'est pas toujours le
« mal de paillardise ». La plupart du temps, les
vérolés, auxquels Rabelais se montrait si sagement
compatissant, ne sont pas plus coupables que les
autres; ils ont eu seulement moins de chance. En
tout cas, ce sont des malades, rien que des malades au même titre que les gens qui sont atteints
des autres maladies. Pourquoi donc les traiter
comme des coupables? c'est pourtant ce qu'on fait
encore dans l'armée, où les mesures de rigueur,
presque systématiquement employées, sont un
des points importants de la médication; il en est
de même d'ailleurs dans les hôpitaux de Paris

où on expulse les syphilitiques des asiles de convalescence, même quand ils ont passé les périodes contagieuses.

Les syphilitiques sont donc des malades; mais ils sont des *malades longtemps contagieux et éminemment dangereux pour les autres personnes;* voilà ce qu'on ne devrait jamais oublier. Ils ne sont pas dangereux momentanément; ils le sont à plusieurs reprises et pendant de longs mois. Voilà pourquoi la protection contre la syphilis, cette maladie redoutable et pourtant si peu redoutée, doit être réglementée d'une manière absolument spéciale.

CHAPITRE III

La vérole constitue, pour les races, une cause de décadence qu'il importe de ne pas laisser plus longtemps sévir; et, depuis 1883, nous nous sommes efforcé de le démontrer (1). On en trouvera d'autre part des preuves irréfutables dans des leçons pleines d'enseignements, faites par Fournier à l'hôpital Saint-Louis.

Notre éminent maître a étudié la syphilis héréditaire et signalé des faits réellement lamentables. Il ne s'agit pas là de conceptions plus ou moins imaginaires ou de déductions approximatives, mais du résultat de l'analyse d'observations prises pendant de longues années au jour le jour, avec une exactitude et une persévérance dignes de tout éloge et de toute confiance, vraiment scientifiques.

Ces faits ne sont pas exceptionnels; ils ne sont pas non plus particuliers à une classe fatiguée, misérable ou négligente de la population; ils ne

(1) *Archives générales de médecine*, 1883.

sont pas remarqués seulement dans les hôpitaux : les résultats, indiqués par Fournier, sont puisés dans ses nombreuses observations sur ses clients des classes aisées et soucieuses de leur santé, aussi bien que sur ses malades des hôpitaux ; ils sont les fruits d'une expérience considérable et ils nous enseignent d'une manière certaine la marche habituelle à la syphilis, à la « Constitutionnelle », comme disent les malades hospitalisés.

Certes, ces résultats ne sont pas rassurants : mais quels qu'ils soient, du moment qu'ils sont l'expression de la réalité, il faut les étudier ; il ne faut pas les laisser ignorer. Au contraire, il faut les faire connaître à qui de droit, non pas pour effrayer, mais pour s'attacher à les combattre par les meilleurs moyens possibles.

I. — PRONOSTIC GÉNÉRAL DE LA SYPHILIS PAR RAPPORT A L'INDIVIDU

— Dans un grand nombre de cas, on peut dire que la syphilis est une maladie qui guérit ; mais on se tromperait fort si l'on pensait qu'il en est toujours ainsi. Bien fréquents sont les cas où elle devient dangereuse : tantôt c'est un organe qu'elle mutile ou détruit, soit le nez, soit le voile du palais, soit la langue, soit les testicules ; tantôt c'est une véritable infirmité qu'elle détermine en donnant lieu à une paralysie plus ou moins étendue, ou à une cécité plus ou moins complète ; tantôt enfin c'est la mort qu'elle produit, soit par le cerveau, soit par la moelle, soit par le foie, pour ne parler que des cas les plus ordinaires. Voilà ce qu'il ne faut pas oublier.

Ces accidents graves, la syphilis les provoque à toutes les périodes de la diathèse. Geffrier n'a-t-il pas cité à la Société clinique, un cas de syphilis cérébrale mortelle *après quatre mois* d'infection ? N'avons-nous pas vu récemment un cas de monoplégie brachiale contemporaine de la roséole ? Les cas de ce genre sont vraiment trop nombreux pour qu'on s'attarde à en rapporter plus d'exemples. D'autre part, Fournier a publié un cas de gomme suppurée apparue cinquante-cinq ans après le chancre. On peut mesurer ainsi la durée du temps pendant lequel la syphilis est redoutable.

Voici, à titre d'exemple pris absolument au hasard, l'état que présentait au mois de mai 1881 le service de Fournier, composé d'environ *cent malades* sur lesquels il y a une *soixantaine de syphilitiques*, récents ou vieux :

(a) *Section des femmes.* — 3 *syphilis cérébrales*, dont l'une, développée sur une femme de 20 ans, trois ans seulement après le chancre, a emporté la malade quelques mois après.

2 *syphilis médullaires*, dont l'une a causé une paraplégie définitive, et dont l'autre n'a guéri qu'incomplètement.

3 cas de *perforations du voile du palais*, ayant nécessité pour l'avenir l'emploi d'un obturateur.

Une malheureuse fille de 19 ans toute couverte de cicatrices, de plaies, de déformations osseuses et de pertes de substance. Elle avait contracté la syphilis dans l'enfance par accident, et avait eu des accidents qui furent longtemps considérés comme scrofuleux, et qui s'aggravèrent sans cesse jusqu'au jour où la nature du mal fut soupçonnée et le mercure administré.

Une femme atteinte de *lésions osseuses*, entre autres d'une fracture spontanée de la clavicule, d'une *pseudo-tumeur blanche* dont on peut voir le moulage au musée, et d'une *affection amyloïde du foie* à laquelle elle succomba plus tard sans avoir jamais été alcoolique.

Deux femmes dont *la vue était gravement compromise;* chez l'une, par une iritis double anciennement développée et ayant produit des adhérences et des déformations plus ou moins profondes de l'iris; chez l'autre, par des lésions osseuses intéressant et comprimant les nerfs des yeux et déterminant des troubles trophiques de la plus haute gravité.

Tous ces faits sont si terribles qu'ils font paraitre bénins ceux dans lesquels il ne s'agit que de *larges cicatrices du visage*, de *destructions partielles du nez*, de *plaies profondes* des jambes, du pied, des épaules, etc.

(b) *Section des hommes.* — La syphilis a frappé plus cruellement encore :

6 malades sont atteints d'ataxie locomotrice. Un d'eux a encore une syphilide tertiaire phagédénique des narines, a eu une lésion osseuse de la tête du fémur, une luxation pathologique consécutive qui cause une claudication très considérable et définitive. Un autre est si fortement ataxique que voilà deux ans qu'il ne peut faire un pas hors de son lit.

4 malades sont atteints de syphilis cérébrale. 2 sont hémiplégiques avec des contractures qui montrent que la lésion est définitive; les deux autres sont morts peu de temps après, l'un au milieu d'accidents comateux, l'autre après un long temps de cachexie ou de déchéance devenue graduellement complète.

Un malade est atteint de *syphilis rénale et d'albuminurie;* il est mort rapidement, et l'examen microscopique a démontré l'existence de ces lésions amyloïdes, si fréquentes dans la période tertiaire.

Deux malades ont *les yeux très malades:* perdus définitivement, chez l'un dont l'iritis gommeuse n'a pas été soignée à temps et qui a produit des désordres irrémédiables aujourd'hui; passagèrement compromis, chez l'autre, atteint d'une iritis double récente qui guérira, mais qui abolit pour l'instant la vision et interrompt ses travaux pour plusieurs mois.

Un autre, atteint *d'ozène et de carie des os du nez,* devra pendant de longs mois attendre l'élimination des esquilles et sera, pendant ce temps, un objet d'horreur pour ceux qui l'entourent, à cause de la repoussante odeur qu'il répand.

Un malade a un *sarcocèle double,* très ancien d'un côté, puisque le testicule est dur, sclérosé, atrophié; plus récent de l'autre côté, où une gomme parenchymateuse semble s'être développée, et qui guérira par le traitement spécifique, mais après au moins deux mois.

Deux malades sont affectés de *glossite,* l'une gommeuse qui guérira, l'autre scléreuse qui mutile l'organe et compromet ses fonctions d'une manière définitive.

Citerai-je deux malades qui n'ont fait que passer pour ainsi dire dans le service et qui ont rapidement succombé, l'un à un *syphilome intestinal* dont le microscope a démontré la réalité, l'autre à une poussée aiguë dans une *méningite spécifique chronique généralisée?*

Ici encore, comme chez les femmes, on passerait presque sans les mentionner devant trois malheureux atteints de *syphilis graves continues,* déterminant des ulcérations sur tous les points du corps, couvrant la face, le cuir chevelu, le nez, les oreilles, le tronc et les membres de cicatrices plus ou moins étendues, quelquefois vicieuses; chez l'un d'eux, une partie du nez et la presque totalité de la verge sont détruites. Chez un autre, les cicatrices sont si vicieuses que l'érection est toute anormale et que, depuis six ans, pas un coït n'a été possible.

Or, l'état de ce service tel que nous venons de l'exposer peut être considéré comme à peu près constant. A telle autre période, les syphilis médullaires seront remplacées par des syphilis mutilantes quelconques, ou par des syphilis ayant déterminé des accidents viscéraux d'un ordre différent, mais toujours on trouvera des affections graves dans leurs conséquences.

Les cas observés couramment, ainsi que les moulages du musée de Saint-Louis, sont des preuves que les cas graves et les ulcérations sont aujourd'hui non moins fréquentes, pour les cas insuffisamment traités, que lors de la grande épidémie du quinzième siècle. On peut dire, d'après ce qui précède, qu'*on meurt de la vérole aussi bien de nos jours que du temps de François I*er.

Nous savons fort bien que, dans ce *service spécial* d'un *hôpital spécial*, on observe la syphilis sous ses formes les plus cruelles ; cependant, on peut avancer qu'il n'est peut-être pas un médecin des hôpitaux qui n'ait dans son service un ou plusieurs *invalides de la syphilis*. Les accidents ne diffèrent donc que par la fréquence et non par la gravité. Comme Broadbent et Fournier l'ont démontré, ce sont bien plus souvent qu'on ne le croit les syphilis d'apparence bénigne ou peu menaçante *au début* qui, au bout d'un temps plus ou moins long, produisent ces malheurs. Aussi, la clien-

H. Caix. del.

Publié par J.-B. BAILLIÈRE et FILS.

L'INVALIDE DE LA SYPHILIS.

tèle de ville est-elle non moins significative que l'observation hospitalière. La folie y est plus fréquente.

Nous ajouterons que la plupart de ces syphilis désastreuses dans leurs suites surviennent chez des malades qui, par ignorance, par insouciance ou par tout autre cause, ont *négligé de se traiter et ont abandonné la maladie à elle-même.*

Mais quelle que soit la raison de la gravité de l'infection, si ses conséquences sont telles que nous venons de les exposer (or, le fait n'est pas contestable), est-il permis, en vérité, de considérer la syphilis comme une maladie qui ne réclame pas toute l'attention du malade, tous les soins du médecin et toute la sollicitude de ceux qui sont chargés de veiller au Salut général ?

Il nous est impossible, dans un travail comme celui-ci, de rapporter toutes les statistiques nécessaires pour démontrer la *gravité absolue* de la syphilis et pour résoudre la question de savoir combien, sur 100 syphilis, par exemple, il en est qui finissent mal (1) ? A l'appui de ce qui précède, nous rappellerons seulement quelques-uns des résulats partiels les plus récemment démontrés.

Toute *hémiplégie* survenant chez un sujet âgé de moins de quarante ans, non affecté d'alcoolisme ou de lésions du système circulatoire, est, au moins 8 fois sur 10, 9 fois sur 10 peut-être, d'origine syphilitique (2).

(1) *Études sur le tertiarisme* (Congrès de 1889).
(2) A. Fournier, *Syphilis du cerveau*, 1879, p. 4.

Les *paralysies oculaires* relèvent de la vérole dans une proportion de fréquence considérable, 75 fois sur 100 en moyenne, si ce n'est plus (id., p, 5).

Sur 47 cas de *syphilis cérébrale,* Fournier trouve 44 cas de syphilis originairement moyennes ou bénignes. Ce serait entre la quatrième et la huitième année, et souvent après des entr'actes, des intervalles de santé parfaite, que l'hémiplégie, par exemple, serait le plus fréquente. Sur 90 cas de syphilis cérébrale, Fournier ne trouve pas plus de 30 guérisons véritables. Il signale notamment 14 morts et 33 cas de survie avec infirmités graves laissant les malades dans un *déplorable état pour le reste de leur existence* (1).

Sur 117 cas d'*ataxie locomotrice,* Fournier a constaté 107 fois la syphilis. Althaus, de Londres, a retrouvé chez les ataxiques, 90 fois pour 100, la syphilis. Vulpian, 15 sur 20. Quinquaud, 21 sur 21. Erb, opposé à l'origine spécifique de l'ataxie, 52 fois sur 100, etc.

D'autre part, d'après l'opinion de Lancereaux, admise par Frérichs (2), les manifestations de la syphilis viscérale auraient leur siège le plus habituel dans le *foie :* hépatite spécifique, cirrhose syphilitique, gomme du foie, dégénérescence amyloïde, telles sont les lésions qu'on rencontre, soit isolées, soit associées.

(1) Gaudichier. (*Th. de Paris,* 1886).
(2) Frérichs, *Maladies du foie,* trad. Duménil et Pellagot, 3ᵉ édition, 1877, page 405.

Enfin, que chacun sache que ce n'est pas pour les os, les muqueuses et la peau que la syphilis est le plus redoutable. Sur 3,429 observations, Fournier trouve 1,085 accidents portant sur le système nerveux, parmi lesquels la syphilis cérébrale (461 cas), le tabès (400 cas) et la paralysie générale (32 cas) (1). Les syphilides cutanées ne sont représentées que par 787 cas et les syphilides des muqueuses par 662 cas. Fournier conclut en disant « que « le principe de la syphilis est un véritable *poison du système nerveux* ». Nous ajouterons que c'est surtout un *poison du sang* et qu'à part les cas, relativement rares, où le tissu nerveux est directement atteint, c'est surtout par l'intermédiaire des lésions vasculaires que les altérations nerveuses sont produites.

II. — PRONOSTIC GÉNÉRAL DE LA SYPHILIS PAR RAPPORT
A L'ESPÈCE

(*a*) La syphilis *est une des maladies qui cause le plus d'avortements*. Fournier, dans sa statistique de Lourcine, trouva 145 avortements sur 167 grossesses ; il faut remarquer qu'il s'agit là de femmes se trouvant au début de la période secondaire et que la proportion n'est plus aussi considérable à une époque plus avancée de la maladie. Il n'en est pas moins vrai que, dans les 167 cas observés par Fournier, la syphilis a empêché 145

(1) *Archives générales de médecine,* sept. 1889.

fois la grossesse d'aller jusqu'à terme. Nous rapporterons page 60 les conclusions de l'intéressant mémoire de Le Pileur sur la mortalité infantile (1).

Et c'est bien la syphilis, et non toute autre cause, qui doit être invoquée ici. En voici quelques preuves :

Behrend rapporte le cas d'une femme syphilitique qui eut 7 fausses couches successives et qui donna ensuite le jour à trois enfants syphilitiques.

Fournier a observé le fait suivant : une femme grande, vigoureuse, bien portante, se marie à l'âge de 19 ans. Elle a trois enfants superbes ; après cela, elle contracte la vérole qui lui est donnée par son mari, contaminé dans une aventure, ou plutôt comme dit Fournier, dans une mésaventure extra-conjugale. Dès lors, elle a 7 grossesses qui aboutissent à 3 avortements et à 4 accouchements d'enfants mort-nés. Au total : 7 morts sur 7 grossesses !

Duncan Bulkley a vu la syphilis produire 10 mort-nés sur 10 grossesses.

Grefberg a constaté un fait analogue : une femme syphilitique se marie à un homme sain ; elle a 11 fausses couches en 10 ans. Ce n'est que la fois suivante qu'elle eut un enfant vivant, mais syphilitique.

Ainsi donc, *la syphilis est une maladie éminemment abortive*. Mais ce n'est pas tout ; parmi le petit nombre d'enfants qu'elle a laissés venir vivants au monde, elle en laisse bien peu au delà de

(1) *Soc. obstétricale de Paris,* décembre 1888.

la première année. En effet, la *syphilis tue en bas âge ;* elle tue tellement que le fait de constater des morts précoces et successives des enfants dans une famille est considéré comme un des signes *devant* faire soupçonner la syphilis.

Sur 441 naissances, Fournier trouve 341 morts et 100 survies, soit presque 4 morts sur 5 naissances. Or, sur ces 341 enfants morts, 6 seulement ont succombé au delà de la première année (1).

Dans certains cas, on a vu la syphilis *décimer*, *anéantir même des familles*. De cette proposition les preuves abondent :

Le Pileur a vu une famille syphilitique dans laquelle 5 enfants sont morts avant la sixième semaine.

E. Wilson a publié le cas de 5 enfants, venus à terme, sur lesquels la syphilis héréditaire en emporta 4 dès les premiers mois de leur existence.

Si nous additionnons la mortalité par avortements à la mortalité en bas âge, nous aurons, comme le fait remarquer Fournier, un chiffre obituaire vraiment formidable.

Nous avons parlé de *familles anéanties par la syphilis ;* on le croirait à peine si les observations n'étaient irréfutables.

Cazenave publie un cas où 4 enfants sont morts de syphilis héréditaire dans une famille composée

(1) Fournier, *Syphilis chez la femme,* 2ᵉ édition, 1881, p. 727-728.

de 4 enfants. Voici une série de faits presque identiques :

Anteaga............	4 morts sur	4 naissances.
Tanner..........	6	—	6	—
Trousseau	6	—	6	—
E. Wilson.......	8	—	8	—
Augagneur......	3	—	5	—
Hutchinson.....	4	—	5	—
Roger	4	—	5	—
Bertin...	5	—	6	—
Behrend........	8	—	11	—
Tuhrmann	8	—	11	—
Boinet.........	8	—	9	—
Le Pileur.......	11	—	11	—
Bryant...	11	—	12	—
Carré..........	11	—	11	—

Enfin Ribemont, 19 sur 19 : Autant de naissances, autant de décès !

Mais ce n'est pas tout.

Peu d'enfants, très peu survivent, n'est-il pas vrai ? Eh bien, poursuivons nos recherches et voyons ce que ces rares survivants sont par la suite et ce qu'ils deviennent.

Les uns sont *rachitiques* et vont grossir le nombre de ces êtres contrefaits, bossus et difformes, que les gens bien constitués hésitent presque à appeler leurs semblables.

Les autres sont arrêtés dans leur développement et présentent un véritable nanisme. Fournier a montré récemment un enfant de 18 ans qui paraît au plus 10 ans, sans un poil, etc. La syphilis acquise en bas âge se rencontre ici avec la syphilis héréditaire.

D'autres sont *aveuglés* par les lésions iri-
diennes et cornéennes, irido-choroïdiennes ou
même rétiniennes, et, dans les cas heureux où la
cécité n'est pas complète, se voient interdire une
foule de carrières ou de travaux pour lesquels une
bonne vue est indispensable. Récemment Pari-
naud envoyait à Fournier un enfant *venu au
monde* avec les deux cornées complètement opa-
cifiées par la kératite interstitielle. Nous devons
dire que, la nature syphilitique du mal ayant été
reconnue par ces habiles médecins et le traitement
spécifique ayant été administré en temps oppor-
tun, l'enfant, revu il y a quelques jours, est en
voie de guérison avancée.

Un grand nombre de syphilitiques héréditaires
ont des écoulements purulents par les oreilles, des
perforations du tympan, des altérations de la caisse
et des osselets, et *deviennent sourds ;* quelques-
uns deviennent complètement et définitivement
sourds en quelques jours et sans lésion apparente
des oreilles, ainsi que l'a montré Hermet (1). Si
la surdité se montre dans les premières années,
l'enfant est *sourd-muet ;* et, en effet, comme nous
l'apprend Toynbee, c'est la syphilis qui, après la
scarlatine, produit le plus de sourds-muets chez
les enfants nés avec de bonnes oreilles.

Ceux-ci sont *épileptiques,* soit que l'épilepsie
reste essentielle, soit plus souvent qu'elle soit asso-

(1) Voy. Hutchinson, *Syph. héréd., Traduction et annota-
tions,* par Hermet, 1884. — Hermet, 1889, Congrès international d'otologie.

ciée à d'autres lésions cérébrales. Ceux-là constituent la grande catégorie des *incapables*, êtres simples et bornés, atteints d'*imbecillitate ingenii*,
tout à fait réfractaires à toute culture intellectuelle ;
ce sont même pour un grand nombre de *véritables idiots*. Notons en passant que les syphilitiques
héréditaires sont des enfants voués à la *méningite*,
à cette méningite, à peine moins fréquente, mais
certainement beaucoup moins connue que la méningite tuberculeuse, qui fait la terreur des mères
de famille et, parmi les enfants, un si grand nombre
de victimes.

Et vraiment, en face d'une destinée aussi navrante et tout au moins aussi menaçante, on se demande s'il ne vaut pas mieux désirer pour ces
malheureux la mort que la vie !

Huguenin exprime formellement l'avis « qu'un
certain nombre de *démences paralytiques* doivent
avoir pour origine les méningites chroniques que
déterminent la syphilis. »

« Rien n'est aujourd'hui mieux établi, nous apprend encore Fournier, que l'existence de *véritables aliénations* de provenance syphilitique.
Maintes et maintes observations en ont été publiées par différents médecins en différents pays. »
Dans la syphilis, le fait majeur, prédominant, c'est
l'altération des méninges ; *relativement*, l'altération de la substance grise paraît bien moindre

(1) A. Fournier, *Syphilis du cerveau*, 1879. p. 295.
Morel-Lavallée et Bélières, *Syphilis et Paralysie générale*,
1889.

(p. 35o). « D'après Coffin, la syphilis serait la cause la plus fréquente des *paralysies générales* qui font leur apparition entre 25 et 35 ans. Cette opinion repose sur un grand nombre d'observations très soigneusement recueillies et étayées pour quelques-unes de l'autorité de Blanche et de Magnan. »

« Tout cela prouve que s'il est parfaitement ridicule de prescrire le mercure et l'iodure indistinctement, de parti pris à tous les aliénés, il serait non moins étrange dans un sens opposé de ne pas les administrer à ceux des aliénés que les remèdes de ce genre pourraient guérir (p. 329). »

Voilà les dangers que crée la vérole et voilà la maladie qu'on ne craint pas de traiter par le mépris !

CHAPITRE IV

INFLUENCE DE LA SYPHILIS SUR LA MORTALITÉ DES ENFANTS. — SYPHILIS ET MARIAGE

En vérité, nous ne saurions trop insister sur ce fait que, dans le domaine de la syphilis, les innocents paient pour les coupables. Contrairement au proverbe américain, ils brûlent dans l'incendie qu'ils n'ont pas allumé ; nous ne pouvons mieux le prouver qu'en rapportant textuellement les paroles de Fournier à l'Académie dans la séance du 4 mars 1885 :

« La syphilis, dit notre savant maître, est éminemment *meurtrière pour les jeunes.*

» De cela, je fournirai maintes preuves dans ce qui va suivre.

» I. Voici, d'abord, une première statistique composée de 200 observations personnelles, toutes relatives à des sujets syphilitiques qui se sont mariés en état de syphilis latente et qui ont eu l'heureuse chance de ne pas contagionner leurs femmes.

» Ici, donc, *pères syphilitiques* et *mères saines,*
j'entends indemnes de syphilis. Cette première statistique, en conséquence, va nous permettre d'apprécier l'influence de l'*hérédité exclusivement paternelle.*

» J'ai besoin de préciser au préalable ces deux
points, à savoir : 1° que ces 200 observations ont
toutes été recueillies dans la pratique de ville (ce
qui a son importance, comme vous le verrez dans
un instant) ; — 2° qu'elles portent sur les cas les
plus divers, les plus opposés, qu'à dessein j'ai
laissé confondus, parce qu'ainsi se présentent les
choses en pratique, c'est-à-dire sur des cas où des
sujets syphilitiques se sont imposé un long stage et
un long traitement avant de se présenter au mariage, comme sur des cas précisément inverses où
des malades ont contracté mariage d'une façon
absolument prématurée, c'est-à-dire à une époque
plus ou moins voisine de la contamination initiale.

» Cela posé, voyons ce que nous fournit cette
statistique.

» Ceci : 403 grossesses ; — et, sur ce nombre,
288 enfants survivants, contre 115 enfants morts,
et tous (à quelques rares exceptions) morts soit
avant de naître, soit en naissant, soit à courte
échéance (de quelques jours à quelques mois).

» Proportion, en chiffres ronds : sur 100 naissances, 28 morts ; c'est-à-dire plus d'une mort sur
4 naissances.

En d'autres termes, *les enfants issus d'un père
syphilitique et d'une mère saine meurent, du fait*

de la syphilis paternelle, dans la proportion d'au moins 1 sur 4.

» II. Mais ceci n'est rien, relativement à ce qui va suivre. Bien autrement pernicieuse devient l'influence de la syphilis, *alors qu'elle dérive de la mère seule ou des deux parents.* Lorsque, dans un ménage, la mère vient à être touchée par la syphilis, ou lorsque sa syphilis, à elle, s'ajoute à celle du père, une mortalité que je ne puis qualifier d'une autre épithète que celle d'*effroyable* sévit sur les enfants issus d'une telle union. Vous allez en juger.

» Il suffira d'abord de rappeler un fait banal, connu de tous, à savoir la prédisposition singulière des femmes syphilitiques à l'avortement et à l'accouchement prématuré. Inutile de citer des exemples nouveaux à ce sujet.

» Mais, ce qu'il importe de spécifier, pour le point spécial que nous avons en vue, c'est que l'influence de la syphilis se prolonge souvent sur plusieurs grossesses et se traduit de la sorte par des avortements *multiples*, parfois étonnamment répétés.

» C'est ainsi qu'on a vu des femmes syphilititiques (mariées soit à des sujets syphilitiques, soit même à des sujets sains), avorter *deux, trois, quatre, cinq, six, sept* et jusqu'à *onze* fois de suite.

» Mais passons sur les faits de ce genre, bien connus de tous et poursuivons.

» *L'influence de l'hérédité maternelle* ne se

traduit pas seulement par l'avortement. Elle s'exerce encore *au delà de la naissance* de façons diverses, mais qui ont cela de commun, en ce qui nous intéresse pour l'instant, d'aboutir à une mortalité considérable, et à une mortalité qui sévit particulièrement sur le jeune âge, c'est-à-dire qui offre son maximum quelques semaines après l'accouchement.

On peut poser ceci en axiome :

» Un enfant conçu par une femme au cours d'une syphilis récente, datant de moins d'un an environ, est un enfant presque fatalement *condamné à mort*.

» En d'autres termes, une femme devenant enceinte au cours d'une syphilis qui date de quelques mois, ou bien avortera ou bien accouchera (avant terme ou à terme) d'un enfant qui ne tardera pas à mourir. *Cela est presque fatal.* Tout au moins suis-je amené à ce résultat d'après ce que j'ai vu ; et ce que j'ai vu, le voici :

» J'ai, dans mes notes, l'histoire de 44 femmes de ma clientèle privée, qui sont devenues enceintes alors qu'elles étaient atteintes d'une syphilis toute récente (quelques-unes même avaient reçu simultément de leur mari et leur enfant et leur syphilis). Or quel a été le résultat de ces 44 grossesses ? Le voici, dans sa navrante simplicité :

43 enfants morts ;
1 seul enfant survivant ! (1)

(1) Ces 43 cas de mort se subdivisent ainsi : 27 fausses couches ; — 6 cas d'enfants morts-nés ; — 8 cas où les enfants

» 43 morts sur 44 naissances ! Quelle proportion ! En vérité, si la syphilis restait meurtrière à ce degré dans toutes ses périodes, je ne vois guère quelle maladie pourrait lui être comparée comme agent de dépopulation.

Mais ceci, heureusement, n'est que le fait d'une étape morbide dans l'évolution générale de la maladie. Donc n'insistons pas davantage, et efforçons-nous, au contraire, d'envisager d'ensemble l'influence de la syphilis sur la descendance des sujets diathésés.

» D'une façon générale, quel est le sort des enfants issus d'une mère syphilitique, par conséquent (comme c'est le cas le plus habituel) d'un couple syphilitique ? Une seconde statistique va nous l'apprendre.

» 100 femmes syphilitiques (ayant reçu, pour la presque totalité, la syphilis de leurs maris) ont eu 208 grossesses, qui, à les envisager seulement dans leur résultat le plus formel et le moins sujet à erreur, à savoir la mort ou la survie de l'enfant, me fournissent les résultats suivants :

Cas de survie......................................	60
Cas de mort (avortements, accouchements prématurés, morts-nés, enfants morts, pour l'énorme majorité, à courte échéance après l'accouchement et morts de causes rationnellement imputables à la syphilis)......................	148
Total...............	208

sont venus vivants, pour succomber d'une demi-heure à quinze jours ; — 2 cas seulement où ils ont survécu, l'un six semaines et l'autre sept mois.

» Remarquez bien, messieurs, cette lamentable proportion de 148 enfants morts sur 208 naissances ; ce qui équivaut à une mortalité de 71 pour 100.

» Et notez, je vous prie, que cette statistique concerne exclusivement des malades de la clientèle privée, c'est-à-dire des familles appartenant à la bourgeoisie, voire pour quelques-unes à l'aristocratie, c'est-à-dire à des classes sociales où la gravité de la syphilis trouve trois facteurs d'atténuation, à savoir : l'hygiène, l'intelligence et les soins médicaux. — Donc, que sera-ce à l'hôpital ?

» A l'hôpital, ce chiffre de mortalité, quoique considérable, s'élève encore. De cela, voici la preuve :

» Comme proportion de mortalité des enfants issus de femmes syphilitiques, une statistique que j'ai dressée à Lourcine et portant sur les sept années que j'ai passées dans cet hôpital, me fournit le chiffre terrifiant de 86 enfants morts sur 100 grossesses.

Avec toute apparence de raison, on pourrait dire que cette mortalité excessive, extraordinaire, trouve une raison spéciale dans le public spécial qui compose Lourcine. Et, en effet, comme chacun le sait, les malades de Lourcine sont (pour la plupart au moins et réserves faites pour de très honorables exceptions) de jeunes prostituées qui s'adonnent à tous les excès, qui commettent toutes les imprudences imaginables, qui se traitent aussi mal que possible, ou, pour mieux dire, qui ne se traitent pas du tout le plus souvent, et qui *recherchent plutôt qu'elles ne redoutent l'avortement*.

» Et, d'autre part cependant, je vous ferai remarquer qu'à Saint-Louis, dont le public féminin est à coup sur bien plus relevé et tout autre qu'à Lourcine comme composition moyenne, la mortalité des enfants issus de femmes syphilitiques n'est que peu différente de ce qu'elle est à Lourcine. Exemple :

» Sur 148 naissances, 125 morts et 23 enfants survivants.

» D'où cette proportion de mortalité : 84 pour 100.

» Aussi bien, comme conséquence de ce qui précède, cette polymortalité des jeunes aboutit-elle souvent, dans les familles où s'est introduite la vérole, *à dépeupler le foyer domestique*. Ce serait abuser de votre attention, Messieurs, que de relater à ce propos, des faits particuliers. Mais vous me permettrez bien tout au moins de vous rappeler une observation (Ribemont) constituant en l'espèce ce qu'on pourrait appeler « un comble », suivant l'expression à la mode. Cette observation est relative à une femme qui reçut la syphilis de son mari dès les premiers temps de son mariage, qui ne s'en traita pas, il est vrai, et dont 19 grossesses ont abouti à 19 morts ! Les 5 premières grossesses se sont terminées par expulsion d'enfants morts et macérés, et les 14 suivantes ont donné des enfants qui sont tous morts entre un et six mois.

» Eh bien, Messieurs, je vous le demande, en
face de pareils résultats, y a-t-il exagération à dire
que la syphilis tient une large place dans les causes
de cette dépopulation ou tout au moins de cette
insuffisance d'accroissement de notre population
qui préoccupe actuellement l'Académie ?

» J'ai déjà cité bien des chiffres, Messieurs, et
cependant j'en dois citer encore. C'est qu'aux statistiques qui précèdent et qui me sont personnelles,
j'ai besoin maintenant d'en ajouter une autre qui
leur servira de confirmation. Et de cela voici le
pourquoi.

» Ces statistiques, que j'ai déjà produites (partiellement du moins) à propos d'une autre question
qui m'a longtemps occupé (la question du mariage
des sujets syphilitiques), n'ont pas trouvé grâce
devant tout le monde. Quelques-uns de mes confrères les ont taxées d'exagération. « Vous voyez
» les choses trop en noir, m'a-t-on dit quelquefois;
» en réalité, la syphilis est moins meurtrière pour
» les enfants que vous ne l'avez avancé. D'ailleurs,
» vous êtes mauvais juge en la question, parce que
» tout naturellement les cas graves vont dans vos
» services spéciaux, tandis que les cas moyens ou
» légers, qui sont en somme les plus nombreux,
» restent ailleurs, et vous ne les voyez pas. »

» Eh bien, j'ai voulu savoir ce que valait au
juste l'objection qui m'était faite; j'ai voulu, passez-moi l'expression triviale, tirer les choses au
clair, et me rendre compte des résultats observés
par mes confrères. Dans ce but, voici ce que j'ai

fait depuis plusieurs années. Chaque fois que, dans mes lectures, je rencontrais une observation afférente à ce point spécial, c'est-à-dire une histoire de syphilis dans un ménage, j'en prenais note très soigneusement et consignais dans un registre *ad hoc* les données de l'observation relativement à la mortalité des enfants. De la sorte, je suis arrivé à constituer une statistique que j'appellerai *la statistique de tout le monde* (moi seul excepté), et que personne, en conséquence, n'aura droit d'attaquer, que personne ici ne récusera, car nombre des cas qui y figurent sont empruntés à d'illustres noms qui ont dans cette enceinte un absolu crédit, ceux, par exemple, de Depaul, de Trousseau, de Parrot, de Jacquemier, de MM. Ricord, Henri Roger, Diday, Marjolin, Lancereaux, Siredey, Lannelongue, etc. — Or, si je consulte aujourd'hui cette statistique, j'y trouve ceci :

» 491 grossesses observées dans des familles syphilitiques (un seul des deux parents étant syphilitique ou les deux parents étant syphilitiques à la fois) fournissent un total de :

» Proportion ramenée à tant pour 100 : 77 enfants morts sur 100.

» Or, cette proportion est sensiblement identique (si ce n'est même supérieure) à celle qui ressort de mes statistiques personnelles.

» D'où il suit que j'ai vu ce que tout le monde a vu, et que mes chiffres concordent exactement avec ceux de l'observation générale.

109 cas d'enfants vivants, contre 382 cas d'enfants morts.

» Eh bien, concluons maintenant, et, comme conclusion, faisons, si vous le voulez bien, la moyenne de toutes les statistiques précédentes, pour apprécier d'ensemble la mortalité infantile de la syphilis dans les diverses conditions que peut présenter l'hérédité morbide et d'après les divers observateurs qui se sont occupés de la question.

» La moyenne des six statistiques précitées aboutit au chiffre de mortalité que voici :

» 68 enfants morts sur 100 dans les familles syphilitiques, en tenant compte de tous les cas, voire des plus favorables (c'est-à-dire, par exemple, de ceux où le père seul est syphilitique et où le père n'a abordé le mariage qu'après un long stade d'expectation et de traitement).

» Maintenant, ai-je la prétention, Messieurs, de vous donner ce chiffre (68 pour 100) comme représentant l'exacte et absolue vérité des choses? Bien évidemment, non. Ce chiffre, certes, reste sujet à revision, d'après des statistiques plus étendues. Sans doute aussi il pourra varier quelque peu suivant le hasard des séries. Mais, à coup sûr, il n'est pas éloigné de ce que j'appellerai la vérité moyenne, car il repose actuellement sur près de 1,500 observations empruntées à des sources très diverses, et je ne le crois guère destiné à subir d'importantes corrections des résultats que l'avenir nous réserve.

» Or, étant donné ce chiffre, et étant connue, d'autre part, l'indéniable fréquence de la syphilis dans toutes les classes de notre société, une conclusion s'impose : c'est que *la syphilis prend une part importante, considérable, dans la mortalité de l'enfance*, et conséquemment *qu'elle a la place parmi les facteurs de la dépopulation* que l'on constate et déplore pour notre pays.

Ces conclusions ont été récemment confirmées par Le Pileur (1), d'après des documents recueillis dans la prison de Saint-Lazare. La population, composée des détenues et non des prostituées, y est assez mélangée pour que les différentes positions sociales y soient exactement représentées et que, toute proportion gardée, les résultats obtenus là puissent être généralisés et servir à une comparaison plus importante : Il y a environ 160 syphilitiques par an sur 2060 femmes ; sur *643 femmes syphilitiques* observées, 130 ont eu des grossesses :

(1) **60,** devenues syphilitiques *après* avoir eu des enfants, ont eu 166 grossesses ainsi réparties :

8 morts-nés ou fœtus. — 72 enfants nés vivants, morts plus ou moins longtemps après la naissance. — 86 enfants survivants au moment de l'observation.

(2) **52** avaient contracté la syphilis *avant* d'accoucher.

Elles ont eu 122 grossesses dont voici les résultats :

93 morts-nés ou fœtus. — 22 enfants nés vivants, morts plus ou moins longtemps après leur nais-

____

(1) *De la mortalité infantile causée par la syphilis*, 1888.

sance. — 7 enfants survivant au moment de l'observation.

(3) **18** ont eu 43 enfants *avant* d'avoir la syphilis
et 31 conceptions *après* avoir été contaminées.

Avant la syphilis.		Après la syphilis.
o	avortements............	21
o	mort-né............	6
27	enfants morts longtemps	
	après la naissance.....	4
16	enfants survivants.......	1
43		31

Au total, on voit que sur 200 grossesses présen-
tées par 78 femmes non syphilitiques, il y en a eu :

8 morts-nés, soit 3 8 °/₀ et 99 décès après naissance, 47, 3 °/₀, 102 suivies, soit 40 °/₀.

Au contraire, sur 153 grossesses spyhilitiques, il
y a eu : 120 fœtus ou morts-nés, 78, 4 °/₀.

25 décès après naissance 16, 4 °/₀.

8 survies, soit 5, 2 °/₀.

Maintenant, voyons les résultats comparatifs des
accouchements faits de 1881 à 1887 à Saint-Lazare,
par des femmes détenues, mais non prostituées.

Sur 320 naissances dont 9 gemellaires, 72 fois
il y a fœtus morts ou morts-nés, et 248 fois les enfants viennent vivants, soit 22, 5 °/₀.

Ce chiffre est très éloigné de celui que donne
l'état-civil, lequel est de 7 °/₀ environ, parce que
l'enregistrement des avortements à Saint-Lazare
est forcément beaucoup plus exact qu'ailleurs. Or,
sur les 320 naissances, il y a 50 syphilitiques qui

ont donné 35 morts ou fœtus et 15 enfants nés vivants. Sur les 15 enfants nés vivants, 8 sont morts ensuite. Quant aux 7 survivants, 6 eurent des syphilides dûment constatées. Un dernier naquit sain, mais fut par la suite perdu de vue.

Notons d'autre part que chez 270 mères saines, il y eut 37 accidents (enfants morts-nés ou morts rapidement et avortements) et 233 enfants qui survécurent, tandis que du fait de 50 mères syphilitiques, il y eut seulement 12 enfants qui survécurent et 38 accidents.

Parmi les femmes qui avaient eu des enfants avant ou après la syphilis, il y eut 6 accidents et 22 survivants avant la vérole, tandis qu'après la contamination, ou compte 17 accidents et seulement 4 survivants.

Enfin, parmi les femmes qui n'enfantèrent qu'après avoir eu la syphilis, on compte 69 accidents et seulement 5 survivances sur 74 faits observés.

Par une série de statistiques fort intéressantes, Le Pileur démontre que sur 100 grossesses, il y en a 14,5 qui surviennent chez des syphilitiques. Telle est la proportion représentée par la population de Saint-Lazare, laquelle peut, par sa composition, être comparée à celle de n'importe quelle grande ville.

Le nombre des femmes enceintes ou récemment accouchées qu'on rencontre à Saint-Lazare présente un rapport identique à celui qu'on observe à Paris. D'après ce qui se passe à Saint-Lazare, on peut donc arriver à une évaluation approximative, mais pourtant assez sérieuse, de la léthalité causée par la syphilis sur les fœtus et les nouveaux-nés.

CONCLUSIONS. — (1) A Saint-Lazare, sur cent femmes, 14 seraient syphilitiques ; sur 100 enfants conçus par des mères syphilitiques, 7 au plus survivent au delà des premiers mois de la naissance.

(2) Sur 64657, produits de conception que donne une année de la population parisienne, 9051 proviendraient de mères syphilitiques ; sur ce nombre, 8418 périraient avant ou peu de temps après la naissance ; 653 enfants seulement dépasseraient les six premiers mois de la vie extra-utérine.

(3) Sur 100 enfants conçus à Paris, 13 périraient par le fait de la syphilis de leur mère, indépendamment de toutes les autres causes de mortalité.

Rappelons que Fournier est amené par ses statistiques à penser que sur 100 enfants nés à Paris, 11 succomberaient chaque année du fait de la syphilis maternelle.

On pourra mesurer approximativement les ravages du fléau syphilitique en pensant que, sur les 1.130.000 femmes qui habitent Paris, il y en a environ 150.000 qui sont syphilitiques. Il y a pour le moins le double d'hommes contaminés, soit pour la totalité de la population, environ 450.000 personnes frappées de syphilis, quantité nullement négligeable, comme on le voit. Si l'on veut bien réfléchir un instant à la semence prodigieusement néfaste, si menaçante pour l'avenir, qui réside dans une pareille masse spécifique, si approximative que soit cette constatation, on comprendra toutes les appréhensions du corps médical compétent et toutes les raisons qui militent en faveur des mesures préservatrices qui sont réclamées.

Reprenons maintenant la citation empruntée au mémoire académique de Fournier :

» Ce qu'il faudrait réaliser, pour atténuer, dans la mesure du possible, cette désolante mortalité de la syphilis héréditaire, ce serait :

» 1º De nous défendre contre la syphilis mieux que nous ne le faisons actuellement ;

» 2º De mieux traiter, de traiter autrement la syphilis qu'on ne le fait en général ;

» 3º De nous montrer plus sévères que nous ne le sommes en général relativement au mariage des sujets en état de syphilis.

» Donc : prophylaxie générale de la syphilis ; — traitement de la syphilis ; — question du mariage dans la syphilis ; tels seraient les trois sujets à mettre en discussion ici, tous trois considérables et susceptibles d'enfanter des volumes, ce que du reste ils ont fait déjà. Je me garderai de les aborder, de les effleurer seulement. J'ai indiqué des têtes de chapitre, mais je ne remplirai pas les chapitres, et vous demanderai seulement la permission de vous présenter, à propos de chacun des trois points en question, quelques réflexions ou mieux quelques doléances très sommaires.

» I. A coup sûr, nous nous protégeons mal, nous nous protégeons insuffisamment contre la syphilis. Le système prophylactique qui est *censé* nous défendre contre elle repose sur d'anciennes prescriptions administratives que tout le monde attaque, que tout le monde condamne (à des points de vue divers et parfois opposés, il est vrai), mais qui n'en subsistent pas moins. Le vieil édifice craque et croule de toutes parts, mais il n'en reste pas moins debout. Et force est de convenir que nous ne nous en inquiétons guère. Nous nous désintéressons étrangement de tout ce qui touche à la vérole, au moins comme mortalité et comme prophylaxie. Voyez plutôt.

» Certes, on meurt de la vérole avec une certaine fréquence, comme je viens de le montrer dans ce qui précède, et inutile de dire qu'il n'est pas que les enfants qui en meurent. Eh bien, lisez nos statistiques mortuaires ; lisez, par exemple, le *Bulletin hebdomadaire de statistique municipale*, qui — fort bien conçu d'ailleurs et très utile à d'autres points de vue — nous rend compte des diverses causes de la mortalité parisienne. Y est-il jamais question de décès d'origine syphilitique ? Le mot de syphilis n'y est même pas consigné.

» Nos conseils d'hygiène se préoccupent-ils vivement des questions de prophylaxie antivénérienne ? Il n'y paraît guère d'après leurs publications. Ainsi, j'ai vainement feuilleté, ces jours-ci, une douzaine des derniers volumes de leurs *Comptes rendus* sans y trouver quoi que ce soit qui ait trait à la syphilis. Et je ne saurais mieux faire que d'invoquer ici le témoignage de notre secrétaire annuel, le docteur Proust, qui me disait ceci mardi dernier : « Depuis dix ans que je fais » partie du Comité d'hygiène, jamais je n'y ai en- » tendu souffler mot de la syphilis. »

» Puis, consultez nos grands *Traités d'hygiène*. Leurs auteurs, ici présents, me pardonneront-ils une critique ? La question de prophylaxie est à peine abordée dans leurs excellents livres. Seul, M. Léon Colin y consacre quelques pages intéres- santes (1), mais surtout en ce qui concerne l'armée et l'importation maritime de la syphilis. Pour M. Proust, suivant une expression que je lui em- prunte, il n'en souffle pas mot.

» Le Conseil municipal, il est vrai, s'est emparé de la question il y a quelques années, et j'aurais mauvaise grâce à oublier qu'il m'a fait l'honneur de me demander un projet de réglementation de la prostitution parisienne. Mais il a dû renoncer, pa- raît-il, à ses velléités de réformes ; et pour mon projet, il dort actuellement, dans les cartons ad- ministratifs, d'un sommeil paisible, qui sera sans doute pour lui l'éternel sommeil.

» Si bien qu'un étranger, jugeant les choses de loin et les jugeant seulement d'après les documents administratifs, pourrait croire, serait autorisé à croire, d'une part, qu'on ne meurt pas de la vérole parmi nous, puisque les statistiques officielles ne mentionnent aucun cas de décès par cette maladie, et, d'autre part, que tout est au mieux chez nous

(1) Léon Colin, *Traité des maladies épidémiques*, Paris, 1879.

en ce qui concerne la prophylaxie antisyphilitique, puisque ceux qui ont charge de la santé publique à ce point de vue ne se préoccupent guère d'améliorations ou de réformes à introduire dans le système en vigueur.

» Et cependant tout n'est pas au mieux, tant s'en faut. Pour ne pas décroître d'intensité, la vérole ne diminue pas plus de fréquence. Tout au contraire, elle s'accroît comme nombre. De cela, je suis persuadé, bien que je n'aie pas en main les éléments d'une statistique probante, presque impossible à fournir. Et comment, du reste, en serait-il autrement, étant donnée la licence actuelle dont jouit et profite la prostitution parisienne, étant donné surtout le développement considérable de ce qu'on appelle la *provocation publique*, laquelle ne se contente plus des carrefours et des boulevards, mais a envahi les théâtres, les cafés, les cafés-concerts, les « brasseries à femmes », — cette peste nouvelle de notre siècle (1), — les abords des lycées et des écoles, les parfumeries, les gares de chemin de fer, les trains de banlieue, les magasins de ganterie, de photographies, voire de librairie, d'antiquités ? Et j'en oublie.

» Plus de tentations, plus de défaillances ; — et plus de défaillances, plus de contagions. Cela va de soi, et ces différents termes s'enchaînent logiquement.

(1) On en comptait à Paris 181 au mois de juin 1882 (Voy. Macé, *Le service de la Sûreté*, Paris, 1884). Leur nombre augmente tous les jours, portant ainsi une sorte de défi à toutes les plaintes des observateurs compétents.

» II. J'ai dit, en second lieu, que, si nous voulons atténuer les désastres de la mortalité hérédo-syphilitique, il faut que la syphilis soit traitée mieux et autrement qu'elle ne l'est en général.

» Consultez, en effet, les observations où figurent ces avortements multiples, ces morts multiples d'enfants dans les premiers jours ou les premières semaines qui suivent la naissance, et vous trouverez qu'elles sont relatives, pour l'énorme majorité des cas, à des malades qui, ayant contracté la syphilis, ne s'en sont traités que d'une façon notoirement insuffisante, c'est-à-dire quelques semaines ou quelques mois.

» Puis, écoutez d'autre part les récriminations des malades ainsi frappés dans leur progéniture. C'est invariablement le même thème : « Si l'on » m'avait prévenu de cela, si l'on m'avait dit qu'il » fallait me traiter longtemps, même après guéri-» son des accidents que j'ai présentés, je me serais » traité et j'aurais évité de tels malheurs, pour ma » femme et mes enfants, etc. »

» De là, pour nous, ce double enseignement :

» 1° Qu'il faut traiter la vérole plus longtemps qu'on ne le fait en général. Ce n'est rien exagérer à coup sûr, que d'exiger d'un syphilitique *plusieurs années* de traitement pour lui conférer une immunité complète en tant qu'époux et père ;

» 2° Que tout le traitement de la syphilis ne consiste pas à formuler des ordonnances de mercure ou d'iodure de potassium. Il y a autre chose à faire que cela, me semble-t-il, étant données les conséquences sociales que comporte la maladie. Et notre strict devoir est, non pas de faire à nos malades des conférences sur la syphilis, mais de les éclairer catégoriquement sur les dangers qui peuvent dériver de leur mal *pour autrui*, tout spécialement pour leurs femmes et leurs enfants à venir. Il est de leur intérêt, comme de l'intérêt de tous, que nous leur disions, par exemple, que la syphilis n'est pas une maladie comme une autre, avec laquelle tout est fini quand les symptômes actuels sont effacés ; — qu'elle exige pour guérir un traitement méthodique et extrêmement prolongé ; — qu'elle est *contagieuse*, et surtout contagieuse par ses manifestations les plus légères et les plus inoffensives en apparence, celles conséquemment dont on se défie le moins ; — qu'*elle peut retentir sur les enfants*, alors qu'elle n'a pas été suffisamment traitée, etc.

» Et j'ajouterai, à un autre point de vue qui nous est personnel : Tout cela est absolument essentiel à dire à nos malades, car il importe à la dignité médicale qu'ils ne puissent pas plus tard exciper de leur ignorance de telles choses, en rejetant sur nous — comme ils le font très souvent, je le répète encore — la responsabilité de désastres dont ils sont seuls coupables.

III. Que de fois encore n'ai-je pas entendu des malades qui, s'étant mariés prématurément, avaient eu le malheur de communiquer la syphilis à leur femme et de perdre, du fait de la syphilis, un deux, trois quatre enfants, mettre en cause leur médecin à ce propos et me dire : « Pourquoi mon médecin m'a-t-il laissé marier ? Pourquoi ne m'a-t-il pas *défendu* de me marier, lui qui connaissait mon état ? S'il m'avait averti des dangers que ma syphilis comportait pour le mariage, j'aurais attendu, j'aurais renoncé à mes projets. C'est lui le coupable et non moi. »

Certes, Messieurs, tous les syphilitiques qui entrent dans le mariage, n'y entrent pas « avec la permission de leur médecin ». Beaucoup se privent de cette permission et, soit par ignorance du danger, soit par indifférence, soit par crainte d'une réponse qui contrarierait leurs projets, s'abstiennent de venir nous consulter sur leur aptitude au mariage ; sans parler même de ceux qui nous consultent pour la forme, bien décidés par avance à n'en faire qu'à leur tête, quoi que nous puissions leur conseiller. Mais, enfin, il en est bon nombre aussi qui viennent à nous très loyalement, très honnêtement, et qui nous acceptent comme les arbitres de leur destinée, j'entends de l'échéance possible d'un mariage exempt de dangers pour leur future famille. Or, je dois le dire et pourrais le prouver pièces en mains, nos confrères se montrent d'une tolérance singulière en ce qui concerne le mariage des syphilitiques. Tout au moins ai-je dans mes notes une centaine d'observations relatives à des sujets syphilitiques, qui, s'étant mariés dans la seconde année, voir dans la première année de leur maladie — et cela, m'ont-ils assuré, avec l'assentiment de leur médecin — ont eu gravement à s'en repentir et ont expié cruellement cette faute. Certes l'époque où un sujet syphilitique peut s'engager dans les liens du mariage sans risque d'être dangereux pour sa femme et plus encore pour ses enfants (c'est là le point qui nous intéresse actuellement) est beaucoup *plus tardive* qu'on ne le croit en général. Je me garderai de discuter cette question pour l'instant; mais, en deux mots, permettez-moi de dire qu'il est toujours périlleux de laisser un syphilitique contracter le mariage avant un stage de trois ou quatre ans, et de trois ou quatre ans utilement employés à une dépuration thérapeutique suffisante. Le mariage étant chose facultative, à laquelle personne n'est contraint — surtout contraint à terme fixe, comme pour un service militaire ou une échéance de loyer —c'est bien le moins, en vérité, qu'un syphilitique, candidat au mariage, s'impose, avant de franchir le seuil d'une mairie, l'expectation nécessaire à le rendre *non dangereux* pour sa future famille.

Or, comme nous sommes fréquemment consultés à ce sujet, il suit de là qu'il dépend de nous de diminuer, au moins, dans une certaine mesure, les résultat néfastes de ces unions prématurées dans la syphilis, c'est-à-dire d'atténuer cette effroyable mortalité qui pèse sur les enfants issus de parents syphilitiques.

« J'ai fini, Messieurs ; et, après vous avoir remercié de votre bienveillante attention, il ne me reste plus qu'à formuler les deux propositions suivantes comme résumé de ce qui précède :

« 1° La syphilis constitue une cause active et

puissante de mortalité infantile ; — et l'on peut évaluer au chiffre approximatif de 68 pour 100 le tribut qu'elle prélève sur les enfants issus de parents contaminés ;

« 2° Les remèdes propres à diminuer cette cause spéciale de mortalité infantile sont de deux ordres : les uns d'ordre médical (traitement méthodique et suffisamment prolongé ; — prohibition des unions prématurées dans la syphilis) ; — les autres relevant de l'hygiène publique (prophylaxie générale de la syphilis).

« Les premiers sont entre nos mains, et il dépend de nous, en les appliquant d'une façon rigoureuse, d'atténuer efficacement la mortalité infantile d'origine syphilitique.

« Les seconds sont au pouvoir de l'administration, des conseils d'hygiène, des corps politiques. Chacun de nous, sans que j'aie eu besoin de le dire, sait à quel point ils sont défectueux, insuffisants, illusoires. Il serait bien temps de songer à les améliorer ! »

CHAPITRE V

CE QUE DEVIENNENT LES HÉRÉDITAIRES
QUE LA SYPHILIS N'A PAS DÉTRUITS D'EMBLÉE.
SYPHILIS HÉRÉDITAIRE TARDIVE.

La syphilis acquise est aujourd'hui bien connue. Je renvoie d'ailleurs aux traités spéciaux.

Ce n'est pas non plus le lieu de décrire la *syphilis héréditaire précoce* dont les notions sont également classiques.

L'hérédité syphilitique a été étudiée cette année même d'une manière essentiellement instructive et élevée par Fournier, dans ses leçons de l'hôpital Saint-Louis; nous ne saurions trop en recommander la lecture (1).

Nous voulons décrire ici les *accidents tardifs de la syphilis héréditaire* et montrer que, parmi le petit nombre des malheureux qui échappent à la mortalité du premier âge, 32 pour 100, il en est encore beaucoup à qui la syphilis ne fait pas grâce, même à un âge très avancé. Nous ne sau-

(1) *Bulletin médical*, juin, juillet, 1889.

rions ici entrer dans trop de détails, de façon à porter la conviction dans tous les esprits.

Dans ce chapitre nous traiterons de la *syphilis héréditaire* tardive, et nous ne pouvons mieux faire pour cet exposé, puisque notre excellent maître nous y autorise, que de reproduire ici les leçons que nous avons recueillies en 1883 aux conférences faites par Fournier à l'hôpital Saint-Louis.

« Mon but est d'établir que la syphilis héréditaire ne se borne pas, comme on le croit généralement, à déterminer une série de manifestations limitées au premier âge ; que tout au contraire, elle poursuit ses victimes au-delà, c'est-à-dire, bien plus avant dans la vie, à savoir : la *deuxième enfance*, l'*adolescence*, voire l'*âge adulte* ; qu'elle réalise alors des lésions inattendues, éminemment et incontestablement spécifiques, lesquelles restent le plus habituellement méconnues quant à leur origine et *sont indûment rattachées à la scrofule.*

« Or, où je me trompe fort, ou c'est là pour tout médecin un sujet d'étude majeur, important au premier chef, et important *au double point de vue de la science et de la pratique.*

« Cette question de l'hérédité syphilitique tardive, Messieurs, j'ai d'autant plus à cœur de l'aborder et de la discuter en détail devant vous qu'elle est plus délaissée, presque dédaignée, dirai-je, par les pathologistes contemporains. Ouvrez, en effet, un livre de pathologie interne ou externe, vous y trouverez certes la question indiquée au moins dans la plupart, mais indiquée comment et de quelle façon? De la façon la plus sobre et la plus discrète, dans un court chapitre où figurent, sans grands commentaires, quelques observations plus ou moins équivoques. La question, à vrai dire, y est plutôt éludée, esquivée qu'abordée de front, traitée à fond dans ses diverses faces, en un mot étudiée et jugée,

« Il en résulte que la généralité des médecins de nos jours est restée, en France du moins, indifférente, je n'ose dire étrangère, à cet intéressant problème de la syphilis héréditaire tardive.

« Dans le public médical actuel, on est profondément sceptique relativement à la syphilis héréditaire tardive. Tranchons le mot, parlons net, on n'y croit pas ou l'on n'y croit guère. Cela, je l'affirme et j'ai le droit de l'affirmer par expérience toute personnelle. Plusieurs fois, il m'est arrivé dans une consultation, par exemple, d'avoir à émettre devant des confrères le diagnostic de la syphilis héréditaire tardive, en essayant de le justifier de mon mieux, par des raisons que je croyais et que je crois encore des plus valables, et, sauf exceptions rares, je n'ai guère vu ce diagnostic accueilli qu'avec un étonnement significatif, avec l'étonnement que reçoit un paradoxe ou tout au moins une préparation bizarre, à propos de laquelle il n'est que juste de se tenir en défiance. D'autre part, j'ai bien souvent causé de cette question entre collègues, entre amis, et j'ai pu me convaincre, dans ces conversations familières et si instructives où chacun dit sans gêne ce qu'il a vu, ce qu'il croit, ce qu'il a sur le cœur, que la cause de la syphilis héréditaire tardive réunissait bien peu d'adhérents.

« En deux mots, voici, je crois, l'état des esprits à l'heure présente relativement au problème en question.

« Quelques-uns de nos confrères (et ceux-ci, de beaucoup les moins nombreux) admettraient bien volontiers la syphilis héréditaire tardive, car « rien de plus logique en principe, disent-ils ; pourquoi la syphilis héréditaire ne ferait-elle pas ce que fait la syphilis acquise ? Mais ils voudraient *des preuves* pour y croire et de bonnes preuves et beaucoup ». Vous le voyez, rien n'est plus légitime.

« D'autres, en bien plus grand nombre, se montrent bien autrement défiants et invoquent contre la syphilis héréditaire tardive toutes les causes d'erreurs qui peuvent donner le change à son propos : incertitude relativement à l'origine, mensonges des intéressés, dépravations de la débauche, sévices, contagions accidentelles dans l'enfance pouvant créer des syphilis acquises, lesquelles seront facilement prises après un certain délai pour une syphilis héréditaire, etc., etc.

« D'autres enfin rejettent notre proposition de parti pris, se récriant surtout sur la prétention de la syphilis à voir incessamment étendre son domaine : « On n'en a jamais fini avec la vérole ! voilà maintenant la syphilis qui prétend se substituer à la scrofule. On va qualifier de syphilitique ce qu'on appelait autrefois scrofuleux, exactement comme c'est la mode de changer le nom des rues de Paris, et sans plus de profit. On croirait en vérité que la pathologie entière n'est que l'annexe de la syphilis ! »

» Quelques autres enfin ont recours à l'ironie et prennent la chose en plaisantant : « La doctrine » de la syphilis héréditaire tardive, disent-ils, est » une doctrine agréable, échappatoire, commode, à » l'usage des fils peu scrupuleux, qui trouveront » lieu de s'innocenter aux dépens de leur père, etc.» D'ailleurs, Voltaire a jugé la question, ajoutent-ils, en nous racontant l'histoire de ce « mari qui » fut d'abord fort surpris de recevoir la vérole de » sa femme légitime, la première nuit de ses noces, » mais qui ne tarda pas à trouver la chose natu- » relle lorsque sa digne conjointe lui eut expliqué » que la vérole était, dans sa famille, un patri- » moine héréditaire..... »

» Eh bien, n'importe, Messieurs, en dépit de Voltaire, en dépit des railleurs, des sceptiques, des indifférents, nous croyons, nous, à la réalité, à *l'authenticité de la syphilis héréditaire tardive*, et nous y croyons tout simplement, tout naïvement, parce que nous sommes autorisés par la clinique à y croire.

» J'ajouterai que ces *empiétements nosologiques de la vérole*, légitimés par l'observation et par les rapports de cause à effet, doivent être considérés, au nom de la logique, au nom de la vérité clinique, comme des progrès, je dirai plus, *comme des bien-faits*, puisqu'ils ouvrent à la thérapeutique une voie nouvelle, puisqu'ils créent une ressource aux malades, *puisqu'ils conduisent à guérir ce qu'on ne guérissait pas.*

» Comme entrée en matière, je veux donner, Messieurs, satisfaction à votre légitime curiosité en produisant quelques-uns des cas cliniques qui attestent l'authenticité de cette syphilis héréditaire tardive, tant contestée et si peu contestable cependant.

» A simple titre d'exemples, de spécimens, je commencerai donc cet exposé par le récit de quelques cas cliniques. En ces cas, je n'aurai pas besoin d'aller les chercher bien loin ; je les prendrai, pour la plupart, ici, dans nos salles de l'hôpital Saint-Louis, où vous avez pu les observer et les étudier à loisir.

» I. — DEUXIÈME ENFANCE, C'EST-A-DIRE APRÈS LA DENTITION ACHEVÉE. — 1º Rappelez-vous d'abord cet enfant de 4 ans 1/2, qui, il y a quelques mois, nous était amené à la consultation du mercredi.

» Il présentait deux lésions caractéristiques de syphilis, à savoir :

» 1º Une kératite interstitielle, aussi typique que possible, cette kératite qu'a si bien décrite Hutchinson et dont j'aurai à vous parler longuement dans ce qui va suivre.

» 2º Un double sarcocèle, caractérisé par une tuméfaction ligneuse et nodulaire des deux testicules.

» D'après ces deux lésions, avant tout interrogatoire de la mère, nous avions conclu à une syphilis manifeste; et notre diagnostic a été triplement confirmé, à savoir :

» *a*. Par les aveux du père, qui nous a avoué une syphilis antérieure de quelques années à la naissance de son enfant;

» *b*. Par le récit des parents qui apprenaient que, quinze jours après sa naissance, l'enfant avait présenté diverses lésions (ulcérations aux régions génitales, *plaques muqueuses* de la bouche, lésions croûteuses du cuir chevelu), contre lesquelles un médecin de la ville avait prescrit le traitement spécifique ;

» *c*. Par le succès même de la médication antisyphilitique qui fut prescrite par nous et suivie, à brève échéance, d'une guérison complète.

» 2° Autre exemple emprunté à mes notes, et, celui-ci, merveilleux exemple de ces syphilis cérébrales de l'enfance, qu'on confond si souvent avec des méningites tuberculeuses.

» Un homme affecté de syphilis se marie prématurément. Il ne tarde pas à communiquer la syphilis à sa toute jeune femme. De ce mariage naît un enfant qui, quelques semaines après sa naissance, présente quelques accidents légers, mais incontestables de syphilis (syphilides des fesses et des lèvres). L'enfant est traité et guérit. *Aucun autre accident ne se produit sur lui pendant sept ans.* Mais à cette époque, l'enfant qui, très attentivement surveillé par ses parents et par un médecin aussi dévoué qu'instruit, n'avait absolument rien présenté de suspect, commence à prendre des allures *singulières;* attentif et laborieux, il ne travaille plus qu'à contre-cœur; il devient mauvais élève, ses maîtres se plaignent de lui. Il est inappliqué, indifférent; il n'apprend plus ses leçons, il ne peut plus les apprendre, il oublie ce qu'il savait ; vif, pétulant, intelligent jadis, il y a quelques mois, il se transforme en un enfant lourd, apathique, simple, borné ; par instants il est comme ahuri, hébété, étranger à tout ce qui l'entoure. De plus, il se plaint, dans son petit langage, d'éprouver de temps à autre des tournoiements, des étourdissements, des vertiges. Il souffre de la tête par moments, il ne peut tolérer la lumière, et volontairement va se coucher dans les coins obscurs de la chambre. Il ne joue plus; il devient triste, silencieux. Puis les maux de tête s'accroissent, deviennent presque continus, violents. Enfin, il éprouve un beau jour, après trois mois de cet état mal défini, une véritable crise épileptique ; subitement il tombe privé de connaissance, éprouve des convulsions générales, écume, se mord la langue, urine sous lui, etc. Deux fois, une semblable crise se produit, à brève échéance.

» Je le vois à ce moment, et, vu les antécédents, je n'ai pas de peine à reconnaître des accidents cérébraux d'ordre très vraisemblablement, certainement même syphilitiques. Je prescris un traitement spécifique consistant en frictions mercurielles et en sirop ioduré. Ces deux merveilleux agents réalisent rapidement le succès éclatant qu'ils sont coutumiers de produire, à savoir : une guérison rapide, une guérison complète, qui depuis lors, il y a deux ans de cela, ne s'est pas démentie.

» Voilà donc, Messieurs, un cas de syphilis cérébrale incontestable sur un sujet héréditairement syphilisé et *âgé de sept ans*. Je vais vous exposer un cas relatif à un enfant plus âgé.

» 3° *Un enfant de onze ans* m'est amené à l'hôpital Saint-Louis, pour d'affreuses lésions de la bouche et du nez, à savoir :

» *a*. Nécrose du maxillaire supérieur, ayant déjà déterminé la chute de plusieurs dents ;

» *b*. Lésions osseuses des fosses nasales ; perforation de la cloison, et ozène ;

» *c*. Ulcérations plus récentes du voile palatin venant de déterminer une perforation du voile, au-dessus de la luette.

» D'après le seul aspect des lésions, je diagnostique aussitôt des accidents d'ordre syphilitique, et, pour le dire immédiatement, ici encore, comme d'usage, comme dans tous les cas où le diagnostic est exact, l'influence rapide, immédiate, du traitement spécifique confirme le diagnostic.

» Mais, d'autre part, qu'apprend l'enquête ouverte à ce sujet ? Que le père était en pleine syphilis au moment de la conception de l'enfant ; que la mère, elle aussi, était vraisemblablement affectée de syphilis à cette époque ; qu'il y a trois ans, c'est-à-dire à une époque où l'enfant avait huit ans, il a été affecté de lésions qui ont été jugées syphilitiques et traitées comme telles, à savoir, une kératite, qui a laissé une taie sur la cornée gauche ; une hypertrophie tibiale, qui a laissé le tibia déformé.

» Donc, même histoire exactement que dans les cas précédents, sauf cette particularité dont nous laissons la responsabilité aux parents, mais sur laquelle ils sont l'un et l'autre très formels, très affirmatifs, à savoir : que l'enfant est né sain, absolument sain ; qu'il n'a présenté aucun accident suspect jusqu'à l'âge de neuf ans.

» Ici donc, pour nous résumer, la syphilis héréditaire s'est manifestée aux âges de neuf ans et de onze ans, par des accidents divers ; mais elle était restée silencieuse, absolument latente, jusqu'à l'âge de neuf ans. Je ne fais qu'énoncer ici cette particularité, sur laquelle j'aurai à revenir plus tard pour la discuter comme elle le mérite.

» Voilà pour les enfants.

» Déjà les trois cas précités, auxquels j'en pourrais joindre tant et tant d'autres, ne sauraient vous laisser aucun doute sur l'authenticité de la syphilis héréditaire ayant produit des accidents divers, d'ordre spécifique, aux âges de quatre, sept et onze ans. Rien n'y manque en effet, ni les caractères incontestablement spécifiques des lésions, ni le critérium fourni par le traitement, ni les résultats de l'enquête qui montre tous les parents syphilitiques, etc.

» Je me trompe. Les incrédules, les sceptiques de parti pris, pourraient me dire : « Il y manque » le *contrôle de l'anatomie pathologique.* » Cette objection, incroyable, je l'avoue, en face de faits aussi concluants, m'a été adressée quelquefois. On

m'a dit : « Les faits cliniques sont des faits cli-
» niques; ils ne valent pas les faits matériels : il
» nous faut les démonstrations sur la table d'amphi-
» théâtre. Nous croirons à la syphilis héréditaire
» tardive si elle nous est démontrée anatomique-
» ment. »

» Eh bien, soit! Pour ces opposants de parti
pris, voici un fait anatomique que j'emprunterai à
autrui, pour ne pas rester toujours personnellement
en scène.

» Une observation relatée en détail par un auteur
anglais, Dowse, se résume en ceci :

» Enfant née d'un père syphilitique, restant bien
portante jusqu'à l'âge de dix ans, à part une crise
d'ophthalmie et de coryza survenue à cinq ans. Vers
dix ans, lésion ulcéro-croûteuse du nez, profonde,
rapide d'évolution, qui mutile l'organe. Bientôt
après, invasion d'une syphilis cérébrale des plus
nettes et des plus graves : céphalée violente à exaspération nocturne, accès épileptiques, troubles intellectuels, troubles de la vue, paralysies oculaires
à gauche, puis à droite, paralysie du facial gauche,
anesthésie de la moitié gauche de la face, hyperes-
thésie de la moitié droite, troubles de l'équilibre,
oscillations, accès de stupeur, accès d'aphasie, paralysie partielle du côté droit, continuation des
acces épileptiques et mort dans l'un de ces accès.

» L'autopsie est faite et démontre l'existence des
lésions habituelles à la syphilis cérébrale, c'est-à-
dire :

» 1° *Trois nappes gommeuses* reposant sur la

dure-mère et même dans la dure-mère, lésions non seulement décrites, mais figurées par l'auteur;

» 2° Ramollissement des parties périphériques du cerveau;

» 3° Lésions vasculaires, analogues mascrocopiquement et microscopiquement à celles qu'a si bien décrites Heubner.

» Que veut-on de plus? Quel cas au monde serait plus probant?

» Je n'insiste donc pas; et, certains que, pendant toute la durée de la *seconde enfance*, la syphilis héréditaire peut produire des manifestations, voyons si, plus tardive encore, elle est démontrée par les faits, pour l'âge suivant, pour l'*adolescence?*

» II. — ADOLESCENCE. — Trois cas, pris au hasard, suffiront à faire notre conviction sur ce point.

» 1° — Une intéressante observation de Surmay nous montre un enfant, né de père et mère syphilitiques, présentant quelques accidents syphilitiques légers dans les premières semaines qui suivirent la naissance, guéri de ces accidents par un traitement spécifique de deux mois, passant ensuite *seize années* sans avoir de manifestation suspecte, puis affecté à cette époque d'une *ostéopériostite du tibia*, qui céda à l'iodure. « J'avais » connaissance, dit Surmay, des antécédents de » ce jeune homme pour l'avoir soigné pour les » accidents syphilitiques qu'il avait éprouvés » dans son enfance; je fus donc aussitôt édifié

» sur la nature de cette lésion osseuse. Mais que
» serait-il arrivé si un autre médecin que moi eût
» été consulté à propos de cette dernière lésion? A
» l'époque où elle se produisit, le père de l'enfant
» était mort, et le père seul avait notion de la sy-
» philis de son enfant et de la syphilis de sa
» femme, celle-ci ignorant sa propre maladie. La
» véritable origine de cette lésion osseuse fût sans
» doute restée inconnue, et, au lieu de la syphilis,
» on aurait diagnostiqué la scrofule. »

» C'est là, en effet, n'en doutez pas, Messieurs,
— et, si vous en doutiez, j'aurais de nombreux
exemples à vous citer pour dissiper vos scrupules à
ce sujet, — ce qui se produit le plus habituellement.

» 2° De même, Horand a relaté l'observation
d'une jeune fille qui, née d'une mère syphilitique
et n'ayant jamais présenté aucun signe de syphilis
infantile, fut affectée, *à dix-huit ans*, d'une lésion
ulcéreuse du voile du palais, avec ozène. Cette
lésion produisit rapidement une perforation du
voile et céda au traitement ioduré.

» Un cas tout semblable a été rapporté par
Ricord, relativement à un jeune homme qui,
né d'une mère syphilitique, présenta, *à l'âge de
dix-sept ans*, une lésion gommeuse du voile palatin.

» 3° — On voit, au Musée de l'hôpital Saint-
Louis, une belle pièce, due à l'habileté de Jume-
lin. Elle représente une lésion que vous avez eue

(1) Chaboux, Th. de doctor., p. 17.

sous les yeux, Messieurs, et dont je vous ai montré les cicatrices sur le malade même. N'est-ce pas là un type absolu de lésion gommeuse? N'est-ce pas là une syphilide gommeuse par excellence, s'attestant et par ses bords taillés à pic, durs et adhérents, par son fond raviné, bourbillonneux, etc.? Au-dessous de cette syphilide, le tibia, en outre, se présentait hyperostosé.

» D'aspect, au premier coup d'œil, nous avions diagnostiqué une lésion syphilitique tertiaire. Vous avez vu que nous ne nous étions pas trompé; car, en moins d'un mois, cette vaste et importante lésion a guéri, absolument guéri, sous l'influence de l'iodure.

» Eh bien, Messieurs, quelle était ici encore l'origine de cette syphilis? Notre malade est fils d'une femme syphilitique, qui a reçu la syphilis d'un nourrisson syphilitique. Ajoutons que, chez lui, l'influence de l'hérédité syphilitique se révèle encore et par une taie cornéale et par des malformations dentaires.

» Donc, pour l'adolescence, il en est de même que pour l'enfance. Nul doute ne peut exister à ce sujet. A cet âge quelque peu avancé, la syphilis exerce son influence héréditaire d'une façon manifeste, incontestable. Mais s'arrête-t-elle là? Non.

« III. — AGE ADULTE. — Allons plus avant et voyons si nous avons des preuves de syphilis héréditaire dans l'âge adulte, c'est-à-dire voyons si, incontestablement, la clinique et l'observation éta-

blissent le fait suivant : *Un sujet est né syphili-*
tique; et, à vingt-cinq, à trente ans, le voici, de
par la syphilis héréditaire, présentant des acci-
dents syphilitiques, sans que ces accidents puis-
sent être rapportés à une autre cause que l'héré-
dité.

» Eh bien, oui, Messieurs, ce fait est établi par
des observations telles que les suivantes :

» I. — Rappelez-vous d'abord ce jeune homme,
âgé de vingt-quatre ans, que vous avez vu salle
Saint-Louis, et qui avait été amené à nous pour
deux ulcérations larges et profondes du dos de la
langue, véritablement menaçantes.

» Impossible, au premier coup d'œil, de ne pas
considérer comme des gommes ces deux lésions,
tant l'aspect en était caractéristique : lésions
creuses, profondément excavées, — entourées de
tissus durs, résistants, — à bords nettement en-
taillés, adhérents, presque « en falaise », suivant
l'expression consacrée, — à contours régulièrement
ovales ou ovalaires, — à fond absolument jaune,
putrilagineux, bourbillonneux, d'où l'on détachait,
par le pinceau, des lambeaux de sphacèle gommeux, etc., etc. D'aspect, le diagnostic s'imposait,
et il n'y avait à songer ni au cancroïde, ni aux ulcérations de la tuberculose, ni à telle ou telle autre
affection étrangère à la syphilis. C'était là, je le répète, un type de gommes linguales. Et le résultat
l'a bien prouvé; car, ces lésions, qui, vous n'en
avez pas perdu le souvenir, étaient horribles d'aspect et vraiment menaçantes le 15 janvier, se trou-

vaient absolument guéries, cicatrisées, le 7 février, c'est-à-dire en trois semaines de traitement ioduré ! Une guérison en trois semaines de telles lésions par l'iodure, cela n'équivaut-il pas à une démonstration mathématique de la spécificité syphilitique de ces lésions? Eh bien, cependant, ce jeune homme, très soigneusement interrogé par nous, niait tout antécédent syphilitique. Jamais il n'avait eu ni chancre, ni érosion à la verge, ni éruption sur le corps, ni plaies de la bouche, ni croûtes du cuir chevelu, etc., en un mot, rien, absolument rien de suspect en tant que syphilis acquise.

» Mais, d'autre part, une enquête rétrospective, très minutieusement instituée par Brocq, nous apprenait ceci :

» Que le malade était né d'un père incontestablement syphilitique; que le père avait été traité au Midi par le vénérable Puche pour la syphilis constitutionnelle; que sa mère avait été traitée également pour des accidents syphilitiques; que lui-même avait eu, un mois après sa naissance, des plaques muqueuses à l'anus et à la bouche, pour lesquelles un traitement mercuriel avait été prescrit, etc., etc. (1).

» Quoi de plus net, Messieurs, quoi de plus complet, de plus satisfaisant au point de vue auquel nous nous plaçons, que cette histoire?

» Supposez que je vienne vous raconter aujourd'hui un fait tel que le suivant :

(1) Brocq, *Annales de dermatologie*, 1883.

» Voici un homme de quarante-quatre ans, je suppose, qui a aujourd'hui des gommes de la langue par le fait d'une syphilis qu'il a contractée il y a vingt-quatre ans, par un chancre suivi de quelques accidents secondaires. Que diriez-vous? que penseriez-vous d'un tel fait? Qu'il est absolument correct, absolument classique; qu'il est conforme à ce que nous voyons ici presque quotidiennement; car, vous le savez, la syphilis atteste sa persistance dans l'organisme après vingt-quatre ans, trente ans, quarante ans, voire même cinquante-cinq ans (cas cité par Fournier); c'est là une vérité malheureusement irréfutable, attestée par des milliers de faits des plus authentiques.

» Eh bien! c'est la même histoire, ou du moins une histoire identique, que celle de notre malade; seulement, au lieu de gagner, de son fait à lui et par contagion vénérienne, la syphilis à l'âge de vingt ans, il l'a contractée de ses parents, *in utero*, à l'âge de moins quelques jours, moins quelques semaines, moins quelques mois, peu importe. Mais que la syphilis soit contractée à tel ou tel âge, avant de naître ou à vingt ans, où est la différence? Et pourquoi la syphilis héréditaire ne serait-elle pas capable de produire ce que produit la syphilis acquise? C'est toujours la syphilis, et pourquoi s'étonner qu'elle se comporte dans un cas comme dans l'autre?

» Mais passons, car, vraiment, au nom de la pure logique, au nom du bons sens, l'évidence est formelle. Tout est ici dans les faits, dans l'expérience, et vous voyez que les faits répondent à l'observateur comme il a le droit de s'y attendre *a priori*.

» II. — Autre exemple, et celui-ci sera le dernier, car je crains, en vérité, de fatiguer votre attention par la répétition de faits semblables et de ressasser fastidieusement une démonstration parachevée.

» Nous avions dans nos salles, l'année dernière, *un homme de vingt-huit ans*, qui était entré dans le service pour une syphilide gommeuse de la jambe, bien manifeste, développée au-dessus d'un tibia fortement hyperostosé.

» Ici encore le diagnostic était formel, indiscutable; et, ici encore, le prompt succès du traitement a vérifié le diagnostic.

» **Et cependant cet homme** (je dis « *cet homme* », car il s'agissait d'un homme fait, d'un adulte dans toute l'acception du terme, semblant même plus âgé que le portait son acte de naissance), récusait tout antécédent personnel de syphilis, de syphilis acquise. D'après diverses considérations que je passe sous silence, pour abréger, nous supposâmes que nous pouvions bien nous trouver en face d'une *syphilis héréditaire* donnant lieu à des *manifestations très tardives*. En effet, une enquête minutieuse (car c'est l'enquête rétrospective, en pareil cas, qui pose le diagnostic sur des bases irrécusables) nous apprit ceci : — relativement aux parents, que le père était vraisemblablement syphilitique; qu'en tout cas la mère avait été affectée d'une syphilis grave, puisque, seize mois après la naissance de l'enfant, elle perdait le voile du palais et la luette; — en ce qui concerne notre malade, qu'à l'âge de trois mois, il entrait à l'hôpital de l'Enfant-Jésus pour des éruptions que Trousseau traitait par une médication spécifique et par des bains de sublimé (voyez si les détails sont précis); qu'à cinq ans, il fut affecté d'une lésion osseuse du bras et de l'articulation du coude; qu'à sept ans, il présenta une ophthalmie intense, manifestation des plus usuelles, comme vous le verrez, au cours de la syphilis héréditaire; qu'à douze ans, il commença à souffrir d'une hyperostose du tibia ; qu'à quinze ans, il fut pris d'accidents bien plus graves : lésions osseuses du squelette des fosses nasales, déterminant bientôt l'*éboulement* du·nez; — ulcérations de la voûte palatine, du voile et de la gorge, ayant absolument détruit toutes ces parties et laissé jusque dans le pharynx d'énormes cicatrices; que plus tard encore, il fut affecté d'une ulcération de la lèvre et du nez, et d'une nécrose de l'arcade dentaire, etc., etc. Quelle histoire plus complète et plus classique de syphilis pourrait-on produire? D'un côté, nous voyons ici la syphilis se dérouler de la naissance à l'âge adulte, de trois mois à vingt-huit ans, et s'attester par une série de manifestations intermittentes qui, toutes, portent en elles le cachet de la spécificité syphilitique. Quant à la dernière, celle qui parut à l'âge de vingt-huit ans, elle guérit, sous l'influence du traitement spécifique, avec une rapidité significative.

« D'autre part, la preuve de l'hérédité est faite par l'enquête, par la syphilis maternelle, incontestablement démontrée. Je le répète encore, quoi de plus conforme à l'évolution de la syphilis qu'un fait de ce genre et que désirer de plus significatif ?

« Ainsi donc, voilà qu'il est possible de suivre les traces de la syphilis héréditaire *jusqu'à l'âge de 28 ans;* il est des cas où les manifestations sont plus tardives encore. Mais je m'arrête ici Messieurs, et pour deux raisons, parce que d'abord je suppose complète la démonstration préalable que je poursuis; ensuite je ne possède pas de *faits personnels* établissant l'authenticité d'une syphilis héréditaire au delà de 28 ans.

« Je sais bien que l'on a cité des cas où l'influence de la diathèse se serait prorogée, étendue davantage, retardée jusqu'à 40 ans, jusqu'à 44 ans, voire jusqu'à 60 ans. Mais ces faits, quelque respectables, quelque éminentes que soient les autorités sur lesquelles ils reposent, n'ont pas le degré de certitude des précédents. Infiniment plus rares que les précédents — ce qui doit être d'ailleurs et ce qui n'est certes pas un argument à leur opposer — ils ne comportent pas de garantie d'authenticité absolument suffisantes, comparables à celles dont sont entourées les observations rapportées plus haut. Je les laisse donc de côté, me réservant de les soumettre plus tard à l'analyse.

« Et qu'on ne me reproche pas cette rigueur irrespectueuse peut-être, mais bien involontairement irrespectueuse, en tous cas, pour les auteurs qui ont produit les faits en question. Car la rigueur excessive est nécessaire, indispensable, dans un sujet tel que celui-ci où tout est discuté, controversé, nié, etc. Mon devoir, ce me semble, est de ne me servir que d'observations irréprochables, et mon droit, à coup sûr, est de ne produire que les faits dont j'accepte et supporte la responsabilité.

« Voilà, Messieurs, notre sujet posé ; en voilà l'authenticité établie. Vous savez maintenant que le sujet dont nous allons poursuivre l'étude, repose sur une *base clinique indéniable*. Entrons donc dès maintenant en matière.

« D'emblée, une question majeure, considérable en raison de son intérêt pratique, s'impose à notre attention. Cette question est la suivante :

« *L'influence syphilitique héréditaire*, en dehors des accidents essentiels qu'elle peut produire dans un âge plus ou moins avancé de la vie, *se traduit-elle par quelques signes particuliers propres à la déceler, à la révéler sûrement à l'observateur ?* En d'autres termes, existe-t-il dans la physionomie, l'habitus général, la constitution, la structure anatomique ou l'état physiologique de tel ou tel organe, etc., quelque particularité qui soit de nature à attester la syphilis, et la syphilis d'ordre héréditaire ?

« Vous concevez aussitôt l'intérêt diagnostique qui se rattache à la solution du problème ; car, si de tels signes, de telles particularités révélatrices existaient, la tâche du clinicien serait singulièrement facilitée. Si nous avions des moyens de reconnaître à tel ou tel indice un sujet affecté de syphilis héréditaire, le jugement à porter sur telle ou telle lésion qu'il est susceptible de présenter, souvent fort indécis comme nature, serait immédiatement éclairé d'une vive et précieuse lumière.

« Eh bien ! à la question posée de la sorte, dans les termes que nous venons de dire, l'observation clinique me permet de faire la réponse suivante :

« Oui, pour un grand nombre de cas et même pour la grande majorité des cas, la syphilis héréditaire, qui se manifeste à longue échéance, par telle ou telle lésion, comporte, *indépendamment de cette lésion*, un certain nombre de signes révélateurs qui témoignent de l'influence diathésique préalable, qui attestent l'action exercée par cette influence spéciale sur l'organisme, ou qui en traduisent les manifestations antérieures. — Et ce sont précisément ces signes que nous nous proposons d'étudier actuellement.

« Mais cela posé, hâtons-nous d'ajouter, d'autre part, qu'il est un certain nombre de cas où les signes en question font au contraire absolument défaut, ou tout au moins sont assez peu accentués, assez peu formels, trop vagues, trop mal définis, pour apporter au diagnostic un appoint sérieux.

« Donc, ces signes révélateurs ou, disons mieux, les signes auxiliaires du diagnostic — peuvent ou exister ou faire défaut selon les cas.

« Disons de plus à l'avance, pour n'avoir pas à le répéter à propos de chacun des chapitres qui vont suivre, qu'aucune des particularités dont nous allons parler n'est en soi *pathognomonique* dans la stricte et rigoureuse acception du mot. S'il existait un signe pathognomonique de syphilis héréditaire, il y a longtemps qu'il serait découvert et nous n'aurions pas à nous débattre contre tant et tant de difficultés qui nous embarrassent de vieille date. Il n'y a malheureusement en l'espèce — et nous ne disposons que de cela, soyez-en bien avertis dès maintenant — que des indices de valeur relative plus ou moins significatifs, les uns passables, les autres meilleurs, quelques-uns (en petit nombre) meilleurs encore et se rapprochant d'une quasi-certitude. Mais d'indices pathognomoniques, absolument certains, mathématiques, nous n'en avons pas, *que cela soit à l'avance bien entendu entre nous.*

« Les particularités qui peuvent être utilisées dans le sens que nous venons d'indiquer pour la recherche de l'hérédité syphilitique peuvent être décrites sous *les 9 chefs suivants :*

« 1° Particularités tirées du facies et de l'habitus ;

« 2° Développement physique tardif et incomplet (infantilisme, hypotrophie) ;

« 3° Déformations craniennes et nasales ;

« 4° Lésions osseuses ;

« 5° Cicatrices de la peau et des muqueuses ;

« 6° Lésions testiculaires ;

« 7° Lésions oculaires (vestiges de kératite, d'iritis, etc.) ;

« 8° Troubles ou lésions de l'appareil auditif.

« 9° Altérations dentaires.

Les trois derniers groupes constituent la « *Triade Hutchinsonienne* ».

« Nous allons maintenant passer en revue les caractères de chacun de ces *éléments du diagnostic rétrospectif de la syphilis héréditaire tardive.*

I. HABITUS ET FACIES. — Je serai bref et pour deux raisons : parce que d'abord les signes qui le composent, bien qu'intéressants en soi, n'ont rien de précis ni d'absolument significatif ni de formellement distinctif ; parce que, ensuite, ils sont loin d'être constants. Toutefois vous allez voir que la clinique aurait tort d'en négliger les enseignements.

« 1° Il est positif que, dans la plupart des cas, les sujets qui sont sous le coup de la syphilis héréditaire se présentent sous l'aspect de gens délicats, de constitution inférieure à la moyenne et qu'ils sont chétifs plutôt que robustes ;

« 2° Ils sont maigres, le plus souvent ; ils ont, en général, le système musculaire faiblement développé ;

« 3° Ils ont — particularité plus usuelle encore — un teint pâle et plutôt encore grisâtre et pâle. Leur peau est souvent de teinte sombre, comme terreuse.

« A part ce dernier trait, que je recommande à votre attention parce que, en certains cas, il est

assez frappant, il n'est rien dans ce qui précède
d'assez précis pour établir un diagnostic. Et en
effet les détails vraiment intéressants à noter ici,
sont surtout d'ordre négatif. Vous allez me comprendre.

« Le facies, l'habitus que nous venons de décrire n'ont rien de spécial évidemment. C'est le
facies, c'est *l'habitus de tous les sujets lympha-
tiques*, débiles originairement ou débilités par une
raison ou par une autre. Toutefois les syphilitiques héréditaires ne présentent jamais les attri-
buts du facies scrofuleux, à savoir, notamment :
la peau fine, transparente et rosée ; — l'hypertrophie de la lèvre supérieure, lèvre massive ; — les
lividités cyaniques des extrémités, les mains bleues,
etc. Les syphilitiques héréditaires n'ont donc pas
l'habitus typique des scrofuleux ; l'absence des
caractères précédents établit entre les syphilitiques
héréditaires et les scrofuleux des différences utiles
à relever.

« En revanche, voici qui est bien autrement
significatif :

II. Développement physique tardif et incomplet. — Nombre de malades affectés de syphilis
héréditaire sont remarquables par le retard, par
l'imperfection et par le caractère incomplet de leur
développement physique.

« 1º D'abord, si vous obtenez des renseignements sur leur enfance, vous apprenez qu'ils ont
grandi lentement, qu'ils ont marché tard, qu'ils ont

parlé tard. Exemples : un de nos malades ne marchait pas encore à 17 mois. — Un malade, cité par H. Jackson, ne commença à marcher que vers 2 ans. — Un autre ne parlait pas encore à 2 ans et 9 mois.

« 2° Au delà du premier âge, la croissance ne s'est effectuée que péniblement, comme si elle était entravée par un vice latent, par une nutrition insuffisante.

3° Finalement, ces sujets, à l'âge où la croissance est généralement accomplie et parvenue à son taux définitif, se présente avec une taille petite, exiguë, au-dessus et notablement au-dessous de la moyenne, en même temps qu'ils sont étriqués et grêles de formes et de proportions.

» Certes, on pourrait citer des exceptions ; mais en général les syphilitiques héréditaires sont de petits hommes, de petites femmes. A titre d'exemple, rappelez-vous les derniers malades atteints de syphilis héréditaire que j'ai mis sous vos yeux. — L'homme mesurait 1 m. 60 — la femme A. 1 m. 43 — la femme Ch. 1 m. 43 et pesait 40 kilogs. La femme G. 1 m. 36 et pesait 36 kilogs. — La femme R. 1 m. 33.

» Coïncidemment avec cette lenteur ou cet arrêt de la croissance, le retard du développement se traduit par divers caractères tels que les suivants :

» *a*. — *Testicules* restant longtemps ceux d'un enfant, c'est-à-dire petits, rudimentaires, infantiles ;

» *Barbe* se faisant longtemps attendre, restant

longtemps à l'état de follets blonds, grêles et clair-
semés ;

» — Même retard des *poils* pubiens, axillaires,
des poils du tronc et des membres.

» En un mot, *virilité tardive*, lente à s'ac-
centuer.

» *b.* — Retard du développement des *seins*.
Exemple, cette jeune fille *de 18 ans*, que nous
avions récemment dans le service et dont les seins
étaient ceux d'une fillette de 10 ans.

» — Retard de l'établissement des *fonctions
menstruelles*, règles ne s'annonçant qu'à l'âge de
17, 18 ans et même plus tard encore.

» — Même retard du *développement pileux* aux
régions génitales, aux aisselles, etc.

» En résumé, par l'exiguité de la taille, par le
retard général apporté au développement des
organes et des fonctions qui caractérisent la puberté, les sujets en question *restent longtemps
enfants*. Ce sont encore des enfants à l'âge où ils
devraient être des adolescents, et ce sont des adolescents à l'âge où ils devraient être des hommes
faits, des adultes.

» Aussi, ces mêmes sujets paraissent-ils toujours
plus jeunes qu'ils ne le sont. On ne leur donne pas
leur âge ; on leur donne 3, 4, 6 ans de moins que
ne le comporte leur acte de naissance, ce qui est
beaucoup quand il s'agit d'une période de la vie
comme l'adolescence où quelques années de plus
correspondent à un changement complet de l'individu.

» Tous ces détails, Messieurs, se résument en un mot, mot consacré par l'usage et que vous avez prononcé à l'avance, l'*infantilisme*.

» L'infantilisme, en effet, est un des traits de la physionomie des syphilitiques héréditaires, trait non pas constant, je le répète encore, mais assez habituel.

« Ce caractère, pour ma part, je l'ai noté bien des fois et je le retrouve noté dans bon nombre de mes observations. D'ailleurs, je n'ai été ni le premier ni le seul à le remarquer. Je le trouve consigné dans une foule d'observations éparses, dans les recueils périodiques, dans les journaux de médecine, soit étrangers, soit nationaux. Ces observations sont d'autant plus intéressantes à cet égard et d'autant plus significatives qu'elles ont été recueillies sans esprit préconçu. Ce contrôle rétrospectif me semble la meilleure preuve à vous donner en faveur du caractère actuel.

« Je ne vous rappellerai que quelques faits :

« Hutchinson et Jackson parlent d'un jeune homme affecté de syphilis héréditaire, lequel, à 18 ans, semblait en avoir 4.

« Lewin relate un cas semblable où le malade, âgé de 18 ans, faisait l'impression d'un enfant de 12 à 14 ans ;

« Kink cite un cas du même ordre relatif à un jeune homme de 10 ans qui semblait en avoir 12 ;

« Laschewitz note, dans une observation relative à une jeune fille de 23 ans, qu'il lui aurait donné volontiers une douzaine d'années ;

« Bulley, à propos d'une jeune fille âgée aussi de 23 ans, rapporte que sa malade était absolument non développée, n'avait rien de son âge, ni comme taille, ni comme habitus général et qu'on lui eût donné de 11 à 13 ans tout au plus.

« Et ainsi d'autres cas que j'aurais encore à produire.

« Il y a plus, mais ceci alors n'est plus qu'une rareté. L'arrêt de développement dont je viens de parler, l'infantilisme, peut s'exagérer encore et l'on a affaire alors à des sujets véritablement atrophiés, remarquablement petits, grêles, étriqués, rabougris, à de véritables *nabots*, sur l'âge desquels on est absolument trompé dans des proportions considérables, presque extraordinaires.

« Laissez-moi vous raconter un fait éminemment instructif. Récemment une enfant m'est présentée dans mon cabinet par sa mère, qui me raconte qu'elle a reçu la syphilis de son mari, au début de son mariage, et que l'enfant en question a été traitée déjà par plusieurs médecins pour des accidents réputés de même nature, kératite, hyperostoses tibiale, humérale, cubitale, etc.. A première vue, je donnai 6 ou 7 ans au plus à cette fillette; elle en avait 14. Sa taille, que par respect pour l'affliction de la mère, je n'ai pas osé mesurer, était dérisoirement petite. De plus, l'enfant était extraordinairement grêle de formes, atrophiée dans tout son être, réduite comme une naine, véritablement rabougrie, étriquée, ratatinée. Les bras (peau, muscles et os compris) n'étaient guère plus gros que mon pouce, etc. C'était presque un *bébé* d'allures à 14 ans, avec une petite tête délicate, souffreteuse et chétive, intelligente cependant, et paraissant porter la honte de son étiolement physique.

« De même, Rivington (1) a relaté l'observation d'une jeune fille qui, née de parents syphilitiques et affectée de syphilis héréditaire, présentait un arrêt de développement général à ce point, dit-il, qu'à 16 ans elle ressemblait à une fillette de 6 ans. Elle était pâle, maigre, petite, chétive ; ses seins ne formaient aucune saillie ; le pubis, comme les aisselles, était resté glabre ; les règles n'avaient jamais paru.

« De même encore, Lancereaux (2) a observé une femme de 41 ans qui, née d'un père syphilitique et ayant présenté pour son compte divers accidents de syphilis héréditaire, offrait un arrêt de développement des organes génitaux. D'une part, c'était une femme petite, peu développée, à tête presque chauve. D'autre part, ses seins, à 41 ans, étaient ceux d'une jeune fille non encore pubère. Le pénil était complètement glabre ; le vagin permettait difficilement l'introduction du petit doigt ; la menstruation ne s'était jamais produite. L'autopsie montra un état d'atrophie ou plutôt de non développement de l'utérus, qui était remarquablement petit, et des ovaires qui conte-

(1) *Med. Times* 1872.
(2) *Traité de la syphilis*, 2° édition, 1874, p. 330.

naient peu de vésicules de Graaf. Ces organes, dit Lancereaux, avaient tout au plus le développement que l'on rencontre chez une jeune fille de 8 à 10 ans.

« N'enregistrez ces derniers faits, Messieurs, — cela est justice, — qu'au titre de raretés, mais conservez-en le souvenir au titre de documents des plus instructifs. Ils contiennent, en effet, deux *grands enseignements*, sur lesquels j'aurai à insister longuement près de vous dans ce qui va suivre et qui composent, si vous me permettez de parler ainsi, la *morale suprême* de toute cette étude.

« 1° Ces faits nous montrent la syphilis exerçant sur l'organisme humain une action éminemment puissante, qui n'est plus même de la dépression, de la dénutrition simple, de la débilitation, mais quelque chose de plus, quelque chose de supérieur à cela, à savoir un *arrêt du développement*, une *influence dystrophique*, entraînant l'atrophie spéciale d'un système ou même une atrophie générale de tout l'être, une influence de formation incomplète ou même de non formation, c'est-à-dire en somme un *abâtardissement de l'individu, une dégénérescence de la race.*

« 2° Ces mêmes faits nous apprennent encore que, contrairement à l'opinion généralement accréditée aujourd'hui par une fausse anatomie pathologique, la syphilis ne produit pas que des lésions syphilitiques d'essence. On croit trop que la syphilis, mal spécifique, se restreint à des manifestations et à des lésions spécifiques ; c'est là une erreur profonde à laquelle la clinique et l'observation infligent un démenti formel. Oui certes, *la syphilis produit la syphilis*, comme on l'a dit, *mais elle ne produit pas que la syphilis*. Elle exerce sur *l'être vivant*, *sur la race*, une *influence d'ensemble* au titre de maladie apportant dans l'organisme une perturbation profonde ; et cette influence se traduit par des modifications organiques diverses qui n'ont plus rien de spécifique.

« De la syphilis résultent souvent des états constitutionnels variés, caractérisés par la déglobulation, l'asthénie, des nécroses, etc. De la syphilis dérivent parfois aussi d'autres états morbides, à allures très différentes, tels que le lymphatisme, la scrofule, la réceptivité spéciale favorable à l'éclosion de la tuberculose, le rachitisme, les déformations organiques (1), voire des arrêts de développement, général ou partiel, de l'ordre des faits que je viens de vous énumérer et dont je vous montrerai bientôt d'autres spécimens non moins dignes de fixer votre attention.

III. Déformations craniennes et nasales. — Ces symptômes apportent un précieux appoint au diagnostic de la syphilis héréditaire en ce que, d'une part, ce sont des lésions facilement visibles,

(1) Je ne dois pas oublier de noter le *square forehead* des Anglais, le *front carré*, le *front proéminent*. Au lieu d'être l'attribut du génie, ce dernier est souvent observé, chez des idiots ou chez des *minus habens*. Hutchinson, le premier, a considéré le *front olympien* comme un signe de syphilis héréditaire. (*Med. Times*, 1879, p. 328.)

tangibles ou accessibles qui frappent l'observateur au premier coup d'œil ; et, d'autre part, en ce qu'elles sont, pour la plupart, éminemment significatives quant à leur origine.

« 1° *Déformations craniennes.* — A. — Le plus habituellement, chez les syphilitiques héréditaires, c'est le *front* qui est atteint. Les déformations frontales peuvent être rangées en trois variétés :

(*a*). — Le front est proéminent en masse, en totalité.

« D'une part, il est fortement développé, il est plus haut et plus large qu'à l'état normal.

» D'autre part, il est plus saillant, il bombe en avant ; il s'avance au delà de la verticale, ou bien il s'élève droit à une grande hauteur, ou bien il proémine en avant de façon à former un angle obtus avec la racine du nez ; c'est alors le *front olympien*, le front *ventru* des Anglais.

» Eh bien ! Messieurs, ce front olympien se rencontre, non pas fréquemment, mais quelquefois, chez les malades que nous étudions.

» (*b*). — Une seconde variété, plus fréquente, est constituée par le *front à bosselures latérales*. Le plus habituellement, ces bosselures sont bilatérales, sans être toujours symétriques comme niveau et comme développement.

» (*c*). — La malformation frontale dite « *en ca-* » *rène* » est beaucoup plus rare. C'est le *front bombé verticalement sur la ligne médiane.* Dans ce cas, on trouve, sur le trajet de la suture bifrontale, une saillie plus ou moins accentuée.

» Les sujets qui présentent cette conformation anormale semblent avoir le front aplati de chaque côté par rapport à cette saillie médiane, qui mesure en général une étendue transversale de deux ou trois centimètres. En réalité, le plus souvent, il n'y a là que l'apparence d'un aplatissement; le front est normal latéralement : seulement, il paraît déprimé eu égard à la saillie médiane anormale. Dans cette disposition, la région médiane du front se projette en avant, à la façon du sternum au-devant du thorax des rachitiques.

» J'observe en ville, en ce moment, les deux fils d'un sujet syphilitique, dont l'un présente, à un haut degré, cette variété particulière du front en carène, tandis que l'autre présente deux bosselures latérales du front avec l'élargissement transversal du crâne.

» B. — Les déformations peuvent porter aussi sur les parties latérales, supérieures et postérieures du crâne. Dans ces régions, elles sont naturellement moins apparentes, masquées qu'elles sont par les cheveux. A moins d'être très accentuées, elles échappent à la vue et c'est le palper seul qui les révèle. Il importe d'être prévenu de cette particularité pour ne pas se contenter de la seule inspection, mais pour ne pas omettre de recourir au palper.

» Les diverses malformations que l'on peut rencontrer peuvent être groupées sous les quatre chefs suivants :

» (a). — *Bosselures craniennes.* — Ces tubérosités, parfois symétriques, affectent de préférence les pariétaux. Elles résultent bien manifestement d'hyperostoses et de dépôts ostéophytiques à la surface de l'os.

» (b). — *Élargissement transversal du crâne.* Souvent assez prononcé pour être appréciable à première vue, cet élargissement est produit par la proéminence latérale des bosses pariétales ou des pariétaux qui sont déjetés en dehors. Dans ces conditions, le diamètre bi-pariétal ou le diamètre transverse de la tête se trouve plus ou moins augmenté.

» En certains cas, assez rares du reste, on observe simultanément une dépression plus ou moins notable de la *région médiane du sinciput*, le long de la suture sagittale. C'est là un vestige, atténué par les progrès de l'âge, de cette conformation particulière du crâne que Parrot a décrite sous le nom de *crâne natiforme.*

» (c). — *Asymétrie cranienne.* — Le crâne des syphilitiques héréditaires est quelquefois remarquable par un *défaut de symétrie* plus ou moins accentué.

» Chez ces sujets, une moitié latérale du crâne peut être notablement dissemblable de l'autre moitié. Cette dissemblance peut porter sur le développement général, sur les courbes, sur les proéminences et sur les diamètres. C'est là un fait qui est fréquemment en rapport avec le rachitisme, en rapport aussi avec un certain degré d'amollissement des os du crâne qui se sont affaissés sous le poids du cerveau et de la pesanteur, l'enfant ayant été maladroitement toujours couché du même côté.

» Pas plus que les diverses particularités qui précèdent, l'asymétrie cranienne n'a rien de spécial, rien qui appartienne en propre à la syphilis. Sur nombre de sujets, en dehors de toute influence syphilitique, on rencontre des crânes asymétriques ; mais qu'importe? Cela m'amène encore une fois à vous répéter que la syphilis n'a pas que des symptômes propres ; vu que, fort souvent, elle produit ce que produisent d'autres influences morbides, et que, vraisemblablement, certainement même, elle le produit en raison de la perturbation profonde qu'elle importe dans l'organisme.

» (d). — Mentionnons encore le *crâne hydrocéphale*. Il est incontestable que l'hydrocéphalie se présente avec une certaine fréquence comme symptôme de syphilis héréditaire. C'est là un fait que j'ai affirmé de vieille date, dans mes leçons de Lourcine en particulier, parce que j'ai eu là l'occasion d'en observer un certain nombre d'exemples. C'est là, de plus, un fait attesté par nombre d'observations anciennes ou modernes qui sont enfouies dans les annales de la science et qui, je m'en étonne, n'ont pas été suffisamment remarquées. Cette hydrocéphalie a des degrés, des proportions très variables; elle peut être minime, moyenne, considérable : c'est dire qu'elle dilate le crâne dans des proportions naturellement variables. Comme elle tue le plus souvent, il est rare, très rare qu'on ait à tirer parti du crâne pour le diagnostic de la syphilis héréditaire tardive. Cependant, elle ne tue pas toujours, et j'ai sous les yeux actuellement une enfant de seize ans, fille d'un père syphilitique, sœur de deux enfants morts hydrocéphales en bas-âge, qui présente une tête volumineuse, grosse comme un melon, avec tout l'ensemble symptoma-tique bien connu des déformations hydrocépha-liques.

» 2° *Déformations nasales*. — Elles sont de *deux ordres*, ou, du moins, au point de vue qui nous intéresse actuellement, peuvent être rangées en deux catégories très différentes l'une de l'autre.

» Les unes :

» *a*. — Sont grossières, considérables, et constituent une véritable difformité imprimée au nez.
» *b*. — Elles ont une *histoire*, c'est-à-dire un passé patho-logique précis, connu, de date déterminée.
» *c*. — Elles sont assez rares ou du moins peu communes.

» Les autres :

» 1. — Sont minimes et donnent lieu à une difformité presque inappréciable.
» 2. — N'ont pas d'histoire pathologique, c'est-à-dire qu'elles se sont produites sans incident remarqué.
» 3. — Sont fréquentes.

» Étrange classification, allez-vous dire au pre-mier abord, reposant sur des différences à coup sûr inattendues. Oui, classification étrange au premier coup d'œil, mais très réelle et fondée sur l'observa-tion, comme vous allez le voir.

» 1ᵉʳ *groupe*. — Celui des nez *effondrés*.

» Il se peut que sur un syphilitique héréditaire

nous rencontrions une de ces difformités nasales considérables, grossières, défigurant absolument l'individu, telles qu'en réalise si fréquemment la syphilis acquise ; c'est-à-dire qu'il se peut que nous rencontrions un de ces nez informes, monstrueux, grotesques, *partiellement effondrés* dans leur étage supérieur ou inférieur, ou ayant subi un *éboulement total*.

» Le mécanisme anatomique consiste dans la destruction de la charpente ostéo-cartilagineuse qui soutient les téguments nasaux. La charpente se trouvant minée, corrodée, anéantie par l'ostéite et par la nécrose, le nez s'éboule, exactement comme le fait le toit d'une maison dont la charpente vient à faire défaut.

» Et alors, deux aspects de nez difformes se réalisent, suivant que l'effondrement s'est fait plus haut ou plus bas, c'est-à-dire, si vous me permettez cette comparaison, suivant que la charpente du rez-de-chaussée ou seulement celle du premier étage s'est affaissée.

» Si la charpente de la narine du nez, représentée par les os propres du nez, est venue à se détruire, le nez s'affaisse à sa racine, s'effondre supérieurement au premier étage, et alors nous trouvons l'aspect suivant : immédiatement au-dessous de l'épine du frontal, un méplat, un creux, une excavation très accentuée ; en même temps, la partie inférieure du nez, entraînée dans cet éboulement, le *nez se retrousse* et les narines sont portées en avant.

» Au contraire, est-ce la charpente inférieure du nez, représentée surtout par les cartilages de la cloison, qui vient à se détruire alors que les parties supérieures restent indemnes, le segment inférieur du nez s'effondre, subit un recul d'avant en arrière, et semble rentrer dans les fosses nasales. On a alors affaire à ces nez que nous désignons entre nous sous le nom trivial de *nez en lorgnette*, parce que le segment inférieur du nez rentre dans le supérieur, comme un cylindre de lorgnette rentre dans celui qui est destiné à le contenir.

» Eh bien, ces deux types de déformation du nez se rencontrent chez les syphilitiques héréditaires ; mais, j'ajoute aussitôt :

» 1° Ils sont rares ; on ne les rencontre qu'assez exceptionnellement, surtout eu égard à la deuxième catégorie de déformations nasales.

» 2° Si l'on remonte aux antécédents du malade, on en trouve la raison, l'explication dans une série de symptômes qui se sont produits à une certaine époque plus ou moins distante de la naissance, — car ce sont là des symptômes qu'il est rare de voir se produire dans le premier âge, et qui, beaucoup plus souvent, n'apparaissent que plus tardivement, dans la deuxième enfance ou dans l'adolescence. On apprend qu'à un moment donné il s'est produit une scène pathologique importante composée de ceci : enchifrènement, jetage nasal abondant, tuméfaction du nez, mauvaise odeur allant jusqu'à l'ozène, épistaxis, élimination de séquestres osseux surtout par les narines, etc.; que tous ces symptômes ont duré longtemps ; puis que, finalement, le nez s'est effondré.

» 2ᵉ *groupe*. — Celui des nez camards.

« Les déformations du deuxième groupe sont communes. On les rencontre chez un très grand nombre de sujets. Je vous les ai montrées sur la plupart des sujets que nous avons eus dans le service ; elles sont signalées dans un grand nombre d'observations, spécialement dans les observations des médecins anglais, auxquels toutes ces particularités de la syphilis héréditaire sont, à coup sûr, beaucoup plus familières qu'aux médecins de notre pays.

» Ces lésions sont minimes relativement aux précédentes, c'est-à-dire qu'elles ne déforment pas le nez d'une façon grotesque, ridicule, monstrueuse. Elles altèrent sa conformation sans le défigurer absolument. Souvent, elles sont assez peu accentuées pour ne pas frapper au premier coup d'œil et n'être reconnues que par un examen attentif.

» Voici en quoi elles consistent :

« Base du nez épatée, élargie, déprimée, rappelant quelque peu ce qu'on appelle vulgairement le *nez camard*, à sa base. En d'autres termes, dos du nez s'affaissant et s'élargissant à sa base.

» Dans ce cas, si vous interrogez les malades sur la cause de l'altération de la forme de leur nez, vous ne trouverez aucun renseignement : « Ils ne savent pas, disent-ils, d'où cela leur vient ; ils se sont toujours connus comme cela. » Or, Messieurs, il est une bonne raison à leur ignorance, c'est que

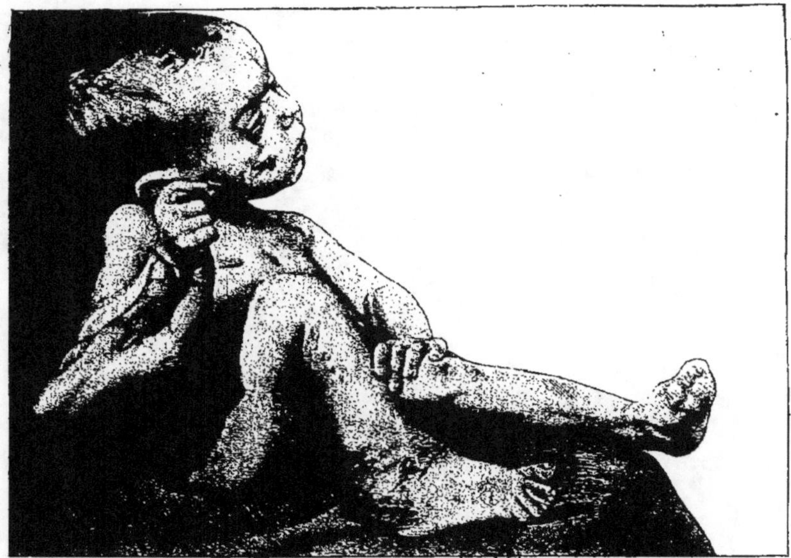

D'après nature.   UN HÉRITAGE.   Publié par J.-B. BAILLIÈRE et FILS.

(Lésions syphilitiques de la peau et des os. — Service de Fournier.)

ces déformations datent de la première enfance, si ce n'est même parfois de la vie intra-utérine.

» Ce qui les rend particulièrement significatives au point de vue auquel nous nous plaçons ici, c'est l'âge auquel elles se produisent, la première enfance ; leur invasion insidieuse, ignorée, inexpliquée ; c'est en dernier lieu, qu'aucune autre maladie, que je sache du moins, ne produit, vers la naissance, des accidents de cet ordre, propres à constituer des difformités nasales persistantes. »

« IV. DÉFORMATIONS OSSEUSES. — Ce que nous venons de voir se produire sur le crâne, en tant que déformations osseuses, a ses analogues au tronc et sur les membres. Là aussi la syphilis héréditaire peut laisser son estampille et y inscrire en caractères ineffaçables la marque de son passage.

« Deux ordres de lésions se présentent à distinguer ici.

« 1º *Tuméfactions osseuses.* — J'emploie à dessein ce terme vague de *tuméfaction osseuse* pour désigner, d'une part, le symptôme apparent, l'aspect clinique de ces lésions et pour éviter, d'autre part, d'en mieux spécifier la nature intime, encore incomplètement connue.

» Ce qu'on rencontre donc, c'est un segment d'os, plus gros que nature, hypertrophié, exagéré de volume et plus ou moins modifié dans sa forme. Les sujets porteurs de ces lésions sont dits *noués.*

» *Siège.* — Ces intumescences, ces hyperostoses

se rencontrent soit sur les *extrémités osseuses*, soit sur la *diaphyse des os longs*. Ainsi,

» 1° Il est assez commun d'observer sur les malades qui nous occupent :

» L'extrémité supérieure du tibia volumineuse anormalement développée ; ou bien les têtes du radius et du cubitus noueuses, globuleuses et notablement hypertrophiées ; ou bien les malléoles saillantes ; ou bien encore quelques-unes des extrémités antérieures des côtes formant de petites saillies tubériformes, du volume de moitié de noisette, qui rappellent le chapelet costal du rachitis ; ou bien encore le coude déformé par des *saillies ostéophytiques*.

» 2° Des tuméfactions du même ordre affectent avec une fréquence égale la diaphyse des os longs, notamment du tibia, du cubitus, du radius, de l'humérus, de la clavicule, etc., laquelle, détail curieux, n'est presque jamais affectée que dans sa moitié ou son tiers interne.

» Mais de tous les os — et ceci mérite une mention spéciale — le plus souvent affecté, l'*os révélateur* par excellence, en l'espèce, de la syphilis héréditaire, c'est, à coup sûr, le *tibia*. Messieurs, rappelez-vous qu'il est très habituel de trouver sur les syphilitiques héréditaires le tibia ou les tibias lésés d'une façon ou d'une autre.

» Déjà, je vous ai signalé la tuméfaction de son extrémité supérieure. La diaphyse, elle aussi, présente souvent, très souvent même, des déformations significatives.

» Dans les cas les plus habituels, elle se présente tuméfiée, épaissie, augmentée de volume d'une façon plus ou moins notable, quelquefois considérable, et en même temps déformée. Sa *crête* antérieure notamment a perdu son caractère de crête ; elle ne s'accuse plus par un bord tranchant, aigu ; ce bord est élargi, mousse, converti en une véritable face. De plus, l'os n'est pas seulement hyperostosé en masse, il est de plus irrégulier de surface, bosselé, inégal, noueux, quelquefois aussi semé de petites inégalités grenues, tubériformes.

» Ne négligez donc jamais l'inspection du tibia sur les sujets que vous soupçonneriez atteints de syphilis héréditaire.

» 3° Indépendamment de ces tuméfactions osseuses et souvent aussi coïncidant avec elles, le squelette du membre et du tronc présente communément quelques altérations d'allures, et probablement aussi d'essences *rachitiques*. Ainsi, ce qu'on rencontre fréquemment chez nos malades, c'est telles ou telles des lésions suivantes :

» a. — *Déformation du thorax* qui se présente avec les *côtes rentrantes,* c'est-à-dire aplati latéralement et projeté en avant en dessinant ainsi la poitrine d'oiseau ; c'est le *thorax en carène.*

» b. — *Incurvation* plus ou moins accusée des os des membres, plus spécialement des membres pelviens : cuisses convexes en avant, tibias courbes, bien plus rarement, déviation du rachis pouvant aller jusqu'à la gibbosité : sujets *contrefaits.* A

titre d'exemple — et j'en pourrais citer plusieurs
— laissez-moi vous relater en deux mots l'histoire
d'une famille que je traite depuis longtemps. Le
père et la mère sont syphilitiques ; — une première
grossesse s'est terminée, comme je l'avais prévu,
par une fausse couche ; — une seconde a amené
un enfant syphilitique dont la taille a commencé à
se dévier à l'âge de 5 ans 1/2. Actuellement l'enfant, qui a 16 ans, est absolument bossu ; c'est un
riquet. Toutes ces malformations sont d'ordre
manifestement rachitique.

» Est-ce donc — la question se pose tout naturellement, vous le voyez — que *le rachitisme aurait quelque connexion, quelque affinité morbide
avec la syphilis ?* Oui, Messieurs, très certainement
oui.

« Ce n'est pas d'aujourd'hui que la question
est posée ; nombre d'auteurs ont ou soupçonné
ou affirmé de vieille date une relation de cau-
salité ou de nature entre le rachitis et la syphilis.

» Astruc, par exemple (pour n'en citer qu'un
seul), disait ceci au siècle dernier : « S'ils vivent, les
» enfants nés de parents syphilitiques sont rachi-
» tiques ou écrouelleux. »

» Mais il faut reconnaître que jamais la question
n'a été posée d'une façon aussi scientifique et aussi
absolue qu'elle l'a été par Parrot : *aussi scientifique*, car c'est après de longues années de pa-
tientes et minutieuses observations, c'est après avoir
pratiqué plusieurs centaines d'autopsies que Parrot

a formulé ses conclusions, à savoir que le rachitisme ne serait qu'une dépendance de la syphilis héréditaire, ne serait que la traduction de la syphilis héréditaire sur les os, vers la deuxième année de l'existence; *aussi absolue,* car personne, avant cet éminent observateur, ne s'était engagé aussi à fond en transformant le rachitisme en une simple variété de manifestations syphilitiques.

» Il est vrai que cette doctrine, bien qu'étayée de pièces anatomiques nombreuses, bien que présentée et défendue avec un grand talent, n'a reçu jusqu'ici qu'un froid accueil, pour ne rien dire de pis. Pour quelques adhésions qu'elle a pu rallier, elle a soulevé des oppositions bien autrement nombreuses. Rien d'étonnant à cela, du reste. C'est le sort de toutes les idées nouvelles, — bonnes ou mauvaises, d'ailleurs, — qui s'aventurent hors des sentiers battus (1).

» Qu'on n'accepte pas la doctrine de Parrot, qu'on se tienne en défiance contre elle, rien n'est plus légitime; le doute, la critique et le contrôle sont les éléments de tout progrès scientifique. Mais

(1) Parrot, *La syphilis héréditaire et le rachitis,* ouvrage publié par les soins du Dr Troisier. Paris, 1886.

(*a*). — La syphilis héréditaire peut déterminer des lésions osseuses assez accentuées et assez multipliées pour réaliser toutes les apparences du rachitisme vulgaire, dû à un vice de nutrition, d'origine non syphilitique.

(*b*). — D'autre part, parmi les enfants qui deviennent rachitiques par le fait d'une alimentation et d'une digestion défectueuses, il y a une proportion vraiment surprenante d'enfants nés de parents syphilitiques; il est certain que l'hérédité spécifique diminue considérablement la résistance des petits sujets aux autres causes de dystrophie (Barthélemy).

que, dès aujourd'hui, on la jette par-dessus bord, qu'on la condamne et qu'on croie de la sorte en avoir fini avec elle, c'est ce que je ne puis admettre ni même m'expliquer. A un homme comme Parrot venant produire le résultat de longues études et d'innombrables nécropsies, il ne convient de répondre que par des arguments de même ordre; or, des arguments de ce genre ne s'improvisent pas ; ils réclament un long temps et de nombreuses recherches. Donc, un jugement définitif sur cette théorie n'est pas et ne saurait être prononcé quant à présent; il faut le différer, il faut attendre.

» Ne croyez pas pour cela que tout reste à l'état d'incertitude dans cette question des *rapports du rachitisme et de la syphilis héréditaire.*

» Il est, dans cette question, deux points absolument distincts que l'on a grand tort de confondre et de croire solidaires. Il y a un point *de fait* et un point *de doctrine.*

» — Le point de fait est celui-ci : Oui ou non, observe-t-on le rachitisme avec un incontestable degré de fréquence chez les sujets atteints de syphilis héréditaire ?

» — Le point de doctrine est celui-ci : Le rachitisme est-il une lésion syphilitique ou une simple conséquence indirecte de la syphilis?

» Or, de ces deux points, il en est un sur lequel nous sommes d'ores et déjà fixés : c'est le premier.

» *Oui,* au-dessus de toute contestation possible, le rachitisme se rencontre sur les sujets affectés de syphilis héréditaire avec un degré de fréquence considérable ; et cette fréquence est assez significative par elle seule pourattester une relation de cause à effet entre la syphilis et le rachitis.

» Cette conclusion ressort de l'observation de nos devanciers et de la nôtre. Quantité d'auteurs ont noté le rachitisme en relation avec la syphilis héréditaire ; Parrot n'a fait qu'achever la démonstration sur ce point. Et pour ma part, avant de connaître les résultats de mon collègue comme depuis que j'en ai eu connaissance par lui-même, bien avant ses publications, j'avais constaté tant et tant de fois le rachitisme en coïncidence avec la syphilis héréditaire, que je n'hésitais pas, de vieille date déjà, dans mes leçons de Lourcine, par exemple, à *affirmer une relation étroite entre ces deux maladies.* De cela, d'ailleurs, je vous ai fourni ici des exemples nombreux depuis plusieurs années et tout récemment encore. Rappelez-vous, entre autres, cette femme qui, il y a quelques semaines, nous amenait ses deux enfants, tous deux syphilitiques comme elle, l'aîné affecté des lésions rachitiques les plus évidentes, le plus jeune couvert de syphilides.

» Les faits de ce genre abondent, surabondent ; ils ne sont plus à compter, ni même à citer : ils sont vulgaires. Les nier serait fermer les yeux à l'évidence. A ceux qui voudraient encore répondre par une fin de non-recevoir, il n'est vraiment qu'une réponse à faire : c'est qu'ils n'ont jamais étudié la question.

» De sorte qu'en définitive le fait brutal s'impose :
à savoir que, dans une proportion considérable, les
enfants syphilitiques par hérédité présentent des
lésions incontestables de rachitis.

» Mais ce fait, pouvons-nous l'expliquer ? Ceci
est une autre affaire et c'est là précisément le
deuxième point de la question.

» Parrot l'explique affirmativement en disant : le
rachitisme est une lésion d'essence syphilitique.
C'est là, je crois, qu'il a dépassé la limite en faisant
du rachitis une lésion d'origine et d'essence exclusivement syphilitique. Au lieu de s'en tenir au
point qu'il avait si bien, si souvent, si formellement
constaté, il a voulu généraliser. Pour sa théorie, il
lui fallait que tous les cas de rachitisme rentrassent
ipso facto dans la syphilis. Il lui fallait l'équation
suivante : Rachitisme = syphilis héréditaire. Cette
équation, il n'a pas hésité à la poser, se croyant
autorisé à le faire de par ses belles recherches
d'anatomie pathologique.

» Peut-être a-t-il voulu trop prouver ?

» Qu'on ne soit encore guère fixé sur l'étiologie
du rachitis dans laquelle on a fait rentrer de vive
force les influences les plus diverses, voire les plus
opposées, comme par exemple l'allaitement trop
prolongé et le sevrage prématuré qui y figurent
côte à côte, cela n'est que trop certain. Mais que
d'autre part le rachitis relève d'une cause unique,
voilà qui n'est plus soutenable. Il n'est que trop
facile de démontrer que le rachitisme peut exister
sans syphilis des parents. Quand on entend invo-

quer une seule cause possible au rachitisme, la syphilis, la mémoire de chacun se heurte tout à coup à des faits de clientèle, à des souvenirs privés où l'on a rencontré *le rachitis en dehors de toute influence syphilitique des parents*. Et, s'il en est ainsi, que devient l'équation de Parrot ?

» Le rachitisme, à mon sens, — et j'ai dit cela depuis longtemps avec la même conviction que j'apporte aujourd'hui à le répéter encore, — n'est qu'une *conséquence banale*, indirecte du trouble général importé dans l'organisme de l'enfant par la syphilis des parents. Le rachitisme succède à la syphilis comme l'anémie, la tuberculose, le lupus, les malformations organiques, la petitesse de la taille, l'infantilisme, l'atrophie de tel ou tel système, l'atrophie de tout l'être, etc., etc. C'est un *effet banal d'une cause spécifique parasyphilitique*, pour employer l'expression à la mode, et un effet banal que d'autres influences peuvent déterminer également.

» Cela me ramène toujours à cette doctrine que j'ai déjà développée devant vous et que je trouverai souvent encore l'occasion de soutenir, à savoir que la *syphilis ne produit pas que de la syphilis*, qu'elle détermine souvent, au titre d'affection dépressive, dénutritive, des déchéances diverses de l'organisme, dont le rachitis n'est qu'un mode d'expression particulier.

» *Concluons* donc, avec les réserves qu'impose un problème aussi délicat, par les trois propositions suivantes :

» 1° Le rachitisme se rencontre chez les hérédo-syphilitiques avec une fréquence qui ne permet pas de contester entre la syphilis et lui un rapport de cause à effet ;

» 2° Ce rapport de cause à effet se trouve actuellement diversement interprété dans la science, et une doctrine, défendue par un savant observateur, considère le rachitisme comme une lésion d'origine et de nature exclusivement syphilitiques ;

» 3° Il semble plus admissible, dans l'état actuel de nos connaissances, de ne considérer le rachitisme que comme un effet indirect de la syphilis, comme une conséquence banale de *l'influence dystrophique* exercée sur l'organisme par la diathèse.

» V. — CICATRICES DE LA PEAU ET DES MUQUEUSES. — C'est un fait banal que la syphilis héréditaire se traduit d'une façon ultra-fréquente par des lésions tégumentaires et notamment par des lésions cutanées.

» Quand ces lésions sont superficielles, elles ne laissent pas de traces ; mais il n'est pas rare qu'elles soient assez profondes pour amener l'ulcération, voire la destruction du derme. Dans ce cas, les cicatrices sont inévitables.

» Or, est-il possible d'utiliser ces cicatrices pour le *diagnostic rétrospectif de la syphilis héréditaire ?* Ces cicatrices peuvent-elles devenir des éléments de diagnostic dans un âge plus ou moins avancé de la vie ? Voilà la question telle qu'elle se présente pour nous, qui sommes à la recherche du diagnostic rétrospectif de la syphilis héréditaire ou qui cherchons à reconnaître les *manifestations tardives, lointaines de l'hérédité syphilitique*. Il est absolument certain qu'en nombre de cas, les cicatrices qu'on retrouve à la surface de la peau dans les conditions particulières où nous avons à les rechercher n'ont absolument rien de significatif. Prenons un exemple : voici, je suppose, un sujet d'une quinzaine d'années sur lequel, en suspicion d'une syphilis héréditaire, nous avons recherché les cicatrices cutanées qu'ont pu laisser les éruptions d'un âge moins avancé, et nous avons abouti à découvrir une ou plusieurs cicatrices lenticulaires, superficielles. Quel parti diagnostique aurons-nous à tirer de là ? Aucun, bien évidemment. Car, si de telles cicatrices peuvent dériver de la syphilis, il n'est pas moins possible qu'elles puissent reconnaître des causes absolument étrangères à la syphilis. La peau peut être offensée, lésée par cent influences diverses : brûlures, topiques, irritations cutanées par suite de malpropreté ou de causes diverses, ecthymas, traumatismes variés, furoncles, gale, scrofulides, gommes scrofuleuses, varicelles, dermatoses quelconques, etc., etc. Comment donc établir, de par l'objectivité, le diagnostic différentiel d'une cicatrice syphilitique avec une cicatrice dérivant de telle ou telle de ces causes ? Et comment établir ce même diagnostic d'après des renseignements incertains, erronés, alors que souvent tous autres renseignements font défaut ?

» En vérité, messieurs, la plupart du temps il

n'y a pas de diagnostic différentiel possible. Donc, cela est vrai, incontestablement vrai, il est nombre de cas où des cicatrices découvertes sur la peau ne présentent absolument aucun caractère propre à éclairer et restent lettre morte pour l'observateur. Mais, en est-il toujours ainsi ? Non, certainement non !

» Il est des cas où les cicatrices cutanées peuvent apporter au diagnostic de la diathèse latente un précieux appoint. Voici à quels caractères vous les reconnaîtrez :

» 1° Certaines cicatrices seront suspectes par leur *étendue*. Il est manifeste qu'une grande cicatrice restreint de beaucoup, rien que par son étendue, le nombre des hypothèses à établir relativement à son origine : une cicatrice, large comme une pièce de cinq francs ou comme la paume de la main ou comme la main même, ne peut plus être attribuée à la varicelle, à la gale, à un furoncle, etc. Inversement, la syphilis vient se placer au nombre des causes les plus probables dont puisse dériver une telle cicatrice.

» 2° Des déductions plus valables encore pourront être tirées de la *configuration des cicatrices*, soit, par exemple, de leur *forme arrondie*, soit mieux encore de leur contour constitué par une série d'arcades (*forme polycyclique*) ; il en sera de même du *graphique serpigineux*, car ce sont là des caractères familiers aux ulcérations et aux cicatrices de la syphilis, comme chacun sait.

» 3° Mais ce qui peut plus sûrement encore être

utilisé pour le diagnostic, c'est le *siège* des cicatrices.

Sur une jeune fille de 20 ans, atteinte de polyasthrites rhumatismales, d'abord aiguës, ensuite torpides et suivies d'hydastroses qui existaient encore au bout de trois mois en dépit de tous les traitements, nous avons porté le diagnostic de syphilis héréditaire par le fait de larges cicatrices arrondies, lisses, siégeant *sur les faces antérieures et latérales des jambes*. L'enquête en démontra l'exactitude. Le traitement mixte fut prescrit et la guérison rapidement obtenue.

Sans exagération, il est des cicatrices qui sont significatives par leur siège. C'est encore là un point sur lequel Parrot a eu bien raison d'insister, car, de l'aveu de tous, il est des localisations éminemment familières à la syphilis. Donc, les cicatrices qui, après coup, traduisent ces localisations empruntent à leur siège même un cachet indiscutable de spécificité.

» Quelles sont donc les cicatrices que leur siège rend ainsi suspectes ? A mon sens, il en est quatre espèces :

» a. — *Les cicatrices commissuraires des lèvres*, appelées quelquefois *cicatrices angulaires*. Personne n'ignore que rien n'est commun chez le nouveau-né syphilitique comme les syphilides qui occupent les commissures des lèvres. Il est peu d'enfants syphilitiques, en effet, qui échappent à ce genre d'accidents. Les syphilides qui siègent à ce niveau sont des érosions, des papules érosives, des ulcérations qui empiètent quelque peu sur les tissus voisins. Elles ne sont pas par elles-mêmes très profondes, mais presque invariablement il arrive qu'au niveau de l'angle des lèvres de la commissure elles se déchirent, par l'écartement de la bouche dans les cris de l'enfant, et qu'elles forment là des rhagades, des fissures, des sillons ulcéreux plus ou moins profonds, très profonds dans certains cas. Les déchirures, renouvelées fréquemment, ne guérissent que lentement, difficilement, *en laissant des cicatrices persistantes, indélébiles.*

» Ce qu'on trouve alors, même après de longues années, alors que de vieille date toute lésion a disparu, c'est une cicatrice qui occupe exactement la commissure, et plus encore, car, sur la muqueuse même, la cicatrice s'efface le plus souvent, les portions de peau immédiatement adjacentes aux commissures. Cette cicatrice est généralement accusée par une ligne blanchâtre ou par un petit îlot blanc déprimé, quelquefois allongé, quelquefois arrondi de contours. Sur plusieurs de nos malades dûment reconnus syphilitiques, par d'autres lésions et par l'enquête ouverte sur les ascendants, nous avons constaté ces cicatrices angulaires des lèvres.

» b. — *Cicatrices du nez.* — Il est inutile de vous rappeler que le nez est une des victimes favorites de la syphilis. C'est pour la syphilis un véritable siège d'élection.

» Nombre de sujets affectés de syphilis héréditaire présentent dans le jeune âge des syphilides ulcéreuses, profondes, lupiformes, qui ravagent le nez, en affectant soit les ailes du nez, soit la sous-cloison avec les régions attenantes de la lèvre supérieure, soit tel ou tel autre département de la même région.

« Ces lésions laissent à leur suite ou de simples cicatrices ou des mutilations dont le siège seul constitue une présomption de syphilis.

« c. — *Cicatrices lombo-fessières et crurales postérieures.* — Ce sont les cicatrices sur lesquelles Parrot a appelé l'attention et qui ne sont pas sans présenter un intérêt véritable relativement à notre sujet. Elles sont les vestiges de ces syphilides qui affectent si communément les enfants du premier âge et qui, comme chacun le sait, occupent avec une prédilection marquée les régions postéro-inférieures du tronc, lombes, fesses, faces postéro-supérieures des cuisses. Ces régions constituent de véritables foyers éruptifs dont la signification ne doit pas échapper. Ce n'est, à coup sûr, rien spécifier de particulier et de saillant à l'égard de ces cicatrices, que de dire qu'elles sont généralement circulaires, variables de quelques millimètres à un centimètre d'étendue, blanchâtres, lisses, habituellement superficielles, etc.

« En revanche, ce qui les recommande spécialement à l'attention, c'est qu'elles ont en quelque sorte un *caractère négatif;* vous allez me comprendre. En tant que cicatrices, ce sont des cicatrices pauvrement formulées ; ce sont à peine des cicatrices, à proprement parler, mais plutôt des maculatures, des taches blanchâtres. D'une part, elles ont souvent des contours mal arrêtés, mal définis. D'autre part, elles sont remarquablement superficielles, de plain pied avec les tissus voisins, peu différentes de ces tissus comme teinte, si bien qu'en nombre de cas, il faut les rechercher avec attention pour les découvrir ; il faut même souvent une incidence particulière de lumière, un éclairage propice pour les trouver. Ce sont, en un mot, des *cicatrices frustes*, comme l'a bien dit Parrot, à force d'être atténuées comme caractères.

« Eh bien ! précisément ces cicatrices empruntent une valeur diagnostique à ce fait d'être atténuées dans leurs caractères. Cela démontre, en effet, que ce sont là par excellence d'anciennes cicatrices, remontant au plus jeune âge, c'est-à-dire à l'âge où se produisent habituellement les syphilides des fesses et des cuisses, et remontant à cette période de la vie où la régénération des tissus se fait le plus intégralement.

« Il est positif qu'en nombre de cas les cicatrices qu'on retrouve en ces régions sont absolument insuffisantes à attester la syphilis, comme il est d'autres cas où elles sont de nature à éveiller le soupçon d'une origine spécifique.

« Somme toute, il en est de ces cicatrices comme de la plupart des particularités qui précèdent : Ce sont des *éléments diagnostiques qui, par eux-mêmes, n'ont rien de précis, de formel, de spécifique, mais qui apportent un appoint de probabilité au diagnostic général.*

« d. — *Cicatrices du voile palatin et de la*

gorge. — Les régions palatines et gutturales sont, comme le nez, de véritables sièges d'élection de la syphilis héréditaire qui, très souvent, détermine là des lésions gommeuses ulcératives qui entament, corrodent, mutilent, quelquefois même détruisent, anéantissent toute une partie du voile, des piliers, du pharynx. De là des cicatrices, des pertes de substance, des perforations, des adhérences vicieuses, etc., qui deviennent des indices d'un secours précieux pour le diagnostic rétrospectif que nous poursuivons.

» **VI.** — Lésions testiculaires. — Il est devenu incontestable, d'après un grand nombre d'observations, que la syphilis héréditaire peut affecter le testicule ou, pour mieux dire, les testicules ; car l'affection est généralement bilatérale. Et ce qu'elle produit chez l'enfant en tant que lésions testiculaires est exactement identique, cliniquement et histologiquement, à ce que la syphilis acquise produit chez l'adulte. Ce qu'on appelle le *sarcocèle syphilitique* est une lésion de la syphilis héréditaire tout comme de la syphilis acquise. Or, cette lésion a toutes les chances chez l'enfant pour passer inaperçue, et cela parce qu'on ne fait guère attention aux testicules d'un nouveau-né ou d'un enfant, bien à tort, il est vrai ; ensuite parce que l'affection est indolente et qu'elle n'atteint jamais un gros volume, etc.

» *Conséquemment*, si un traitement spécifique n'intervient pas à propos d'autres symptômes spécifiques et ne guérit pas cette lésion, il se produit chez l'enfant ce qui a lieu chez l'adulte, à savoir : une dégénérescence fibreuse, scléreuse du testicule, laquelle est définitive et irrémédiable. De là l'*atrophie testiculaire* que je vous ai depuis longtemps signalée comme pouvant concourir très utilement au diagnostic de la syphilis héréditaire. C'est un fait que vous trouverez bien étudié aussi dans le beau mémoire d'Hutinel, qui a fait, dans le service de Parrot, l'observation clinique et la description histologique de ces lésions chez les nouveau-nés. Plus tard, ceux de ces syphilitiques héréditaires qui n'ont pas succombé présentent des symptômes suspects ou des accidents spécifiques pour lesquels ils viennent nous consulter. Si on vient à examiner leurs testicules, on les trouve petits, notablement plus petits qu'à l'état normal, et comme rétractés. De plus, ces testicules sont durs et d'une dureté particulière, étrange, fibreuse, presque ligneuse. Sur l'un de nos malades, on eût cru toucher des testicules cartilagineux. Enfin les testicules sont irréguliers de forme, noueux, semés parfois de tubérosités nodulaires. Et tout cela, encore sans douleur d'une part et sans histoire pathologique d'autre part, sans antécédents de traumatisme, d'oreillons, d'accidents vénériens, etc. Le malade ne sait d'où cela lui vient ; « Il a, dit-il, toujours eu des testicules ainsi constitués. » La constatation des testicules ainsi altérés est d'une haute valeur pour le diagnostic qui nous préoccupe ici ; car, d'une part, une telle lésion comporte en soi tous les caractères de la spécificité syphilitique. C'est bien là le testicule dégénéré de la syphilis, atrophié et durci par la sclérose, et d'autre part, l'excessive rareté des affections testiculaires dans l'enfance et dans l'adolescence ne permet guère d'autre hypothèse à introduire dans le diagnostic que celle d'une dégénérescence spécifique. C'est donc là, Messieurs, un signe précieux par excellence, dont, le cas échéant, vous ne devez pas oublier l'incontestable valeur. »

Ajoutons que les arrêts de développement, les atrophies et les malformations d'organes et surtout des organes génitaux et leurs conséquences, telles que l'impuissance et la stérilité, ne sont pas rares chez les hérédo-syphilitiques (Barthélemy).

TRIADE D'HUTCHINSON

Avec les *trois groupes de signes* qui vont suivre, nous allons entrer dans l'étude de ce que nous appelons ici familièrement entre nous la *triade d'Hutchinson*, dénomination qui, après tout, pourrait être conservée, ne serait-ce que comme hommage au médecin éminent à qui nous devons la connaissance de ce qui va suivre. En effet, c'est Jonathan Hutchinson qui, le premier, dans un livre trop peu connu parmi nous (1), a attiré l'attention sur les trois ordres de symptômes d'une observation fréquente dans la syphilis héréditaire, à savoir :

(1) Hutchinson, *Étude clinique sur certaines maladies de l'œil et de l'oreille consécutives à la syphilis héréditaire*, Londres, 1865 — traduction de Hermet, Paris 1884.

« α. Les affections oculaires ;

« 6. Les troubles de l'ouïe ;

« x. Les altérations dentaires.

« Et non seulement l'observateur anglais a spé-cifié et décrit ces trois ordres de symptômes, mais il a montré leur coïncidence fréquente, leurs relations réciproques et leur liaison commune avec une cause identique, l'hérédité de la syphilis.

« VII. Lésions oculaires. — L'examen de l'œil, chez quantité de sujets atteints de syphilis héréditaire, permet de constater les résultats suivants :

« D'abord, des antécédents de phlegmasies oculaires, et le plus souvent de phlegmasies oculaires sévères, intenses, ayant le plus souvent affecté les deux yeux successivement ; ayant le plus souvent déterminé une cécité plus ou moins complète pour quelques mois, n'ayant guéri en général que d'une façon lente.

« D'autre part, comme témoignages actuels de lésions passées : soit, du côté de la cornée, des altérations de la transparence normale de cette membrane, altérations variables comme étendue, comme degré et se présentant sous l'aspect des néphélions. des albugos ou des leucomes ; soit, du côté de l'iris, des vestiges d'iritis se traduisant par des synéchies, des déformations de la pupille, des immobilisations à des degrés divers, du cercle pupillaire qui ne se dilate plus qu'irrégulièrement ou imparfaitement sous l'influence de l'atropine, des dépôts blanchâtres pseudo-membraneux, obstruant plus ou moins le champ pupillaire.

« Ces diverses altérations sont des reliquats, des témoignages postumes de kératite et d'iritis. Et, en effet, nous verrons plus tard, en décrivant en particulier chacune des manifestations de la syphilis héréditaire, que les phlegmasies oculaires constituent un des symptômes les plus fréquemment observés chez les malades que nous étudions.

« Parmi ces phlegmasies, les deux plus communes sont : 1° en première ligne, par ordre de fréquence, une variété de kératite, dite *kératite interstitielle* ; 2° en seconde ligne et à longue distance comme fréquence, l'iritis.

« Ce sont les vestiges et les phlegmasies qui sont utilisables pour le diagnostic rétrospectif de la syphilis héréditaire.

« Ajoutons qu'en certains cas infiniment plus rares, on a observé chez les sujets affectés de syphilis héréditaire tertiaire des lésions oculaires telles que taches d'atrophie choroïdienne, stigmates de choroïdite antérieure, des atrophies papillaires et une variété de cataracte décrite sous le nom de *cataracte zonulaire.*

« VIII. Lésions de l'appareil auditif. — De même, certaines lésions et bien plus souvent encore certains troubles de l'ouïe concourent utilement au diagnostic de la syphilis héréditaire. Et cela toujours pour la même raison, parce que ces lésions et ces troubles sont des accidents communs, éminemment communs, de la syphilis héréditaire.

« Ce qu'on observe est ceci :

« 1° *Dans les antécédents,* ou bien écoulement purulent de l'oreille avec accidents divers d'otite moyenne purulente, ou bien accidents de surdité survenus sans écoulement de l'oreille.

« 2° *Dans l'état actuel,* comme vestiges ou résultats des accidents antérieurs, ou bien des altérations diverses du tympan (perforation ou cicatrice de perforation, altérations variées de la membrane, voire destruction partielle ou complète), ou bien un état de surdité incomplète ou complète, absolue même en quelques cas, affectant une ou les deux oreilles, que n'expliquent en rien les signes extérieurs ; en autres termes, surdité avec intégrité du tympan et de l'appareil transmetteur. Cette surdité, sans doute, n'offre rien par elle-même de spécifique, car il n'est pas plusieurs manières d'être sourd, pas plus qu'il n'existe plusieurs manières d'être paralysé ou aveugle : c'est de la surdité, voilà tout, et c'est assez (1).

« Mais quand on descend à l'analyse des symptômes, cette surdité se recommande aussitôt à l'attention par trois caractères qui lui impriment un cachet spécial, à savoir :

« (*a*) D'exister sans lésions *appréciables* qui puissent en rendre compte ;

« (*b*) De s'être produite avec une rapidité singulière, excessive, presque extraordinaire ;

____

(1) Hermet, *Syphilis de l'oreille,* Congrès d'Otologie, Paris 1889.

« (c) De s'être produite sans douleur, sans réaction, sans accident inflammatoire.

« Les sujets qui deviennent sourds de la sorte, par le fait de la syphilis, deviennent sourds d'une façon surprenante ; ils deviennent sourds sans souffrir, sans écoulement de l'oreille, sans otite, sans inflammation, sans réaction, sans quoi que ce soit qui motive cette surdité et, à l'examen otoscopique, sans lésions qui expliquent ces troubles auditifs. Ils deviennent sourds *à froid* et sourds *sans raison ;* ils deviennent sourds parce qu'ils deviennent sourds et rien de plus.

« En second lieu, ils deviennent sourds et quelquefois absolument sourds, radicálement et définitivement sourds au point de ne pas entendre un coup de pistolet, dans un espace de temps presque incroyable : à savoir, en quelques mois, en quelques semaines, en trois semaines, en quinze jours. C'est vraiment inimaginable ; on n'y croirait pas ! Il faut l'avoir vu pour y croire, Or, rappelez-vous, comme exemple, ce jeune homme qui était dans nos salles, il y a quelques jours à peine, et qui, après avoir perdu totalement une oreille quelques années auparavant, a perdu son autre oreille dans *l'espace de trois semaines* et perdu d'une façon telle qu'il n'entendait rien, rien, pas même avec le cornet acoustique, et que nous ne pouvions communiquer avec lui qu'en lui écrivant nos questions.

« Or, ceci, Messieurs, est spécial : une surdité s'établissant de la sorte à ce degré excessif et avec cette rapidité excessive sur un adolescent et cela sans otite, sans inflammation, sans suppuration, est un accident qui ne relève guère que de la syphilis. Aucune autre maladie ne produit cela, au dire des otologistes les plus compétents.

« Dans l'adolescence, dit Hutchinson, une sur-
» dité intense, *à fortiori*, une surdité complète,
» rapidement établie et sans douleur, sans inflam-
» mation, sans signe extérieur, relève exclusive-
» ment de la syphilis héréditaire. »

» IX. — ALTÉRATIONS DENTAIRES. — L'influence de l'hérédité syphilitique se traduit sur le système dentaire d'une façon non pas constante, mais à coup sûr commune. Sans doute, tous les sujets affectés de syphilis héréditaire ne présentent pas toujours et invariablement les malformations dentaires dont il va être question, mais ils les présentent fréquemment.

» Et ce n'est que justice de dire que l'empreinte laissée par la diathèse sur les dents est de telle nature qu'elle constitue parfois, souvent même, un élément clinique de la plus haute valeur pour le diagnostic rétrospectif de l'hérédité syphilitique. Un cas, rapporté par Paget, va nous en fournir un exemple.

» Une jeune fille était affectée d'une lésion du nez réputée *lupus*. Or, les dents étaient syphilitiques. Bien qu'aucun autre symptôme de spécificité n'existât, le traitement antisyphilitique fut prescrit sur la seule donnée fournie par les dents. La guérison de la lésion du nez fut obtenue en six semaines.

» Que fait donc la syphilis sur le système dentaire ? Son influence se traduit de deux façons, très inégales comme importance en ce qui nous concerne : d'abord, par un retard de développement ; ensuite, par des arrêts et par des modifications de développement et de structure, d'où résultent des *malformations dentaires de divers ordres.*

» 1° *Retard de la dentition.* — L'influence héréditaire de la syphilis apporte parfois un retard plus ou moins notable dans l'évolution dentaire, chez l'enfant. C'est une particularité remarquée de vieille date, au siècle dernier, par exemple, puisqu'elle n'avait pas échappé à Sanchez, et depuis lors confirmée par nombre d'auteurs : H. Lee, Magitot et tant d'autres.

» Il est incontestable que le retard peut porter soit sur les dents de lait, soit sur les dents permanentes. J'ai, pour ma part, dans mes notes, plusieurs faits de ce genre. Ce retard est le plus habituellement général, c'est-à-dire qu'il intéresse tout le système, toute l'évolution dentaire ; quelquefois cependant il n'est que spécial à quelques dents, les incisives, par exemple. On a même cité des cas, mais ceux-ci tout à fait exceptionnels, où le retard apporté dans l'évolution dentaire était considérable. Ainsi Demarquay a rapporté, devant la Société de chirurgie, en 1871, une observation relative à un enfant, fils de père syphilitique, qui, à l'âge de 4 ans, n'avait pas encore de dents et qui, de plus, soit dit en passant, ne marchait pas encore.

» Ce retard de l'évolution dentaire n'est qu'une face d'un fait plus général qui a été maintes fois constaté, à savoir le *retard de développement* chez les sujets atteints de syphilis héréditaire. Tantôt l'insuffisance ou le ralentissement dans le processus d'évolution se traduit sur tous les systèmes, sur l'individu tout entier, tantôt il se concentre dans un ou dans quelques systèmes isolément. Les enfants qui n'ont des dents que plus ou moins tard, les enfants qui ne parlent que tardivement, les enfants qui ne commencent à marcher que tardivement sont très fréquemment les héritiers de parents syphilitiques. C'est là un fait que, pour ma part, j'ai remarqué trop de fois pour qu'il puisse rester en l'espèce le moindre doute sur sa parfaite authenticité.

» Pour nous, ce retard dans l'évolution dentaire peut être un fait intéressant, au titre de renseignement rétrospectif ; mais vous comprenez qu'il n'apportera jamais qu'un faible appoint au diagnostic. Passons.

» Il n'en est pas de même des arrêts ou des modifications de développement qui se traduisent par des signes persistants et c'est là que nous allons trouver des éléments précieux de diagnostic.

» 2° En second lieu, l'hérédité syphilitique importe des *troubles nombreux dans la constitution du système dentaire*. Ces troubles sont de divers genres. Ils peuvent être rangés, à ne parler que des principaux, sous les quatre chefs suivants :

» a. — *Érosions dentaires*,

» b. — *Microdontisme*,

» c. — *Amorphisme dentaire*.

» d. — Le quatrième chef a trait à la structure intime de la dent et consiste dans ce qu'on peut appeler : la *vulnérabilité du système dentaire*, lequel est plus facilement accessible qu'à l'état physiologique aux causes d'attrition, d'altération, de destruction qui s'exercent sur lui. En d'autres termes, et pour mieux préciser : *usure rapide, altération facile* et *caducité précoce* des dents chez les sujets atteints de syphilis héréditaire.

» Ainsi, sous le nom de *dents syphilitiques*, on désigne une série de *malformations congénitales* du système dentaire qui dérivent de l'influence syphilitique.

» Il ne s'agit donc pas ici de maladie ou de lésions venant à se produire, par le fait de la syphilis, sur *des dents une fois formées*. Nullement. Il n'est question en l'espèce que de lésions ou de défectuosités de développement, se produisant, par le fait de la syphilis, sur les dents *en voie de formation*, à leur période embryonnaire, dans ce qu'on pourrait appeler leur vie fœtale ou intra-folliculaire. Ce sont purement et simplement les lésions déterminées par la syphilis sur la dent, *encore contenue dans son follicule*, qui constituent en se révélant dans un âge plus avancé sur les dents permanentes, ce qu'on appelle *les dents syphilitiques*.

» C'est en Angleterre qu'est née la question des

dents syphilitiques, et c'est à Hutchinson, l'auteur de tant de travaux intéressants sur la syphilis infantile, que revient l'honneur de l'avoir soulevée (1). C'est aussi en Angleterre que la question a été le plus discutée et qu'elle est le plus généralement connue. Elle a donné lieu, chez nos voisins, à une véritable *agitation* scientifique, qui l'a rapidement vulgarisée ; de là le nom de « *typical teeth* » qui caractérise les dents de la syphilis héréditaire.

» Chez nous, au contraire, il faut bien le dire, la question est peu connue. En dépit des remarquables travaux de Parrot, de Magitot, et de plusieurs de ses élèves, elle n'est guère sortie d'un cercle restreint de praticiens plus spécialement adonnés à l'étude des affections syphilitiques ou de l'art dentaire. De nos jours on est encore, parmi nous, peu conscient des services cliniques que peut rendre le signe en question, si ce n'est même absolument sceptique à son égard. Le plus souvent même, on confond parmi nous ce qu'on appelle la dent d'Hutchinson et qui n'est que l'érosion dentaire, avec la dent syphilitique ; ce qui est prendre, non pas le Pirée pour un homme, mais la partie pour le tout, et confondre un caractère particulier avec un ensemble de caractères.

« Débutons par quelques *propositions générales* qui serviront de base à ce qui doit suivre.

« 1º les altérations variées, les modifications

(1) Hutchinson, *loc. cit.*

diverses, qu'une influence syphilitique héréditaire est susceptible d'imprimer aux dents peuvent affecter l'une ou l'autre dentition.

« On avait cru d'abord, avec Hutchinson, que ces altérations n'intéressaient que la deuxième dentition. C'était une erreur. On sait maintenant, grâce aux travaux de Parrot, que la première dentition peut être affectée par la syphilis comme la seconde.

« 2° La première dentition est ou tout au moins paraît être bien moins souvent affectée que la deuxième. Voilà un fait clinique bien avéré, quelle qu'en soit la raison, que je ne m'attarderai pas à rechercher ici.

« Les descriptions qui vont suivre seront donc presque exclusivement relatives à la deuxième dentition. C'est elle, d'ailleurs, qui intéresse le plus spécialement le diagnostic rétrospectif de la syphilis héréditaire tertiaire.

« 3° Ces altérations dentaires sont généralement multiples, et, généralement aussi, dans ce cas, elles affectent systématiquement les dents symétriques d'un côté à l'autre de la bouche.

« Ces propositions étant établies, abordons les descriptions particulières.

« A tort ou à raison, on considère actuellement l'*érosion dentaire* comme le signe constitutif par excellence de la syphilis dentaire. Cependant l'*érosion n'est qu'une lésion* dans un ensemble de lésions ; ce n'est même ni la plus valable, ni la plus démonstrative des lésions de l'hérédité syphilitique, mais c'est celle qui a donné lieu à le plus de retentissement et c'est la plus connue.

« (A). *De l'érosion dentaire.* — Sous le nom impropre, mais consacré, d'*érosion dentaire*, on désigne diverses malformations dentaires se produisant au cours de la vie intrafolliculaire de la dent et se traduisant plus tard par une altération particulière de la couronne, qui semble comme usée, rongée, sciée, taraudée, vermoulue sur une certaine étendue de sa surface. En d'autres termes, l'érosion est une *usure apparente* de la dent. On dirait, à voir une dent affectée de la sorte, qu'elle a été entaillée, usée mécaniquement par un outil ou corrodée par un acide, à la façon du bois attaqué par le temps ou rongé par les vers. Et c'est précisément cette fausse apparence que semble consacrer le terme d'érosion.

« D'ordinaire, qui dit érosion dit entaillure, entamure, usure d'une surface qu'on suppose implicitement avoir existé saine, avoir été constituée intégralement à l'origine. Or, il n'en est rien ici. L'érosion dentaire est le résultat d'une formation vicieuse, défectueuse de la dent, *le résultat d'un arrêt temporaire de développement de la dent.* La dent érodée s'est constituée ainsi d'emblée, originairement ; jamais elle n'a été autre. La perte de substance que nous constatons sur elle, n'est pas, à vrai dire, une perte de substance ; car on ne perd pas ce qu'on n'a jamais eu : c'est une *non-formation.* La substance dentaire ne s'est jamais formée là où elle fait actuellement défaut.

« Telle est l'idée primordiale qu'il convient de se faire de l'érosion pour ne pas confondre en cette matière délicate, comme nous n'en avons que trop d'exemples, ce qui appartient à l'érosion proprement dite et ce qui peut être le résultat de processus pathologiques très différents.

« *Etude clinique de l'érosion.* — L'érosion se présente en clinique sous des aspects multiples et variés, variables même à l'infini. Les diverses formes doivent être réparties en deux groupes :

A. Celles qui affectent le corps de la dent.

B. Celles qui siègent sur son sommet ou son extrémité, c'est-à-dire son bord libre (incisives), son extrémité conique (canines), sa surface triturante (molaires).

« A. *Premier groupe.* — Nous rencontrons ici trois types principaux :

a. Érosions en cupule ; *b.* Érosion en sillon ; *c.* Érosions en nappe.

« *a. Érosion en cupule.* Érosion cupuliforme. Dent piquée ou piquetée. — Ce type est le plus simple, mais non le plus commun, quoique Parrot le déclare le plus fréquent. Il consiste en petites cupules, en petiles excavations creusées dans l'épaisseur de la dent.

« Ces cupules sont très variables comme dimensions, comme importance. A ne citer que les proportions extrêmes, entre lesquelles se rangent toutes les variétés intermédiaires, elles sont tantôt minimes, tantôt minuscules, comparables, par exemple, à la trace que laisse la piqûre d'une pointe d'épingle dans de la cire molle (*érosion pointillée*), tantôt plus larges et plus profondes, constituant une excavation véritable, arrondie et comparable alors à l'empreinte que laisserait la tête d'une épingle dans de la cire.

« Ces cupules se distinguent facilement, grâce à un double caractère, à savoir le caractère d'*excavation*, de lésion en creux, et le caractère de *coloration* ; elles tranchent par leur teinte foncée, sale, gris-noirâtre ou même noire, sur la couleur blanche de la dent. Si la cupule n'est que superficielle, son fond est encore revêtu par une couche amincie d'émail ; si elle est profonde, le fond est creusé dans l'épaisseur même de l'ivoire.

« Ces cupules sont plus ou moins nombreuses. On peut n'en trouver qu'une seule comme on peut en constater un grand nombre. Dans ce dernier cas, ces cupules confluentes sont, ou bien disséminées sans ordre, éparpillées, ou bien presque toujours rangées à la file sur une ligne horizontale. En certains cas, ceux-ci beaucoup plus rares, on les a vues former deux lignes horizontales superposées.

« Elles affectent de préférence les incisives, surtout la médiane supérieure, et cela *sur les deux faces*, antérieure et postérieure.

« A cette description succincte, il y aurait certes, si je voulais être complet, nombre de détails à ajouter ; mais *à dessein* je me limite à ce qu'il est scrupuleusement indispensable de connaître ; car je ne veux m'occuper ici, bien entendu, d'odontologie qu'en ce qui nous concerne exclusivement, qu'en ce qui peut apporter à nos études spéciales des éléments de diagnostic dont nous ayons à tirer profit.

« *b. Érosion en sillon.* — Elle constitue ce qu'on appelle la dent *striée*, la dent *rayée*, ou encore l'*atrophie dentaire sulciforme* (Parrot).

« Celle-ci est constituée par une excavation creusée dans la dent sous forme de *rayure transversale;* c'est un sillon horizontal entaillé dans la dent. Ce sillon est tantôt continu, c'est-à-dire faisant le tour de la dent; tantôt interrompu, formé de segments, de tronçons, séparés par des parties saines.

« Au point de vue de l'étendue et de sa profondeur, ce sillon offre *deux variétés :*

« Dans l'une, le sillon est constitué par une simple rayure linéaire, semblable au trait que laisse la plume sur le papier, ou, plus exactement, à la légère entamure que produit le passage d'une lame de canif sur un morceau de bois. Cette entamure est d'ailleurs perceptible non seulement à la vue, mais au toucher ; car l'ongle, promené sur la dent, perçoit une dépression sensible, et souvent aussi un bourrelet d'émail, situé au-dessus du sillon qui paraît ainsi d'autant plus profond.

« Dans l'autre variété, il est à la fois plus creux et plus étendu verticalement ; la dépression linéaire peut mesurer 1/2 millimètre, un millimètre et même davantage, pénétrer au delà de l'émail pour atteindre l'ivoire ; et, d'autre part, il peut entamer la dent sur une hauteur de 1 à 2 millimètres et au-delà.

« Ce qui chagrine surtout les malades, c'est que cette érosion constitue dès lors une difformité que le regard perçoit du premier coup d'œil, et cela parce que, au bout d'un certain temps, l'érosion prend une teinte foncée, jaune-bistre, grisâtre, gris-noir, qui contraste avec la teinte normale de la dent. Dans le jeune âge, les érosions sont quelquefois absolument incolores. Sur une petite négresse, âgée de 18 ans, qui avait les dents les plus blanches du monde, plusieurs cupules étaient absolument blanches aussi et ne pouvaient être distinguées que par un examen attentif ou bien avec le secours de la loupe.

« Remarquons cette particularité curieuse dont nous aurons le secret lorsque nous rechercherons la pathogénie de cette lésion, le sillon ainsi creusé dans la dent présente toujours une direction transversale ; c'est un sillon toujours horizontal.

« Ce sillon est le plus souvent unique. Quelquefois cependant on observe des sillons multiples sur la même dent, deux, trois, on a cité jusqu'à quatre sillons superposés horizontalement. Les dents, ainsi affectées de sillons multiples et parallèles, sont dites, en langage technique, dents « *en étages, en gradins, en escalier* » (Nicati).

« Ce type peut affecter toutes les dents ; mais on le rencontre de préférence sur les incisives. Autrefois ces dents étaient décrites comme rachitiques.

« c. *Érosion en nappe.* — Cette variété est constituée par la lésion des deux types précédents étendue à une large surface de la couronne. Dans ce cas, une large portion du corps de la dent se présente inégale, irrégulière, comme rongée par accident (Magitot), avec alternance d'anfractuosités et de saillies, modifiée de plus comme coloration d'un jaune sale et terne. Exagérez encore cette disposition au point de vue de l'étendue, de l'intensité des lésions, et même supposez-la généralisée à toute la dent, aussi bien à sa couronne qu'à son sommet ou à sa surface triturante, et vous aurez une dent absolument difforme, complètement désorganisée, presque méconnaissable en tant que dent, ne constituant plus qu'un tronçon rugueux, raboteux, anfractueux, semé de dépressions irrégulières. C'est à cette dent qu'on a donné le nom de *dent en gâteau de miel* (Tomes), sans doute en raison de ses anfractuosités multiples qu'on a comparées, — avec complaisance, il faut le dire, — aux alvéoles multiples d'un gâteau de miel.

» *B. Deuxième groupe.* — Bien qu'identiques de nature, ces érosions se présentent sous des aspects très différents, suivant l'ordre des dents qu'elles affectent :

» *a. Aux molaires.* — Et c'est presque invariablement la première molaire qu'on trouve affectée de la sorte; — ce qu'on observe est ceci :

» Dans une forme jeune de la lésion, on trouve le corps de la dent pour ainsi dire divisé en trois parties, à savoir : une partie inférieure constituant en quelque sorte la base, le piédestal, absolument saine et normale; — une partie supérieure, atrophiée, amoindrie dans tous ses diamètres, surtout dans l'horizontal, séparée de la première par un sillon circulaire. On dirait, à première vue, une dent plus petite sortant d'une dent plus grande, « un moignon d'ivoire émergeant d'une couronne » normale ». (Magitot.)

» Puis, si l'on examine cette sorte de moignon dentaire qui tient lieu de sommet à la dent, on trouve la surface triturante absolument modifiée d'aspect. Au lieu d'une surface lisse, nacrée, présentant une série de mamelons égaux et symétriques ou *cuspides*, séparés par des sillons égaux, on trouve une surface absolument irrégulière, « bouleversée », suivant l'expression d'un observateur, composée d'une série de crénelures, d'éminences rugueuses, informes, les unes grenues, les autres acuminées, et d'anfractuosités irrégulières, semées au hasard, pénétrant l'émail à des profondeurs diverses et parvenant même parfois jusqu'à l'ivoire. En outre, cette surface, au lieu d'offrir la coloration nacrée, blanc-laiteux, qui distingue la dent normale, présente une teinte jaunâtre ou brune, sale, « sordide ».

» A un degré plus avancé, le moignon qui surmonte la dent a disparu sous l'influence des frottements, et l'on ne trouve plus qu'une surface plus ou moins lisse, un plateau manifestement usé, blanc à la périphérie (émail sain), jaune au centre (émail altéré). En un mot, la molaire est raccourcie, déformée, aplatie.

» *b. Sur les canines*, l'érosion du sommet se traduit le plus souvent par telle ou telle des deux variétés suivantes : ou bien une simple brèche du sommet qui est émoussé; cette brèche constituée quelquefois par deux, mais le plus souvent par une entaillure semblable à celles que font sur un morceau de bois deux coups de canif se réunissant en V, — ou bien un étranglement circulaire du sommet de la dent, surmonté d'un petit tronçon exigu et conique, d'un petit cône pointu semblant «emman- » ché dans une virole cylindrique ».

» *c. Sur les incisives*, les variétés sont plus nombreuses, et il faut pour le moins en distinguer six.

» 1° Une première est constituée par une *brèche angulaire* ou une échancrure angulaire analogue à celle des canines.

» 2° Une seconde est ce qu'on appelle la *dentelure du bord libre* ou la *dent en scie*. Les dentelures sont tantôt régulières, tantôt irrégulières.

» 3° Une troisième forme consiste dans *l'amincissement* atrophique du sommet de la dent, dans son aplatissement antéro-postérieur; l'extrémité de la couronne est réduite à une simple lamelle, par déperdition totale ou presque totale de l'émail. Dans un cas de Lallier (1), le bord libre d'une incisive supérieure présentait, dans une hauteur de trois millimètres, une minceur extraordinaire, comparable à celle d'une « feuille de gros papier ». Cette lamelle est mordillée.

» 4° Une quatrième forme, simple variante de la

____

(1) Castanier, Th. de doctor., p. 52.

précédente, consiste dans un étranglement circulaire du sommet de la dent et dans ce fait que le sommet est surmonté par un petit cône informe d'ivoire rugueux et fragile. C'est la répétition de ce que nous avons vu sur les canines et surtout sur les molaires.

» 5° Une cinquième forme est ce que j'appellerai la *dent biseautée*. Celle-ci, trop peu remarquée jusqu'alors, quoique très remarquable cependant, va nous fournir une transition à ce qu'on appelle la *dent d'Hutchinson*. Je ne l'ai jamais observée que sur les incisives médianes supérieures : le bord libre de la dent est exactement taillé en biseau, à la façon du biseau des glaces de Venise. On dirait qu'un copeau de la dent a été obliquement détaché de la face antérieure de la dent, au niveau de son extrémité. Ce biseau est horizontal, quelquefois curviligne.

» 6° Enfin, nous arrivons à une forme toute particulière, dont il a été maintes fois question depuis ces dernières années. Je veux parler de *l'érosion en échancrure semi-lunaire*, dite encore *en coup d'ongle, en croissant*. On l'appelle la *dent d'Hutchinson*, car elle a été décrite pour la première fois par Hutchinson, qui a eu le mérite, en même temps, d'en saisir la signification pathologique. (Londres, 1863.)

» A ne l'étudier ici que sous le rapport de l'érosion, *la dent d'Hutchinson* est constituée par une échancrure semi-circulaire qui occupe le bord libre de la dent. Cette échancrure est très accentuée; elle dessine une arcade dont la convexité regarde le collet de la dent, de sorte que le bord libre figuré est creusé en forme de croissant. Cette échancrure est régulière, je dirai presque gracieusement ondulée. Par sa régularité et quelquefois le poli de sa surface, elle rappelle l'usure de certaines dents par le *tuyau de pipe*. La considération du *siège* suffit seule, indépendamment de tout autre signe, à établir la différence. L'usure de la pipe se fait entre l'incisive latérale et la canine, ou même entre la canine et la première petite molaire, quelquefois aux dépens des deux dents intéressées latéralement. La dent d'Hutchinson ne saurait être confondue non plus avec des *brisures accidentelles;* car une brisure se fait d'une façon irrégulière sur l'angle d'une dent horizontalement ou obliquement, mais ne se fait jamais suivant la courbe semi-circulaire ou en croissant que j'ai signalée. De plus, dans la dent d'Hutchinson, le centre de courbure correspond exactement à l'axe de la dent.

» Cette forme d'érosion a un siège, sinon absolument exclusif, au moins presque spécial, qu'il faut bien connaître; elle affecte les incisives médianes supérieures de la deuxième dentition : ce n'est pas qu'on ne l'ait pas rencontrée ailleurs depuis les travaux d'Hutchinson. Ainsi, Parrot l'a signalée sur les médianes inférieures, sur les incisives latérales supérieures et sur les canines. Mais ce ne sont là que des exceptions rares relativement aux cas usuels.

» Or, le cas usuel est que l'échancrure semi-lunaire occupe les incisives moyennes supérieures de la deuxième dentition, et ces dents exclusivement. Les autres dents peuvent bien présenter tel ou tel autre type de malformation, mais elles ne présentent pas l'échancrure semi-lunaire, sauf exception rare. « La règle, dit Hutchinson, est même » que les incisives latérales supérieures soient » saines. » Sur l'un de mes malades, une canine supérieure présentait à son sommet une échancrure semi-lunaire; le même sujet portait une échancrure légère des deux incisives médianes inférieures.

» Le cas usuel encore est que les deux incisives médianes supérieures soient affectées symétrique‧ment, de la même façon, à des degrés égaux ou inégaux, peu importe. Cette loi de symétrie souffre aussi quelques exceptions. Ainsi, L. Clarke et Moon ont cité des cas où une seule incisive médiane supérieure présentait la lésion d'Hutchinson. Moi-même, j'ai observé un cas de ce genre sur un malade que nous avions récemment dans nos salles. Un cas semblable a été rapporté et figuré par Hutchinson.

» Ainsi donc, en résumé, la dent d'Hutchinson, sous sa forme typique, présente les caractères suivants :

» Échancrure semi-lunaire occupant le bord libre de la dent, affectant les incisives médianes supérieures et les affectant exclusivement, disposée symétriquement sur ces deux dents.

(1) Hutchinson, *Med. Times*, 8 avril, 1865, p. 359.

» Si l'échancrure en croissant constitue le caractère majeur, essentiel de la dent d'Hutchinson, ce n'est pourtant pas le seul caractère qu'elle comporte. Ainsi, elle se recommande encore à l'attention de l'observateur :

» 1° Par *ses angles arrondis :* son bord tranchant, au lieu de former avec ses bords latéraux un angle véritable comme à l'état physiologique, se raccorde avec eux par une courbe arrondie.

» 2° Par le *biseau antérieur* du bord libre : la face antérieure de l'échancrure est taillée en biseau d'avant en arrière, comme si un copeau avait été détaché de l'arcade antérieure.

» 3° Par la *réduction de son diamètre vertical :* très souvent la dent d'Hutchinson est une dent notablement courte.

» 4° Par la *réduction de son diamètre transverse :* assez souvent aussi, c'est une dent étroite, de telle sorte que les incisives médianes, contrairement à l'état normal, ne sont pas plus larges que les incisives latérales.

» 5° Par la *disposition en tournevis* qu'elle affecte quelquefois : renflée et large au niveau de son collet, elle est rétrécie au niveau de son bord libre.

» 6° Par la *déviation de sa direction,* qui est oblique convergente : son axe vertical, au lieu d'être absolument vertical, devient plus ou moins oblique en dedans par le fait d'une implantation irrégulière de la dent. De la sorte, les deux incisives médianes supérieures, au lieu d'avoir leurs axes parallèles, convergent l'une vers l'autre.

» En s'associant à l'échancrure du bord libre, telle ou telle de ces diverses particularités confère à la dent d'Hutchinson une physionomie tout à fait particulière, surtout pour qui se rappellera que le type parfait de cette dent n'existe que dans l'adolescence ou la jeunesse.

» La dent d'Hutchinson ne sort pas de l'alvéole avec tous ses caractères. D'un autre côté, elle ne conserve pas son type pendant toute la vie.

» *Originairement*, elle se présente avec un bord libre semé de petites crénelures acuminées, en forme d'épines, de spinules, parfois réunies en un petit lobule central, analogue à celui que nous avons déjà décrit pour certaines des dents précédentes. Puis ces crénelures, vestiges du processus dystrophique ou atrophique qu'a subi la dent, étant très friables, s'émoussent, s'usent, se brisent, se dilatent et ne tardent pas à disparaître. Après leur chute, reste le corps de la dent avec l'encoche caractéristique.

» J'ai vu cependant, dit Hutchinson, un cas où la dent émergea encochée, sans lobule central ni spinule.

» En examinant la surface de l'encoche, on y constate presque toujours des traces d'usure, c'est-à-dire que l'émail n'est pas parfait sur le bord échancré de la dent; cependant, il y a de l'émail.

» Mais ce qu'il est bien plus important au point de vue pratique, c'est de savoir que l'échancrure s'use à son tour progressivement, s'atténue avec le temps et *finit par disparaître* presque complètement, sous l'influence du traumatisme incessant auquel sont soumises toutes les dents, de ce qu'on appelle l'usure dentaire; l'arcade s'atténue comme hauteur, semble s'aplanir; dès l'âge de vingt, vingt-deux ans, elle est déjà notablement affaissée; à vingt-cinq ans, l'arcane est presque plane. Mais ce qui reste encore de très appréciable, c'est le biseau antérieur situé sur un plan plus élevé, comme vous pouvez encore le voir aujourd'hui sur un de nos malades de la salle Henri IV, chez lequel on distingue à peine l'arcade, alors que le biseau antérieur est très marqué. Plus tard, l'arcade se nivelle, le biseau disparaît, et il ne reste plus de vestiges de la malformation dentaire; si bien qu'on peut dire, en principe, que : *il n'y a plus de dent d'Hutchinson, passé vingt-sept ou trente ans.*

» Pour le dire à l'avance, ce sont là les caractères que le célèbre chirurgien anglais a invoqués et seuls invoqués comme signes révélateurs d'une influence syphilitique héréditaire : « Les dents typi-
» ques en l'espèce, dit-il, sont les deux incisives
» médianes supérieures avec leur échancrure cen-
» trale unique et semi-lunaire... La lésion signifi-
» cative de la syphilis est celle de cette paire d'in-
» cisives. Si elle n'existe pas, les autres lésions ne
» comptent pour rien; quand elle existe, elle suffit
» seule pour être significative... *Je n'ai pas ren-*
» *contré jusqu'à ce jour,* ajoute-t-il, *un seul cas*
» *contredisant mes idées à ce sujet.* »

» Telles sont, Messieurs, les différentes formes de ce qu'on appelle l'érosion dentaire.

» Je me hâte maintenant d'ajouter que toutes les variétés d'une même lésion n'ont rien d'exclusif. Tout au contraire, elles s'associent, se combinent fréquemment, habituellement même, et cela soit sur le même sujet, soit parfois sur la même dent.

» Et en effet, toutes les formes d'érosions dentaires ne sont que des variétés d'une seule et même lésion. Ce sont des aspects objectifs plus ou moins différents, différents comme intensité, comme étendue, comme siège ou comme physionomie générale ; mais ce ne sont que des apparences variées d'un seul et même état morbide ; nous en trouverons la démonstration au chapitre de l'anatomie pathologique. Ainsi que l'a fort bien établi Magitot, « l'érosion est une ».

» Il est aujourd' hui démontré que les érosions dentaires affectent l'une et l'autre dentition. Mais elles affectent plus particulièrement les dents permanentes. Dans la seconde dentition, elles affectent, par ordre de fréquence :

» 1° Les premières molaires, qui, de toutes les dents, sont le plus communément atteintes. On peut même dire qu'elles sont atteintes dans presque tous les cas ; car il est absolument rare qu'on ait à constater un cas d'érosion dentaire où les premières molaires restent intactes.

» 2° Les incisives.

» 3° Les canines.

» Au contraire, les petites molaires et les deuxièmes et troisièmes grosses molaires restent presque invariablement indemnes.

» Règle presque absolue : les érosions dentaires sont multiples. Elles affectent au minimum deux dents, très fréquemment quatre, six, huit et souvent davantage.

« Dans des leçons qui ne s'adressent pas à des spécialistes de l'art dentaire, il m'est impossible d'entrer dans de plus grands détails sur cette question intéressante. Je n'ai cherché, Messieurs, qu'à vous en faire connaître l'aspect clinique. Voyons maintenant s'il y a pour nous, dans ces malformations dentaires, quelque élément, quelque indice dont nous puissions faire profit pour le diagnostic rétrospectif de la syphilis héréditaire. Dans ces derniers temps encore et depuis longtemps les journaux de médecine ont retenti de controverses à ce sujet. On peut dire que c'est une véritable pomme de discorde tombée dans le champ d'études que nous parcourons.

» *Trois opinions* se trouvent en présence :

» 1º Pour les uns, les érosions dentaires n'auraient aucune relation avec la syphilis et seraient, au contraire, étroitement reliées à une autre affection de l'enfance, l'éclampsie : doctrine émise et soutenue avec talent par un médecin distingué, savant infatigable et spécialiste éminent de l'art dentaire, Magitot, puis par ses élèves Ratier, Castanier, Quinet, etc.

» 2º Pour les autres, les érosions dentaires seraient presque invariablement d'origine syphilitique, et l'une d'elles, tout au moins, l'échancrure semi-lunaire, serait pathognomonique de la syphilis. Cette manière de voir est soutenue par deux savants bien autorisés, Hutchinson et Parrot.

» 3° Pour d'autres, enfin, les érosions dentaires seraient des lésions communes, banales, susceptibles de relever de divers états organiques, *mais que la syphilis s'approprierait fréquemment;* et, de ces lésions, il y en aurait quelques-unes, une d'elles tout particulièrement, qui constitueraient des signes presque authentiques de syphilis.

» Dans ce conflit d'opinions, où se trouve la vérité? C'est ce que nous allons rechercher.

» 1° Magitot a présenté et soutenu sa théorie de la façon la plus scientifique. Dans un seul de ses mémoires, par exemple, il ne relate pas moins de quarante observations relatives à des sujets affectés d'érosions dentaires, qui tous avaient présenté dans leur enfance divers accidents convulsifs, et qui, de plus, n'avaient offert aucune autre maladie à laquelle pût être rattachée la lésion du système dentaire. Il ajoute, en outre, qu'en nombre de cas il a pu établir un rapport chronologique anatomiquement exact entre l'âge auquel aurait sévi l'éclampsie sur un malade, et le niveau de la couronne où se serait produite l'érosion.

» Certes, divers arguments n'ont pas toute la valeur que leur accorde Magitot; c'est ainsi, par exemple, que l'éclampsie, étant une affection symptomatique, en tous les cas plus souvent symptomatique qu'essentielle, l'érosion peut être due aussi bien à la cause qui produit l'éclampsie qu'à l'éclampsie elle-même. Or, on sait que l'éclampsie constitue un des symptômes de ces lésions cérébrales qui sont si communes chez les hérédo-syphiliques. D'un autre côté, l'apparition brusque de l'éclampsie, sur laquelle insiste tant Magitot, surprend-elle beaucoup plus l'organisme que l'explosion d'une pneumonie, d'une scarlatine ou de telle ou telle affection aiguë ? Passons donc sur ces points trop sujets à contestation et abordons ceux dont il est impossible de faire aussi bon marché : je veux parler du groupe d'observations rapportées par Magitot. Il y a là un groupe de faits qui s'imposent et qui, bon gré mal gré, comportent une signification, à moins qu'on ne les suppose mal observés.

» Cette dernière hypothèse me paraissant inadmissible, comme à tous ceux qui connaissent le talent et le caractère de l'observateur, il me paraît légitime de tirer de ces faits la stricte interprétation qu'ils méritent et de dire : Oui, certaines malformations dentaires, connues sous le nom *d'érosions*, semblent bien reconnaître pour origine des affections convulsives survenues dans l'enfance, mais l'éclampsie (1) n'est pas la cause unique d'où dérive l'érosion dentaire, car une observation non moins attentive a fait trouver des érosions sur nombre de sujets qui n'ont jamais eu le moindre accès éclamptique.

» 2° Cette seconde théorie, non moins absolutiste que la précédente, attribue à la syphilis tout

(1) Les convulsions ne sont d'ailleurs que des symtômes de lésions qui peuvent relever de la syphilis, Barthélemy.

ce que la première rapportait à l'éclampsie : elle professe que la syphilis héréditaire produit des érosions dentaires, et que c'est à elle qu'il faut rapporter *toutes* les érosions dentaires (Parrot, Hutchinson). Eh bien, ici encore, à mon sens, il est une part de vérité et une part d'erreur. Oui, il est absolument vrai que la syphilis héréditaire tient sous sa dépendance immédiate la production de l'érosion dentaire dans un nombre considérable de cas. Mais suit-il de là que l'érosion dentaire procède toujours et invariablement de la syphilis, comme tout à l'heure on voulait la faire dériver de l'éclampsie? Eh bien, non encore; car on rencontre des érosions dentaires — quoi qu'en aient dit Parrot et d'autres auteurs — sur des sujets nés de parents non syphilitiques. Ici encore les faits négatifs abondent et existent dans les souvenirs de tous. Pour ma part, j'ai, entre autres, un exemple qui — serait-il unique au monde — ferait ma conviction. Un de mes plus intimes amis, médecin comme moi, que je connais d'ailleurs depuis son enfance et dont je connais la vie comme il connaît la mienne, a un enfant, aujourd'hui un adolescent, qui présente quatre sillons dentaires. Eh bien, cet enfant, ni un autre enfant de la famille, ni son père, ni sa mère, n'ont jamais eu la vérole, je m'en porte absolument garant. Augagneur, dans sa thèse (1), cite le cas d'un jeune homme qui présentait des érosions dentaires. Or, ce jeune homme n'avait certainement pas reçu la syphilis de son père, puisque ce dernier con-

(1) Augagneur, *Syphilis héréditaire tardive,* 1879.

tracta, après la naissance de son fils, un chancre du doigt.

» Voici d'autres preuves : la syphilis, vous le savez, n'existe pas chez les *animaux*, et cependant on peut observer chez eux des érosions dentaires. Telle est cette dent de cheval sur laquelle vous pouvez constater des érosions dentaires aussi typiques que possible. Voici une mâchoire de chien présentée dernièrement à la Société d'anthropologie, sur laquelle on trouve également des érosions dentaires très marquées : tous les chasseurs en ont observé ; il est vrai qu'il ne faut pas les confondre avec les brisures traumatiques, si fréquentes chez les chiens, et que ces animaux sont sujets aux affections éclamptiques.

» Magitot a vu une vache Durham, âgée de quatre ans, dont les deux pinces centrales présentaient sur leur face antérieure une érosion symétrique, profonde, transversale, occupant le tiers supérieur de la couronne. Une zone de dentine globulaire accompagnait cette lésion. C'était donc bien là une lésion semblable à l'érosion dentaire de l'homme.

» Duval, au dire de Ratier (p. 14), avait constitué une collection de dents appartenant à des chevaux, éléphants, hippopotames, qui, eux non plus, n'ont pas, que je sache, la vérole, et dont les dents présentaient pourtant des érosions multiples.

» Puis-je chercher encore d'autres témoignages dans un autre ordre de faits?

» Il y a quelques années, des fouilles pratiquées

sur l'emplacement d'un ancien cimetière mérovingien, à Breny (Oise), mettaient à jour la mâchoire inférieure d'un jeune Franc, enterré là depuis de longs siècles. Or, cette mâchoire, fort bien conservée, présente plusieurs dents affectées d'érosions, d'érosions simples, doubles et même triples (érosions subiformes). On en conclut : 1° que ce jeune Franc avait eu la vérole; 2° qu'il la tenait de ses parents; 3° que, par conséquent, la vérole existait parmi nous à l'époque des Mérovingiens. Eh bien, ce sont là, Messieurs, de bien grosses conséquences, la dernière surtout, pour un si petit signe, conséquences pour le moins téméraires et prématurées.

» Il me reste maintenant à exposer et à défendre une autre doctrine à laquelle j'ai été conduit, pour ma part, et par l'examen des travaux de mes devanciers, et par mes recherches personnelles; c'est la seule qui me semble acceptable en l'espèce. Je la résume dans les trois points suivants :

» *a*) Les malformations dentaires, connues sous le nom d'*érosions*, sont des lésions banales, susceptibles de dériver et dérivant manifestement de causes multiples et diverses.

» *b*) La syphilis peut s'approprier ces lésions, et même elle se les approprie plus souvent qu'aucun autre état pathologique.

» *c*) Enfin, au point de vue spécial qui nous occupe, il est de ces lésions qui, dérivant avec une certaine fréquence de causes étrangères à la syphilis, n'ont pas de signification diagnostique bien positive; comme aussi il en est d'autres que la syphilis, croyons-nous, réalise presque seule, et qui, conséquemment, constituent pour nous des signes diagnostiques d'une authenticité presque positive.

» Légitimons cette triple proposition.

» *a) Qu'est-ce que l'érosion dentaire?* C'est bien manifestement, et de l'aveu de tous, une lésion de nutrition. Anatomiquement, c'est une lésion résultant d'une *interruption momentanée survenue dans le travail de dentification*, à l'époque où se constitue la dent.

» A une certaine époque de son évolution formatrice, la dent n'a pas reçu la somme de matériaux nutritifs nécessaires à sa formation intégrale et correcte. Elle s'est défectueusement constituée à ce moment, et cet arrêt, ce trouble nutritif, s'est traduit sur elle par une *zone atrophique* qui est précisément ce qu'on appelle l'érosion. Il s'agit donc d'un *processus dystrophique*. Or, *à priori*, comment concevrait-on que la syphilis eût le privilège de produire un trouble nutritif de ce genre? N'est-il pas de toute évidence, théoriquement, que des lésions de cet ordre, qui ne comportent rien de spécifique, sont appelées à dériver de toute cause morbide pouvant constituer un trouble profond dans l'organisme et enrayer la nutrition organique? L'observation démontre, en effet, que ces lésions existent sur des sujets exempts de syphilis aussi bien d'ailleurs que d'éclampsie. Mais alors, dira-t-on, quelles sont donc les causes de ces lésions? N'en connaîtrait-on aucune que cela prouverait seulement notre ignorance et ne prouverait

nullement que ces autres causes n'existent pas.
N'en connaîtrait-on aucun qu'il ne serait pas moins
légitime d'invoquer l'action nécessaire de ces
causes qui resteraient alors à rechercher et à préciser; car il faut bien que les érosions soient produites par quelque chose, alors qu'elles ne sont pas
produites par la syphilis ou l'éclampsie. Mais nous
n'en sommes pas là. Quoique la question soit encore toute neuve, à peine explorée; quoique les
causes invoquées de vieille date, telles que scrofule, rachitis, fièvres éruptives, stomatites, etc.,
soient absolument inacceptables par l'excellente
raison que les dents sont déjà formées, et par conséquent non susceptibles de malformation organique à l'époque où ces causes sont supposées en
avoir entravé la formation; malgré cela, dis-je, il
est déjà quelques faits bien observés qui attestent
l'action de causes productives telles que l'*entérite
chronique* ayant sévi de l'âge de deux mois à l'âge
de deux ans (Magitot), le *traumatisme* survenu
dans la même période (Pietkiewitz) et même pendant la vie intra-utérine, alors que les follicules
dentaires sont déjà en évolution (Rattier).

» *b*) La relation pathogénique des érosions dentaires avec la syphilis ressort de tout un ensemble
de considérations dont les trois principales sont les
suivantes :

» *Première preuve*. — Constatation fréquente,
habituelle de la syphilis chez les parents de sujets
affectés d'érosions dentaires. Un exemple, entre
mille, peut se résumer ainsi : Un enfant d'une di-

zaine d'années m'est amené au sujet d'une lésion du voile palatin. Je soupçonne à cette lésion une origine syphilitique. En conséquence, j'examine les dents et je trouve des échancrures spéciales. J'interroge le père, et j'apprends de lui : 1° qu'il a eu la syphilis quelque temps avant son mariage, et qu'il s'est incomplètement traité; 2° qu'il a communiqué la syphilis à sa femme dès la première année de son mariage; 3° qu'il a eu un premier enfant qui est mort avec des accidents syphilitiques; 4° que son deuxième enfant, celui-là même pour lequel je suis consulté, a eu des accidents spécifiques dès les premiers mois de la vie. En vérité, Messieurs, peut-on trouver rien qui soit plus complet? Si ce fait était isolé, certes, il n'aurait qu'une portée restreinte. Mais des faits analogues remplissent les annales de la science; ils sont, on peut le dire, habituels; on ne les compte plus.

» *Deuxième preuve.* — Coïncidence fréquente avec l'érosion dentaire de manifestations actuelles ou d'antécédents de syphilis : vestiges tels que cicatrices cutanées, perforations du voile, lésions osseuses, aplatissement nasal, troubles de l'ouïe, kératite, etc., etc.

» Et, en effet, les observations analogues sont extrêmement nombreuses. Vous en trouverez partout, dans tous les recueils, surtout dans la littérature anglaise; car, il ne faut pas l'oublier, c'est en Angleterre qu'on s'est occupé avec le plus d'ardeur de cette question. Dois-je en citer? Les trois suivants, pris absolument au hasard, pourront servir

d'exemples. Dans une observation de Coupland (1),
nous voyons signalées les malformations dentaires
sur une jeune fille de treize ans, affectée d'autre
part d'opacités cornéales, et qui succombe à des
accidents viscéraux, gommes du foie, lésions rénales, etc.

» Dans un cas d'Archambault, une enfant qui
présenta dans le jeune âge des symptômes de syphilis héréditaire, offrit plus tard des malformations dentaires. A douze ans, elle fut affectée
d'exostoses tibiales et métatarsiennes. Un fait de
Cheadle nous apprend qu'une fillette de huit ans,
qui portait des malformations dentaires, était criblée de manifestations syphilitiques, à savoir :
kératites multiples suivies de néphélions, lésion
nasale, nécrose palatine, rupia, tubercules de la
face, nodosités des tibias, lésions du pariétal, etc.

» *Troisième preuve.* — Multimortalité des enfants dans les familles des sujets affectés d'érosions
dentaires. Vous n'ignorez certainement pas, Messieurs, que l'influence héréditaire de la syphilis se
traduit par ce qu'on peut appeler sans exagération
l'*extermination des jeunes*. La syphilis tue les enfants, et cela avec une fréquence prodigieuse; elle
les tue soit avant leur naissance, *in utero*, soit au
moment même de leur naissance, soit dès les premiers temps de leur vie. De là l'excessive fréquence, dans les familles syphilitiques, des avortements ou des accouchements avant terme, des
mort-nés, des enfants morts dès les premiers jours

(1) Coupland, *Ann. de dermatol.*, 1881.

ou les premiers mois. C'est un fait scientifique connu, banal, très commun, tout au moins, que de rencontrer des familles syphilitiques où deux, trois, quatre, cinq, six, sept grossesses ont abouti à deux, trois, quatre, cinq, six, sept catastrophes de ce genre, voire davantage.

» Eh bien, des cas de ce genre s'observent fréquemment dans les familles où l'on observe les érosions dentaires. Exemples :

» Dans un cas où Chaboux (1) constata des érosions dentaires, il y avait trois enfants morts sur quatre ; dans un cas de Russel, dans un autre d'Augagneur (2), les résultats étaient identiques. Stanley, Rivington ont vu quatre morts sur cinq ; Coupland, sept sur douze, et, dans un autre cas, neuf sur treize ; Lancereaux, neuf morts sur douze ; Carré, onze morts sur douze, etc., etc.

» Quel rapprochement saisissant! Polyléthalité infantile de la syphilis et multimortalité dans les familles où les enfants sont affectés d'érosions dentaires. N'est-ce pas là une démonstration?

» Aussi, a-t-on remarqué ce fait que « dans une » famille, c'est le plus souvent l'aîné des enfants » survivants qui présente les érosions dentaires ca- » ractéristiques de la syphilis ». Je le crois bien. Car, d'une part, la syphilis n'a pas laissé à ses prédécesseurs le temps d'avoir des dents érodées ou non; et, si les enfants qui suivent n'ont pas les mêmes déformations dentaires, c'est sans doute

(1) Chaboux, *Lésions de la région naso-pharyngienne*, 1875.
(2) Augagneur, *Syphilis héréditaire tardive*, 1879. J

que l'influence syphilitique s'est affaiblie, comme le montre la survivance même des sujets, ou même s'est épuisée avec le temps. La syphilis héréditaire, d'ailleurs, ne produit pas fatalement, tant s'en faut, les érosions dentaires, non plus que n'importe quelle autre lésion. On a cité quelquefois un certain nombre de cas où plusieurs enfants d'une même famille syphilitique présentaient des érosions dentaires. Ainsi, H. Moon a relaté un cas dans lequel deux enfants syphilitiques d'une même famille, l'un de seize ans, l'autre de douze ans, présentaient les échancrures typiques d'Hutchinson. Et, détail incident qui intervient ici juste à propos, pour confirmer ce que je vous disais à l'instant, un frère de ces deux enfants, né entre ces deux enfants, était exempt, quoique syphilitique, de malformations dentaires. On a même vu, mais nous manquons sur ce point d'observations suffisantes, et comme nombre et comme qualité, les érosions dentaires se transmettre par hérédité. Un auteur anglais a relaté le cas de deux frères « syphilitiques, affectés d'érosions dentaires, qui eurent six enfants affectés tous les six d'érosions dentaires analogues ».

» c) La troisième des propositions que j'ai formulées, à savoir que toutes les érosions dentaires ne sont pas également significatives au point de vue de l'origine syphilitique, est d'une démonstration bien plus délicate.

» La syphilis peut produire tous les modes de l'érosion, cela est certain; mais on peut dire qu'il

ne faut pas accorder une confiance égale à toutes
les érosions comme témoignages de la vérole.

» Ainsi, les érosions pointillées, les érosions cu-
puliformes, les dentelures du bord libre n'ont que
peu de valeur comme témoignages d'une influence
spécifique, et cela parce qu'on les rencontre fréquemment en dehors de la syphilis.

» La dent rayée par un sillon est déjà plus spéciale; toutefois, elle s'est montrée plus d'une fois
en dehors de toute syphilis.

» Au contraire, l'atrophie du sommet dentaire,
notamment sur la première grosse molaire, ou la
dent en plateau, paraît ne se rencontrer guère que
sur des sujets à antécédents spécifiques. Mais ce
qui est vraiment significatif, ce qui peut être donné
dès à présent comme un témoignage presque irréfragable de la syphilis héréditaire, c'est l'*échancrure semi-lunaire du bord libre* de la dent, c'est
la dent d'Hutchinson. Cette forme particulière
d'érosion, alors surtout qu'elle affecte les *incisives
médianes* inférieures, est un signe, sinon pathognomonique, comme le veut Hutchinson, du moins
d'une incontestable valeur diagnostique. Pour ma
part, je dois déclarer que *j'en suis encore à trouver
un cas où cette malformation spéciale n'ait pas
été en relation avec une infection syphilitique
héréditaire.*

» L'érosion dentaire n'est qu'une face de la
question que nous étudions. Je vous ai dit que,
bien à tort, on avait fait de l'érosion le caractère
majeur, principal, sinon exclusif, de la dent syphi-

litique. C'est là une erreur : la dent syphilitique ne consiste pas seulement dans l'érosion; elle a d'autres caractères non moins importants, et cependant jusqu'alors négligés, oubliés, et, sinon méconnus, du moins peu remarqués. C'est de ces caractères que je veux maintenant vous parler.

« (B). — *Microdontisme*. — C'est la malformation par réduction de volume, de taille, si je puis ainsi parler, de la dent. Elle est encore peu connue, bien que signalée dans une foule d'observations éparses dans la science, notamment dans plusieurs cas d'Hutchinson. Pour ma part, je l'ai rencontrée nombre de fois, associée ou non, mais le plus généralement associée, à d'autres malformations dentaires. Bien que je sois loin de la considérer comme spéciale à la syphilis, je la regarde cependant comme un élément diagnostique d'importance majeure pour notre sujet.

» Ce microdontisme consiste dans un état de rapetissement général de la dent, qui est amoindrie dans tous ses diamètres, hauteur, largeur, épaisseur, et qui se présente à la fois *courte*, *étroite*, *mince*.

» Cette malformation n'est jamais générale, ou, du moins, je ne l'ai jamais rencontrée telle; toujours, au contraire, je l'ai vue partielle. Le microdontisme est un état intéressant, non pas tout le système dentaire, mais seulement un ordre de dents, parfois une seule dent au milieu d'une dentition normale.

» Les dents qu'il affecte le plus souvent sont, par

ordre de fréquence, les incisives médianes supérieures, les incisives médianes latérales, les incisives médianes inférieures. On l'a vu porter à la fois sur les incisives médianes et latérales supérieures, comme dans un cas cité par Lannelongue. On peut dire qu'il comporte tous les degrés Parfois assez léger pour n'être reconnu que par un examen spécial, il peut, dans d'autres cas, frapper l'attention au premier coup d'œil et constituer une difformité choquante.

» Je vous en citerai deux exemples : dans le premier cas, un jeune homme de dix-huit ans, affecté de divers accidents de syphilis héréditaire, présentait la malformation dentaire que voici :

» Trois des incisives supérieures sont normales, mais l'incisive latérale gauche est absolument exiguë; réduite en toutes proportions, elle présente au plus les deux cinquièmes de la taille normale qu'elle aurait dû acquérir.

» Dans l'autre cas, il s'agissait d'un enfant de dix ans, fils de père et de mère syphilitiques, syphilitique lui-même, et offrant l'anomalie suivante :

» Les incisives moyennes supérieures, très réduites de volume, sont diminuées dans leur hauteur, leur largeur et leur épaisseur, en même temps que fortement échancrées. De plus, l'incisive médiane inférieure du côté droit est réduite, comme proportion, à la moitié de sa congénère.

» Vous voyez qu'il s'agit dèjà de malformations importantes, de véritables difformités, constituant des caractères cliniques, de constatation facile et bien équivalentes, si ce n'est même supérieures, comme intérêt, aux malformations érosives.

» Mais il y a plus encore : cette exiguïté dentaire peut s'exagérer davantage, dépasser le degré que je viens de mentionner et aboutir à une telle réduction de taille de la dent, qu'il n'y a pas d'exagération à le qualifier de *nanisme dentaire*. On a affaire alors à des dents absolument rabougries, presque rudimentaires, à des dents naines, suivant l'expression anglaise (*dwarf teeth*). C'est là ce que j'ai également constaté plusieurs fois. Hutchinson, de son côté, a relaté et figuré un cas merveilleusement typique, où les deux incisives médianes supérieures étaient réduites à de petits tronçons minuscules, quatre à cinq fois moindres, comme proportions, que les incisives latérales (1).

» Si singulier au premier abord que puisse paraître ce mode d'influence de la syphilis sur les dents, il n'en est pas moins authentique de par un grand nombre d'observations où il a été dûment constaté. Notez d'ailleurs qu'il est l'analogue d'une influence de même ordre que la syphilis exerce parfois, non pas sur un organe isolément, mais sur tout l'être.

» Rappelez-vous ces cas si curieux de développement incomplet que je vous ai signalés chez les syphilitiques héréditaires; rappelez-vous l'infantilisme de la syphilis héréditaire persistant jusque

(1) Hutchinson, *Illustrations of Clinical Surgery*, p. 205.

dans l'adolescence et la virilité; rappelez-vous ces sujets atrophiés dans tout leur être; ces individus petits, grêles, rabougris, ces *nabots* par syphilis héréditaire dont je vous ai entretenus; rappelez-vous aussi cet état d'atrophie spéciale, que la syphilis héréditaire détermine quelquefois sur l'utérus et sur les ovaires, et dont les observations de Rivington et de Lancereaux m'ont fourni de si beaux exemples. Eh bien, en ce qui concerne le système dentaire, c'est là un fait de même ordre exactement : c'est pour la dent, comme pour l'utérus, un état de développement incomplet, arrêté, enrayé, restant rudimentaire; le microdontisme, c'est l'*infantilisme de la dent,* si j'ose parler ainsi. C'est, en un mot, le résultat d'un *trouble nutritif profond et permanent importé par la syphilis dans l'évolution de l'organe dentaire.*

» (C.) *Amorphisme dentaire.* — C'est l'état d'une dent qui s'écarte de sa configuration physiologique, normale, pour prendre une autre forme quelconque. La syphilis exerce assez fréquemment ce mode d'influence. Ici encore il ne s'agit, comme dans le cas précédent, que de modifications partielles et non généralisées du système dentaire. L'amorphisme ne porte que sur certains cas. Dans un premier groupe figurent des déformations vicieuses qui n'aboutissent pas à la difformité. La configuration de la dent est altérée, défectueuse, vicieuse, de telle façon que la dent perd son type normal, le type de l'espèce, et emprunte le type d'un ordre opposé. C'est ainsi qu'on voit des incisives se présenter plus ou moins arrondies, cylindroïdes, au lieu d'être aplaties dans le sens antéropostérieur. D'autres fois, elles affectent la forme d'un cône, comme si elles tendaient à se transformer en canines. Inversement, les canines peuvent être aplaties comme des incisives. Quelquefois, les incisives latérales supérieures, longues et minces, sont plus semblables à des *chevilles* qu'à des dents. (Hutchinson.)

» Un *second groupe* comprend les malformations assez complètes pour rendre les dents difformes. C'est ainsi que nous avions récemment, dans nos salles, un malade qui présentait les deux incisives médianes inférieures terminées par un bord libre absolument oblique. Telles sont encore les *dents cannelées* ou bien celles qui présentent des tubérosités surnuméraires, comme cet autre malade dont une petite molaire portait sur sa face externe une éminence conique. On a vu certaines dents, petites et presque naines, absolument difformes, informes même, affecter la forme mince et conique de petites cornes. Vous citerai-je encore la *dent en cheville*, la *peggod tooth*, à laquelle les Anglais semblent attacher une si grande valeur? Dans cette forme, la dent se présente notablement rétrécie à son collet, vers sa base, et relativement élargie au delà. Elle semble supportée sur un pivot et rappelle alors grossièrement l'aspect d'une cheville. C'est une configuration semblable, identique même, je crois, que Parrot a signalée pour la première dentition sous le nom de *dent en hache* ou d'*atrophie en hache*, dénomination provenant d'une certaine ressemblance de la dent ainsi affectée avec un fer de hache, ou mieux encore avec la hache de pierre des temps préhistoriques.

» Enfin, dans le *troisième groupe,* la dent perd absolument toute forme. Magitot (1) a observé, dans le service d'Hutchinson, plusieurs de ces dents absolument modifiées, offrant l'aspect, dit-il, de moignons difformes, de cônes tronqués, de véritables monstruosités morphologiques. Sur un jeune homme affecté de syphilis héréditaire, j'ai vu une canine ne ressemblant en rien à une dent.

» C'était une sorte de production ossiforme, rude de surface, raboteuse, jaunâtre, très irrégulièrement cylindroïde. On eût dit une boulette de cire roulée entre les dents et façonnée grossièrement en forme de cône irrégulier.

» L'amorphisme coïncide habituellement avec l'érosion et le microdontisme. Cela vient à l'appui de la théorie qui admet que les trois ordres de malformations dentaires relèvent bien d'une seule et même cause.

D. — *Vulnérabilité.* — La dent affectée par la syphilis suivant tel ou tel des modes précédents, est une dent prédestinée à des dégenérescences ultérieures secondaires, par le fait de sa défectuosité de structure (2). La *dentine,* au lieu d'être normale, est ce que les dentistes appellent *globulaire.*

(1) Magitot, page 12.
(2) Nous avons observé sur les *ongles* de certains hérédosyphilitiques une vulnérabilité analogue à celle des dents. (Barthélemy.)

» D'une façon générale, la dent affectée par la syphilis est une dent constituée pathologiquement et qui porte en elle des éléments de déchéance, de destruction prématurée. Elle n'a, sur divers points, qu'une couche mince d'émail; quelquefois, elle est partiellement dénudée et sa dentine reste à découvert. Cette protection nulle et insuffisante vient s'ajouter au vice de sa structure intime pour constituer des conditions formelles de vulnérabilité. Ce fait résulte des recherches de Magitot aussi bien que de celles de Parrot (Congrès de Reims, p. 926). Parfois même, dans les formes excessives, la dent est composée de couches lamelleuses d'émail, irrégulièrement superposées, à peine adhérentes, à la façon des incrustations successives qui composent l'écaille d'huître; elle est exposée par cela même à s'effriter, à se déliter. C'est aux dents constituées de la sorte que le regrettable Delestre, dentiste distingué, avait assigné le nom significatif de *dent schisteuse*.

» Magitot me racontait dernièrement qu'il avait rencontré dans les mêmes conditions des dents constituées par une *substance verdâtre*, verdâtre en profondeur comme à la surface, substance extraordinaire, disait-il, inconnue de lui, en tout cas éminemment pathologique.

» Dans ces conditions, la dent syphilitique ne résiste pas aux menus traumatismes de la mastication et s'use rapidement au niveau de son bord libre ou de sa surface triturante. Comme exemples, je citerai une malade de Chaboux (th., p. 33) qui, à l'âge de 13 ans, présentait, aux deux mâchoires, les canines et les premières molaires absolument usées, *usées à plat*. Le bord tranchant des canines et la couronne des molaires avaient presque entièrement disparu, si bien que les dents dépassaient à peine le rebord des gencives.

» Ces dents syphilitiques sont d'ailleurs caduques et disparaissent de bonne heure. Pour la première dentition, il n'est pas rare de voir des enfants qui, dès l'âge de 4 ou 5 ans, ont les incisives, surtout les supérieures, absolument cariées, comme souvent aussi les prémolaires. Quelquefois, les incisives supérieures sont déjà en partie détruites dès l'âge de 2 à 3 ans. Dans un cas de Lannelongue, la chute des dents de lait fut remarquablement rapide : à peine avaient-elles paru qu'elles tombèrent presque aussitôt. Il en est de même pour la seconde dentition. Aussi constate-t-on chez la plupart des sujets affectés de syphilis héréditaire la carie d'un certain nombre de dents ne restant plus qu'à l'état de tronçons informes, de chicots, ou même leur disparition complète. Les caries sont souvent symétriques ; la dystrophie a créé une résistance moindre que les microbes mettent à profit.

» Pour compléter le tableau des lésions qu'imprime au système dentaire la syphilis héréditaire, il y a lieu de tenir compte encore de quelques particularités. C'est ainsi que je dois attirer votre attention sur l'*irrégularité d'implantation et de disposition réciproque*. Les dents sont déviées dans leur direction ; elles sont tordues sur leur axe ; de plus, elles sont plus ou moins largement distantes les unes des autres ; elles sont espacées.

» En second lieu, notons les *lésions connexes des maxilaires*, car les os qui supportent les dents participent à l'influence exercée par la diathèse. Parrot, qui s'est occupé de cette question d'une manière toute spéciale, a constaté maintes fois des lésions osseuses en coïncidence avec les altérations dentaires. Il pose même en principe que les maxillaires les plus malades, les plus chargés d'ostéophytes, sont ceux qui contiennent les dents les plus gravement affectées. Hutchinson signale également la nécrose des arcades alvéolaires. Bien plus il y a des cas où ces bords alvéolaires sont eux-mêmes atrophiés ou bien rudimentaires. Lannelongue rapporte l'observation d'un malade dont le bord alvéolaire supérieur était à peine développé. Moon a remarqué de même que le maxillaire supérieur offre parfois un défaut de développement vertical. De là probablement résulte l'*absence* permanente, parfois constatée, de certaines dents. On rencontre en effet des sujets syphilitiques héréditaires sur lesquels une dent fait défaut (une incisive, une canine ou les deux canines, etc.). Plusieurs dents peuvent même manquer symétriquement : on observe alors un espace vide entre les incisives permanentes et la première molaire, que Parrot compare à la *barre du cheval* et qu'il attribue à une *atrophie du maxillaire*.

» Or je dois maintenant rechercher avec vous,

Messieurs, si les malformations que je viens de vous mentionner sont symptomatiques de la syphilis héréditaire. Tout d'abord sachez bien, Messieurs, que les dents malformées, naines et amorphes, se rencontrent certainement en dehors de la syphilis. *Mais il ne reste pas moins certain que la syphilis est susceptible de s'approprier ces lésions, de créer pour son compte les troubles nutritifs dont elles dérivent.* L'observation démontre avec une évidence formelle que de toutes les causes connues ou inconnues qui peuvent déterminer de telles lésions, la syphilis héréditaire est celle ou du moins l'une de celles qui sont le plus actives pour les réaliser.

« De là cette conclusion en ce qui nous intéresse spécialement, c'est que les malformations dentaires en question sont pour le moins propres à *éveiller un soupçon* sur la spécificité de leur origine.

» Il faut se garder, Messieurs, des exagérations qui nuisent aux meilleures causes. Le *signe des malformations dentaires* est un signe séméiologique d'une incontestable valeur ; mais *il n'est pas pathognomonique.* Ne le discréditons pas en l'exaltant au delà de ce qui est légitime et démontré.

» Outre les neuf groupes séméiologiques que nous venons de passer en revue, je dois vous signaler les *hypertrophies ganglionnaires* plus ou moins généralisées, éminemment chroniques; ce sont des adénopathies froides.

» Je ne dois pas omettre non plus les *arthropathies chroniques*, auxquelles sont sujets les malades affectés de syphilis héréditaire. Ces lésions peuvent donner lieu à des *hydarthroses* occupant plus spécialement les genoux, indolentes à force d'être chroniques, et que les malades négligent, dont ils ne demandent même pas à être guéris parce qu'ils n'en souffrent pas. Rappelez-vous à ce propos un petit malade, récemment couché dans nos salles, qui présentait, outre la triade d'Hutchinson, deux hydarthroses des genoux très anciennes et absolument indolentes.

» D'autres fois elles consistent en des lésions singulières que, faute d'une connaissance plus ample de leurs caractères intimes, nous appelons des *arthropathies déformantes*. Ces arthropathies, vraisemblablement consécutives à des lésions osseuses et cartilagineuses, (*ostéomes gommeux*) s'accusent surtout, au point de vue clinique, par des déformations plus ou moins considérables, bizarres, des extrémités articulaires, avec *saillies ostéophytiques*, craquements articulaires, limitation des mouvements et attitudes vicieuses du membre affecté. Il n'est pas impossible qu'elles déterminent des atrophies et compromettent le développement des membres, ainsi que nous l'avons observé sur un malade de notre service l'année dernière. Il est à croire qu'au moins pour un certain nombre de cas, ces déformations arti-

(1) Defontaine, *De la Syphilis articulaire*, Thèse. Paris, 1883.

culaires sont le vestige de lésions articulaires syphilitiques de la première enfance.

» Je vous ai déjà signalé en maintes occasions, Messieurs, l'arrêt de développement que cause sur certains organes la syphilis héréditaire : je ne puis oublier de mentionner *l'arrêt du développement intellectuel,* qui est souvent réalisé par la syphilis héréditaire et qui laisse par la suite un certain nombre de troubles fonctionnels très utiles pour le diagnostic, car, sachez-le bien, les descendants de sujets syphilitiques sont quelquefois frappés de *déchéance intellectuelle* à des degrés divers. C'est ainsi que la syphilis héréditaire crée parfois des *enfants bornés comme intelligence* et des *enfants idiots ;* il est permis de porter à son actif une bonne part de la classe des *dégénérés.*

» Du moins, il s'agit, non pas de lésions spéciales ou spécifiques, mais de simples troubles nutritifs ; la syphilis arrête l'évolution de l'encéphale en provoquant la *stéatose du reticulum.* Parrot, Wagner et d'autres ont souvent observé cette lésion qui, du reste, n'a rien de spécial et s'observe chez les cachectiques comme chez les syphilitiques, et qui reconnaît simplement pour cause une altération nutritive profonde d'origine quelconque. Rien de surprenant dès lors que l'arrêt du développement cérébral se traduise par le développement imparfait ou même nul des facultés intellectuelles.

» Suivant le degré avec lequel l'influence syphilitique se fixe sur le cerveau, les enfants sont de véritables idiots ou seulement des êtres bornés. Dans ce dernier cas, ce sont des enfants lourds, niais, des simples. J'en ai déjà vu des cas bien authentiques qui, en même temps qu'ils marchent tard, qu'ils font leurs dents tard, qu'ils grandissent tardivement et péniblement, ne commencent à parler que tard et ne se développent pas intellectuellement ; ils apprennent à lire difficilement ; ils retiennent difficilement ; par défectuosité de mémoire, leur vocabulaire reste longtemps celui de bébés. Plus tard, ce sont des écoliers toujours en retard sur leurs condisciples du même âge, ce qu'en langage de collège, passez-moi l'expression, on appelle des cancres, ou plus poliment des enfants arriérés. Et tels ils restent toute leur vie, c'est-à-dire des êtres bornés dans leurs aptitudes; ils ont une « *insuffisance intellectuelle* », ou encore ce sont des *minus habentes* au point de vue cérébral.

» Dans l'autre cas, on observe un arrêt absolu, radical, irrémédiable de culture intellectuelle, *imbecillitatem ingenii*, suivant l'expression ancienne. Critchett. Mercier, Hutchinson, Parrot, moi-même, nous en avons cité de nombreux cas. Toutefois, il faut bien savoir que ce sont là des raretés. La vie de ces malheureux, plus à plaindre certainement que ceux que la vérole tue d'emblée, se borne à manger, boire et dormir ; elle se restreint, tout au plus, à une série d'actes distinctifs sans but précis, conscient, déterminé, à des amusements ineptes, à des insanités de tout genre, des colères sans motifs, des violences, des cris, des gesticulations, en

un mot à toutes les manifestations caractéristiques
de l'idiotie. Notons encore la démarche vacillante,
ébrieuse, les mouvements maladroits et la vue
troublée, de telle sorte que rien de l'imbécillité ne
manque chez cette victime de l'hérédité syphilitique.

» Si la syphilis donne bien lieu à de telles conséquences, souvenez-vous-en, Messieurs, et plus
tard, quand vous verrez un enfant se montrer rebelle à tous les essais de culture intellectuelle, ou
bien quand sur un tel sujet vous observerez une
série d'autres accidents, n'hésitez pas à invoquer
l'hérédité syphilitique, et recherchez-en les divers
signes capables d'éclairer rétrospectivement votre
jugement. »

Nous pensons, pour notre part, qu'il ne faut pas
envisager la question seulement au point de vue du
cerveau, mais qu'il y a lieu de l'appliquer à presque
tous les organes. Il nous semble bien que, d'une
manière générale, les arrêts de développement et les
malformations, qui, sans doute, reconnaissent aussi
d'autres causes que la syphilis, comme le prouvent
certains faits observés sur les animaux — sont
fréquemment et étroitement liés à l'hérédité syphilitique.

Les dystrophies et les atrophies, les arrêts et l'insuffisance de développement, peuvent porter sur
l'ensemble de l'organisme ou seulement sur quelques organes ou exclusivement sur un seul. Bien
plus, l'organe atteint peut même ne l'être qu'en

partie; de là les atrophies partielles à côté des atrophies généralisées.

Si cette atrophie partielle porte sur le cerveau, il en résultera un état d'insuffisance intellectuelle, des incapacités, des lacunes plus ou moins intenses, plus ou moins nombreuses; ce sont des cases qui manquent. De là des troubles, — dans les fonctions cérébrales : — altération de la vision ou d'un autre sens, défaut absolu de mémoire, de jugement, de suite dans les idées, difficultés de la parole, timidité excessive, mollesse, bizarrerie, originalité de caractère, idées fixes, manies, toutes tares intellectuelles qu'on rencontre chez les esprits faibles, les êtres nuls ou simplement déséquilibrés.

D'autres fois, au lieu du cerveau, c'est le *système nerveux*, médullaire, sympathique, ou dans son ensemble, qui a été compromis dans sa structure ou dans sa conformation originelle; de là, d'autres fonctions mal accomplies, de là des débilités nutritives, des tremblements généralisés, certains troubles trophiques ou vaso-moteurs, les chairs molles, les extrémités refroidies ou moites, où la circulation, comme le système nerveux, est sans activité et sans énergie.

Soit par la moelle, soit par le cerveau, soit directement, le système génital est un des plus atteints; de là des impuissances, des débilités fonctionnelles, ou même des atrophies organiques, soit chez l'homme, soit chez la femme. Et il ne s'agit pas ici des atrophies testiculaires, par exemple, consécutives à des lésions gommeuses, telles que Hutinel et Fournier les ont décrites ; il n'est question que d'organes frappés d'emblée d'insuffisances de développement sans lésions préalables, sans même ces hydrocèles congénitales que l'on observe si souvent chez les enfants chétifs et par conséquent chez les hérédo-syphilitiques. On se trouve en face d'organes débiles produisant peu et auxquels il ne faut demander que peu, parce qu'ils ne sont pas organisés pour fournir beaucoup et qu'ils ne peuvent pas produire davantage.

Enfin, comme le système dentaire, le système nerveux peut être vulnérable ; dès lors, il est menacé d'une caducité précoce, d'une détérioration rapide, à cause de son défaut natif de résistance contre toutes les causes destructives, et se trouve exposé par conséquent à toutes espèces d'affections dégénératives.

De même que la syphilis acquise, la syphilis héréditaire met en valeur toutes les prédispositions et toutes les morbidités virtuelles ou latentes, depuis les vésanies jusqu'à l'hystérie ; on trouve ici un véritable pendant à *l'hystérie toxique*. De même, pour le *tabès* : nous parlons du tabès vrai pour lequel il faut raisonner comme pour la paralysie générale. On peut dire que si l'ataxie n'est pas causée directement par la syphilis, ce qui est possible, — il n'en est pas moins certain qu'elle serait infiniment moins fréquente si la syphilis venait à être supprimée.

Nous avons constaté plusieurs fois aussi sur des

sujets, nés généralement avant terme de parents syphilitiques, une faiblesse de complexion, une délicatesse générale de la constitution, une vulnérabilité marquée des organes et des tissus. Les enveloppes même sont incomplètes, les aponévoses insuffisantes ; de là, des hernies congénitales, ombilicales, inguinales, avec ou sans hydrocèle.

Chez les sujets que l'hérédité syphilitique a touchés moins sévèrement, on rencontre des téguments mal résistants, une peau fine, délicate, s'enflammant sous l'influence de la moindre irritation, des *ongles* ou mal plantés ou mal venus, en tous cas, minces, fragiles, flexibles, toujours cassés, etc.

Ce qui fait la difficulté de ces appréciations, c'est que tous les hérédo-syphilitiques sont loin de présenter des lésions ou des tares identiques; les unes sont fortement marquées, les autres à peine indiquées. Le clinicien ne peut compter sur aucune régularité dans les résultats, c'est-à-dire dans les symptômes. Il n'en est d'ailleurs pas autrement dans la syphilis acquise où tous les malades sont loin d'être frappés dans les mêmes organes ou dans les mêmes proportions, sans qu'on puisse d'ailleurs savoir, pas plus dans un cas que dans l'autre, pourquoi l'effort morbide va frapper tel organe alors qu'il épargne tel autre chez un sujet, alors qu'il se comportera tout autrement chez un autre. Tout ce tableau ne peut d'ailleurs être ici qu'esquissé et devra être ultérieurement complété.

« Il me reste à étudier avec vous les diverses indications susceptibles de conduire au *diagnostic rétrospectif de la syphilis héréditaire* que nous pouvons trouver *en dehors de la personne même du malade.*

» Un signe d'une importance considérable pour le diagnostic rétrospectif de la syphilis héréditaire peut être tiré de la *polyléthalité des enfants* dans la famille du sujet en observation. Il faut rechercher si la mère du malade a eu plusieurs grossesses; si, parmi ces grossesses, un certain nombre ne se sont pas terminées avant terme, par avortement, ou par l'expulsion d'un enfant mort; enfin, si plusieurs enfants n'ont pas succombé en bas âge, et notamment assez soudainement, sans maladie précise. En deux mots, rechercher si parmi les frères et les sœurs du malade, il n'y a pas eu des *morts multiples* et des *morts précoces.*

» Sans nul doute, un tel renseignement ne sera pas une attestation de syphilis, car il n'est pas que la syphilis qui fasse avorter les femmes et tue les enfants en bas âge; mais il sera une présomption de syphilis, une forte présomption, car, de toutes les maladies, c'est, *à coup sûr aussi,* souvenez-vous-en toujours bien, Messieurs, la syphilis qui fait avorter le plus souvent et tue le plus d'enfants en bas âge.

» L'observation démontre surabondamment, trop surabondamment, par malheur, que l'influence héréditaire de la syphilis se traduit sur le produit de conception ou sur les enfants d'une façon désastreuse, qu'on ne saurait qualifier autrement que d'affreusement meurtrière. Je crois l'avoir suffisamment prouvé par les statistiques que j'ai recueillies à l'occasion de l'étude du mariage des syphilitiques. Le fait est absolument incontestable. (Voy. chap. III et IV.) Vous concevez aussitôt, Messieurs, quel profit, au point de vue qui nous intéresse, nous avons à tirer de cette polyléthalité des jeunes, d'autant que c'est là un signe peu sujet aux erreurs : un avortement, un enfant mort-né sont des faits patents, sur lesquels on ne peut errer ; ce sont des *renseignements positifs.*

» De la sorte, la *polyléthalité infantile dans une famille* ou la *constatation de plusieurs avortements*, de plusieurs enfants mort-nés ou en bas âge, est un fait qui *doit appeler immédiatement l'attention sur la syphilis et éveiller un soupçon de syphilis.* Ce que le bon sens indique *a priori*, la pratique le confirme *a posteriori*. Sur un tiers des sujets sur lesquels j'ai trouvé la syphilis héréditaire tardive, j'ai constaté la multimortalité relevant d'avortements ou de décès précoces.

» *Une règle pratique servira de conclusion à toutes ces observations :* étant donné un sujet sur lequel nous supposons que tel ou tel accident peut relever de la syphilis héréditaire tardive, nous ne négligerons jamais d'interroger ce sujet ou son entourage à ce double point de vue : sa mère a-t-elle fait des fausses couches et combien ? A-t-il eu des frères ou des sœurs qui soient morts et ces enfants sont-ils morts en bas âge ?

» Reste enfin le dernier élément du *diagnostic rétrospectif*, et non moins précieux : je veux parler de *l'enquête sur les ascendants.*

» Étant donné tel ou tel accident, nous le supposons dériver d'une syphilis héréditaire, il est de toute évidence que notre premier soin doit être de faire une enquête sur les antécédents des parents, en vue de savoir :

» Si tous les deux ou tout au moins si l'un des deux était affecté de syphilis lors de la naissance du sujet en observation. Car de deux choses l'une, forcément :

» 1° Ou bien il résultera de cette enquête que le malade peut être entaché de syphilis héréditaire.

» Ce document positif sera un point formel par excellence pour confirmer nos soupçons sur la spécificité des accidents dont le diagnostic est en suspens et sur leur provenance héréditaire.

» 2° Ou bien il résultera de cette enquête que ni l'un ni l'autre des parents n'était affecté de syphilis avant la naissance de leur enfant ; et ce document négatif voudra dire pertinemment (réserves faites pour les cas d'erreur) que nos soupçons n'étaient pas fondés, que les accidents que nous avions jugés provenir d'une syphilis héréditaire ne sont pas de cet ordre ou que tout au moins, s'ils sont syphilitiques, ils ne dérivent pas d'une syphilis héréditaire.

» L'enquête sur les parents est donc, dans tous les cas, nécessaire, indispensable ; c'est la base même du diagnostic ; c'est elle qui, dans tous les cas douteux, lèvera les doutes ; c'est elle qui, même dans les plus clairs, servira de confirmation, en dernier ressort, à tous les autres éléments séméiologiques.

» Seulement, cette enquête n'est, en l'espèce, ni toujours facile, ni toujours possible, tant s'en faut. En effet, les parents du malade ne sont pas toujours là pour donner des renseignements ; — ou bien, s'il n'y a que la mère, elle peut être saine et ignorer les antécédents de son mari ; ou bien les parents peuvent être éloignés, peuvent être morts ; d'autres fois ils ne fournissent que des renseignements obscurs, indécis.

» En l'absence de cette enquête, que conclura le médecin placé en face d'un cas douteux ? Distinguons ici deux choses absolument différentes : le diagnostic pratique et le diagnostic doctrinal.

» Dans le premier cas, le *médecin instituera le traitement antisyphilitique* mercuriel et surtout ioduré ; il l'instituera sans hésitation, immédiatement, à haute dose, énergiquement. Si la lésion est d'ordre spécifique, la guérison sera complète, merveilleuse de rapidité. Si elle est d'autre nature, l'inefficacité sera trop vite démontrée pour que le traitement spécifique puisse devenir nuisible. La conduite du médecin est donc ici nettement tracée.

» Au point de vue scientifique, privé des éclaircissements de l'interrogatoire, le médecin ne sera pas toujours autorisé à conclure ; il ne conclura pas et rangera le cas dans cette classe de faits, si nombreux en clinique, où le diagnostic pathogénique reste en suspens.

» En matière aussi neuve et aussi délicate, en effet, la démonstration de la syphilis des parents n'est pas de trop pour conclure à la syphilis de l'enfant, quels que soient d'ailleurs les signes dont on dispose pour croire à l'authenticité d'une syphilis héréditaire. Dans d'autres leçons, j'ai montré combien plus fréquente qu'on ne le pensait communément était *la syphilis acquise dans l'enfance*.

Telles sont, Messieurs, les diverses altérations que la syphilis héréditaire détermine sur les organes. Vous voyez donc que si l'on a soin de rechercher les antécédents sur les ascendants, de préciser le nombre des fausses couches, la mortalité en bas âge, si l'on fait un examen attentif des os, de la gorge, des fosses nasales, des dents, des oreilles, des yeux, des testicules, etc., on pourra trouver, *par l'affection de l'un quelconque des organes,* — car il ne faut pas s'attendre à trouver tous ces signes réunis — des éléments suffisants pour faire, en face d'un nouvel accident survenu, même à un âge avancé de la vie, le diagnostic rétrospectif de la syphilis héréditaire. »

Fournier vient de nous initier aux difficultés de la clinique : nous insisterons avec lui sur ce point que parfois on ne rencontre qu'un seul des signes qui viennent d'être exposés. Quoiqu'il en soit, les cas de syphilis héréditaire tardive sont bien plus fréquents qu'on ne le croit communément, ainsi que tout observateur compétent peut s'en assurer par un examen approfondi. Jadis, tous ces cas de lésions syphilitiques, dont la guérison par les médicaments spécifiques venait encore démontrer la nature, étaient rangés dans la classe des syphilis acquises à début passé inaperçu. La plupart de ces cas de *Syphilis ignorées* (1), comme nous avons coutume de dire par abréviation, doivent rentrer dans le domaine de la syphilis héréditaire à manifestations tardives ; c'est à démontrer cette proposition que tendent les études de Fournier, et aussi, qu'il nous soit permis d'ajouter, les nôtres, dont cette remarque a été le point de départ.

Nous devons dire, en terminant ce chapitre, pourquoi nous y avons donné un si long développement à la description des malformations dentaires. Ce que l'on observe pour le système dentaire peut survenir sur d'autres systèmes : *L'hérédité syphilitique est une cause générale de déchéance organique.* D'après nos observations, c'est peut-être plus encore sur les descendants de parents hérédo-syphilitiques que sur les hérédo-syphilitiques eux-mêmes que l'on rencontre les tares nerveuses et les déchéances organiques, et nous ne parlons pas des hérédo-syphilis de deuxième génération. Dès lors, il n'est pas surprenant que le traitement spécifique reste impuissant contre des états morbides qui, relevant plutôt de malformations que de lésions, viennent de la syphilis sans être pourtant syphilitiques : d'où la nécessité d'une qualification spéciale par laquelle on carac-

(1) L. Jumon, *Études sur les syphilis ignorées,* Paris, 1880.

térise les phénomènes *parasyphilitiques*. Ainsi donc, si l'on n'avait espoir, en mettant obstacle à la diffusion de la syphilis, d'empêcher l'incessante reproduction de tant de misères, il ne resterait qu'à constater et à déplorer la déchéance de l'organe, la dégénérescence de l'individu et l'abatardissement de la race !

CHAPITRE VI

SYPHILIS HÉRÉDITAIRE TARDIVE
LÉSIONS VISCÉRALES

La syphilis héréditaire tardive ne borne pas ses ravages aux régions extérieures et ne crée pas que des lésions apparentes. Parfois elle se manifeste *exclusivement* par des lésions internes que nous allons maintenant passer en revue (1).

Contrairement à ce que pensait Astruc, le germe vérolique qui a été déposé dans l'organisme fœtal ne renaît pas ; toute vérole une fois créée, se continue ; elle va de l'avant, s'arrêtant parfois, mais ne rétrocède jamais. On assistera donc, non pas seulement chez le nouveau-né ou chez l'enfant, mais même chez l'adolescent, voire chez l'adulte, non pas à une vérole nouvelle, mais à une vérole de plus en plus avancée dans son évolution, c'est-

(1) Nous avons fait, dès 1884, une communication au Congrès international de Copenhague sur les lésions viscérales de la syphilis héréditaire tardive et notamment sur les lésions du foie.

Dr OUDIN. del.   UN HÉRITAGE.   Publié par J.-B. BAILLIÈRE et FILS.
(*Lésions syphilitiques viscérales. — Service de Fournier.*)

i.-dire ayant atteint le stade tertiaire et la période des lésions viscérales.

D'ailleurs, en parcourant les observations qui se rapportent à ce sujet, on voit nettement que la syphilis héréditaire est plus rapidement et plus fréquemment viscérale que la syphilis acquise. C'est d'ailleurs ce qui fait la gravité de l'hérédité syphilitique, surtout quand la mère a contracté la vérole dès le début de sa grossesse.

En effet, ce sont les lésions viscérales, qui, dans la plupart des cas, tuent les fœtus et les nouveau-nés ou qui causent les avortements. D'autre part, pour bien apprécier la fréquence des lésions viscérales dans la syphilis héréditaire tardive, il faut tenir compte de la grande mortalité qui sévit sur les fœtus ou sur les enfants syphilitiques, et se souvenir que, si les accidents de la syphilis tardive sont assez rares, les survivants eux-mêmes ne sont pas nombreux au delà d'un certain âge.

Les premières attaques de la vérole sur les viscères n'emportent pas toujours leurs victimes. L'observateur, dont l'attention est éveillée, peut suivre les progrès et les caprices de la diathèse et étudier sa marche au travers de l'organisme au fur et à mesure que le sujet vieillit. C'est ainsi qu'on assistera à la guérison des accidents sur certains organes, ou sur d'autres, et enfin à l'apparition de lésions, qui, cette fois, amèneront la mort ! Tel malade présentera dans l'enfance des troubles dus à une syphilis cérébrale, guérira sous l'influence du traitement ou même spontanément, sera pris à

12 ans d'une syphilis hépatique qui guérira encore, mais succombera à 19 ou 20 ans aux atteintes d'une syphilis pulmonaire ou rénale. Voilà un exemple de ce qu'on peut observer.

Chez tel autre malade les organes seront atteints dans un ordre différent, mais la succession des accidents sera équivalente ; parfois l'issue fatale sera beaucoup plus tardive, et Lancereaux, Fournier et d'autres ont rapporté des cas où la mort n'est survenue, de par la syphilis, qu'à 30, 40, 50 ans et même au delà.

Quelle est la fréquence relative des lésions viscérales ? En d'autres termes, y a-t-il des organes plus fréquemment atteints les uns que les autres par l'hérédité syphilitique ? Y a-t-il enfin un organe si particulièrement affecté, que la lésion de cet organe doive faire penser presque immédiatement à une manifestation même tardive hérédosyphilitique ? Dans la syphilis acquise, Lancereaux (1) a dit que le foie est si souvent atteint qu'on peut, à l'égard des lésions hépatiques, poser une loi analogue à celle qu'on doit à Louis dans l'histoire de la tuberculose pulmonaire : « s'il y a des tubercules dans l'organisme, c'est dans le poumon qu'il faut les rechercher. De même, s'il y a de la syphilis, c'est dans le foie qu'on la trouvera. » C'est évidemment exagéré dans un cas comme dans l'autre.

J. Hutchinson a déjà montré quel parti on pouvait tirer, pour le diagnostic rétrospectif de la

(1) Soc. anat., 1863, p. 221.

syphilis héréditaire, des lésions des yeux, des oreilles et des dents ; c'est là ce qu'en France on nomme la *triade symptomatique d Hutchinson* (1). De même Parrot a fait connaître l'importance des lésions osseuses et des cicatrices périanales ; de même a fait Fournier pour les lésions des testicules, et notamment pour l'atrophie consécutive. Mais il s'agit surtout pour l'instant dans notre esprit des accidents développés du côté des grands viscères, à savoir l'encéphale, les reins, la rate, le foie, les poumons, etc... Nous allons rapidement les passer en revue.

Toutes ces lésions de l hérédité spécifique sont d'ailleurs les mêmes que celles qu'on observe, soit très peu de temps après la naissance, soit même pendant la vie intra-utérine. On a signalé, en effet, et nous-mêmes, nous avons observé des cas d'*ascite congénitale* ou d'*anasarque intra-utérine* dus à des lésions, soit hépatiques, soit rénales. Comme toujours dans la syphilis, ces lésions obéissent à deux processus anatomiques, le *processus scléreux* et le *processus gommeux* ou à l'association de ces deux processus, et cela, quel que soit l'organe, et si tardive que soit l'époque que l'hérédité syphilitique ait choisie pour se manifester.

Les *lésions rénales* sont très fréquentes par le fait de l'hérédité tardive : ce sont des néphrites interstitielles ; parfois on trouve de petites gommes miliaires autour des vaisseaux ; d'autres fois, des

(1) Voy. p. 131 de ce volume.

noyaux amyloïdes. On le voit, ce sont des lésions de même nature que celles qui causent si souvent la mort dans les premiers temps de la vie. (Hutchinson, Coupland, Hutinel, Barthélemy, etc.)

Dès 1850, Bouley, clinicien émérite, avait été frappé de la fréquence et de la gravité des néphrites parenchymateuses chez les scrofuleux. Or on sait aujourd'hui, et notamment depuis les leçons de Fournier, que la scrofule doit, dans un nombre considérable de cas, faire place à l'hérédité syphilitique qui était méconnue. Le fait signalé par Bouley reste donc vrai, mais l'appréciation doit être rectifiée d'après les données modernes. D'ailleurs, soit dit en passant, ce que nous venons de dire de la scrofule et de la syphilis héréditaire peut être appliqué à la scrofule et à la tuberculose héréditaire (1). C'est ainsi que la scrofule, qui avait il y a quelques années encore une si vaste place et qui a exercé pendant si longtemps une si tyrannique et absorbante influence sur la médecine, voit chaque jour son domaine se rétrécir. Pour notre part, nous avons réuni 14 cas de néphrites diverses développés certainement sous l'influence de la syphilis héréditaire chez des sujets âgés de 15 à 30 ans ; plusieurs ont guéri par le traitement spécifique alors qu'ils avaient résisté au régime lacté !

Les *méningites syphilitiques* sont également loin

____

(1) Voir les travaux de Besnier et de ses élèves sur l'étiologie du lupus qui est fréquent d'ailleurs chez les hérédo-syphilitiques (Fournier); ceux-ci, comme tous les cachectiques, offrant un terrain favorable au développement de la tuberculose.

d'être rares par le fait de l'hérédité spécifique tardive, mais elles ont été jusqu'à ce jour presque toujours confondues avec des méningites tuberculeuses. Elles emportent le malade si elles sont abandonnées à elles-mêmes, ou le laissent idiot et paralytique. Au contraire, elles guérissent, voire complètement, voire définitivement, si elles sont spécifiquement traitées. C'est contre de tels cas que jadis le calomel a réussi (comme de nos jours l'iodure contre ces prétendues méningites tuberculeuses), au point que certains médecins avaient cru posséder dans le calomel un véritable spécifique contre la tuberculose méningée, même arrivée à la période du coma, des contractures et des paralysies. Fournier a fait de ces faits l'objet d'une étude clinique éminemment instructive (1) : « Combien d'états cérébraux de l'enfance ou de l'adolescence vaguement rapportés à des méningites ou à des encéphalites d'ordre commun, ressortissent en réalité à la syphilis comme origine et ne sont rien autre que des manifestations plus ou moins tardives d'une influence syphilitique héréditaire ! » Ce sont des attaques d'éclampsie ou d'épilepsie, ailleurs des vertiges, des céphalées, ou des paralysies, soit partielles, soit étendues à tout une moitié du corps, ailleurs enfin des troubles variés de l'intelligence.

Ce n'est pas sans surprise qu'on apprend combien de cas de démence et de folie sont également les produits lointains d'une syphilis héritée. Ce qui a

(1) Alfred Fournier, *Union médicale*, 1884.

été décrit par les auteurs sous le nom de *sclérose* ou d'*atrophie du cerveau* reconnaît, dans la plupart des cas, pour origine la syphilis héréditaire.

Tel individu, être chétif, malingre, arrêté dans on développement physique, de même que tel autre, sujet arriéré, gâteux et idiot ou tout au moins « minus habens », tous deux offrent des modalités, différentes il est vrai, mais qui relèvent d'une seule et même cause et dérivent d'une contamination héréditaire. Or, on mesurera l'importance de cette notion étiologique, quand on saura que nombre de ces accidents ont guéri par le mercure et par l'iodure, que ces médicaments aient été administrés occasionnellement pour tant d'autres accidents plus manifestement spécifiques, ou bien, qu'ils aient été prescrits avec discernement ou empiriquement. Certains accidents ont présenté une sensibilité toute significative à la médication spécifique, alors même que leur durée remontait à plusieurs années : Qu'on se rappelle, parmi tant d'autres, la guérison si rapide de ce jeune malade de Ripoll, qui était épileptique depuis 10 ans ?

D'autre part Fournier, Cadet de Gassicourt, Archambault, Potain, de Beauvais, Dreyfous ont observé des cas où la syphilis cérébrale a réalisé à s'y méprendre les complexus symptomatiques de la méningite tuberculeuse : le mâchonnement, la raideur du cou, les rougeurs subites de la face, le cri plaintif, la respiration suspirieuse et inégale, la perte de connaissance, la rétraction de la paroi abdominale, l'amaigrissement, etc. Tous ces symptômes étaient présents, et pourtant, à l'autopsie, pas un tubercule, mais une transformation fibreuse de l'arachnoïde, de l'épendyme ventriculaire et même de la plèvre, de l'endocarde et du péritoine.

Les reins, l'encéphale avec les méninges ne sont pas les seuls viscères atteints par la syphilis héréditaire tardive, qui détermine aussi des *lésions pulmonaires*. Chez les sujets âgés de 5 à 25 ans, il n'est pas rare de rencontrer des pneumonies lobulaires aiguës, mais surtout des pneumonies chroniques, blanches ou grises, des scléroses pulmonaires simples ou associées à des lésions gommeuses, capables de se ramollir et de créer des excavations. Or, un certain nombre de ces lésions doit être rapporté, non à la tuberculose ou à la pneumonie chronique simple, non à la dilatation des bronches, non pas même à la syphilis acquise, mais bien à la syphilis héréditaire. C'est ce que démontrent les antécédents des malades, la marche de la maladie et les accidents concomitants. Ici encore le traitement spécifique compte d'éclatants succès. Gaucher en a publié un cas remarquable (1) dont voici le résumé :

14 juin 1883 — Enfant de 8 ans 1/2.

T à 39°; P à 140. — Aspect d'une phtisique arrivée à la dernière période.

Antécédents : enfant toujours débile, toussant pour ainsi dire depuis sa naissance, sujette tous les hivers à des recrudescences de bronchite.

Etat actuel : au sommet du poumon droit, matité en

(1) Gaucher, *Revue de médecine*, 1884.

avant et en arrière ; souffle caverneux et gargouillement dans la fosse sus-épineuse ; gros râles sous-crépitants, disséminés en avant et en arrière. Pas d'expectoration comme c'est habituel chez les enfants. En un mot, l'état local concorde avec les antécédents et l'état général. On porta le diagnostic de cavernes tuberculeuses et on fit le traitement approprié sans aucune amélioration.

Vers la fin de juillet, tuméfaction du sternum, développement rapide, volume d'une petite orange. On retire un verre de liquide puriforme, gélatineux et filant.

C'est sur ces entrefaites que Gaucher est appelé à voir la malade. Constatant les altérations dentaires décrites par Hutchinson, il rejette le diagnostic de tuberculose osseuse (qu'on remarque que la difficulté gît *toujours* entre la tuberculose et la syphilis) oppose celui de syphilis héréditaire, de gomme du sternum et, *étudiant les antécédents du père*, il retrouve chez lui une syphilis datant de 1871. — Le mercure est administré à l'enfant, qui guérit en même temps de sa tumeur sternale et de ses lésions pulmonaires, et qui guérit (en deux mois) avec une rapidité significative. Voilà maintenant une année que la guérison se maintient.

La tuberculose, même avancée, présente sans doute des rémissions, mais jamais d'une manière aussi complète et aussi prolongée. La nature syphilitique de la pneumopathie ne peut donc pas être ici mise en doute (Voyez encore page 223).

La *rate* est loin d'échapper à l'action morbigène qui nous occupe. Elle est scléreuse, dure, couverte de plaques de périsplénite ; presque toujours elle est hypertrophiée, comme dans l'impaludisme ou la leucocythémie ; parfois même elle est considérablement hypertrophiée. La rate peut être hypertrophiée à l'exclusion de tout autre organe et donner lieu à l'appareil symptomatique que Gaucher a qualifié, au point de vue histologique exclusivement, du nom d'*épithéliome primitif*.

Dans quelques cas, l'hypertrophie a été telle qu'elle a tenté les chirurgiens. L'extirpation n'a d'ailleurs jamais été, dans ces cas, suivie d'un succès durable. D'autres fois, la rate est prise simultanément avec le foie et même, dans certains cas, consécutivement aux lésions hépatiques. Nous avons pu réunir une vingtaine de cas où l'hypertrophie splénique fut incontestablement et exclusivement justiciable d'une hérédité syphilitique tardive.

Les *lésions spécifiques* de la rate rappellent à l'esprit les lésions d'un organe dont les rapports physiologiques avec la rate sont aujourd'hui bien connus, nous voulons parler du *corps thyroïde*. Barth a rapporté un cas de gommes thyroïdiennes, n'ayant pas d'autre origine que l'hérédité, dont nous énumérons ici les fâcheux effets (1).

Un organe qui est beaucoup plus fréquemment, sinon le plus fréquemment touché par la syphilis héréditaire tardive, c'est *le foie*. Il n'est pas besoin de mentionner les lésions hépatiques des nouveaunés syphilitiques ; le beau mémoire de Gubler est dans la mémoire de tous. Quand on soupçonne la syphilis dans un organisme, on se trouvera bien d'interroger le foie. Or, il faut bien savoir que,

(1) Barth., *France méd.*, 1884.

même lorsqu'elle est restée latente et inoffensive pendant la première et la deuxième enfance, la vérole peut déterminer des accidents du côté du foie *à l'exclusion même de tous les autres organes.*

Dans l'étude des affections hépatiques, il est bon de se souvenir que l'influence hérédo-syphilitique peut se manisfester sur le foie à 5 ans, à 10 ans, à 15, à 20, 30 ans et plus. Nous en avons rassemblé 33 observations publiées dans les pays les plus éloignés et par des médecins qui n'avaient certes aucune entente entre eux (1). L'influence morbigène que nous signalons ne peut donc pas être mise en doute. Nous croyons qu'il sera bon d'avoir ces faits présents à l'esprit chaque fois qu'il y aura quelque obscurité sur l'étiologie d'une affection hépatique quelconque : nous disons « affection hépatique quelconque »; car on peut voir ici qu'il arrive qu'une même cause produise des effets différents. Si l'on veut se conformer aux données de l'observation, il y a lieu de distinguer *plusieurs formes de syphilis hépatique par hérédité tardive :* Le foie peut être atteint isolément ou en même temps que les reins ou la rate, que les téguments ou que les os, que les yeux ou que les oreilles; il peut être la première manifestation apparente de l'hérédité syphilitique ou bien succéder à une longue série d'accidents variés qui tous reconnaissent la même origine et qui sont alors d'un très utile secours pour le diagnostic étiologique.

(1) T. Barthélemy, *Archives générales de médecine,* 1884.

Comme la syphilis acquise, la syphilis héréditaire tardive détermine sur le foie *quatre* variétés de lésions.

1° La forme *congestive,* caractérisée par une congestion chronique, développée et entretenue par la dyscrasie hérédo-syphilitique. Les phénomènes morbides sont évidents, pendant la vie, réitérés et prolongés et pourtant les autopsies donnent des résultats négatifs. Nous l'avons rencontrée 5 fois sur 33 cas.

Les symptômes consistent dans une légère sensibilité, dans une notable augmentation de volume du foie et dans une teinte habituellement subictérique des téguments. On observe en même temps des troubles dyspeptiques et gastro-intestinaux qui se prolongent indéfiniment longtemps, résistant à toutes les médications, à tous les régimes et changements d'air et faisant que les individus restent maigres, pâles, et sinon chétifs, du moins peu robustes. Les symptômes, on le voit, sont vagues, mal caractérisés, peu intenses; tels qu'ils sont, ils constituent toute la maladie. Si un accident spécifique quelconque, comme une lésion osseuse ou bien une ulcération des muqueuses, vient à nécessiter l'administration de l'iodure de potassium, l'affection hépatique disparaît comme les autres accidents, elle qui résistait à toutes les médications toniques, laxatives, alcalines, hydrothérapiques, etc., et elle disparaît avec une rapidité significative.

2° *Hépatite interstitielle diffuse.* — Cirrhose

plutôt hypertrophique qu'atrophique. Cette deuxième variété peut se montrer d'emblée ; elle n'est pas forcément le deuxième degré de l'état précédent. Il ne s'agit plus ici de congestion, de tuméfaction transitoire ou disparaissant avec la vie, mais de lésions matérielles, définitives, bien caractérisées pendant la vie et constatables à l'autopsie. Il y a une inflammation spécifique essentiellement chronique. Sur nos 33 observations, 8 appartiennent à cette catégorie. Le début est absolument silencieux ; la plupart du temps il nous échappe et le foie est déjà notablement altéré quand on constate la maladie pour la première fois. Après un temps plus ou moins long de latence, temps que nous croyons très variable suivant les sujets, la maladie entre dans sa période d'activité.

Le jeune malade commence par perdre sa gaîté, son entrain, sa vivacité, son appétit, ses forces. On constate ensuite de la pâleur et de l'amaigrissement, puis des troubles digestifs quelquefois isolés, d'autres fois associés à des douleurs — ces douleurs sont le fait de la périhépatite. Puis ce sont des alternatives de diarrhée et de constipation ; la peau devient sèche, ridée, terreuse, d'une teinte jaune sale, asiatique (Trousseau) ou bronzée. La teinte subictérique se montre, mais n'arrive pas à l'ictère. Enfin la cachexie se constitue, à moins que n'ait lieu l'intervention spécifique. Car, à ce degré même, la guérison est possible. La douleur est aussi exceptionnelle que l'ictère. — Dans cette forme, l'ascite n'a manqué qu'une fois sur huit. L'ascite apparaît d'abord légère et lente, puis plus rapide et plus considérable. D'autres fois, c'est l'ascite qui marque le début apparent de la maladie, ascite développée sans douleur, sans fièvre, sans réaction, sorte d'ascite chronique, étrange, survenant avec un état général satisfaisant, sans qu'une péritonite chronique, tuberculeuse ou autre, puisse être mise en cause. C'est en vain qu'elle est traitée par des ponctions successives; elle récidive promptement, opiniâtrement; la maladie se développe ensuite et arrive à déterminer la cachexie, puis la mort. A l'autopsie, on trouve les lésions de l'hépatite interstitielle. Dans la plupart des cas, le volume du foie est exagéré, très tuméfié, hypertrophié, ou bien il est atrophié dans le lobe droit et hypertrophié dans l'autre. L'hépatite diffuse peut être hypertrophique au point que le foie atteigne jusqu'à un pouce de la crête iliaque. Le foie est inégal, marronné, très dur, disent les observateurs; il est parfois lisse et de consistance presque normale, ajouterons-nous, surtout au début de l'affection.

C'est tout à fait exceptionnellement que l'atrophie hépatique a été observée de par le fait de la syphilis héréditaire; pourtant elle ne peut pas être mise en doute; nous la trouvons dans trois observations. — La rate est volumineuse dans presque tous les cas.

La sclérose est souvent, dans le foie comme dans les autres viscères, associée à la gomme; c'est la forme mixte, la *variété scléro-gommeuse.* Nous la voyons signalée 5 fois sur 33 cas.

C'est dans ces cas que le foie est surtout remarquable par son petit volume, par sa dureté, par son inégalité; il est ligneux, bosselé, étrangement déformé. Dans ces mêmes cas, l'ascite ne manque jamais; dans un cas, *l'ascite durait depuis trois ans, elle persistait malgré 13 ponctions*. Les ponctions étaient inutiles, le traitement spécifique seul fut efficace et guérit. Il faut dire que, dans d'autres cas, la mort est survenue.

3º La forme *gommeuse*, exclusivement gommeuse, a été observée 6 fois à l'autopsie sur 33 cas. Dans un certain nombre de cas, l'hépatite gommeuse a été diagnostiquée, mais sans démonstration, puisque la guérison a eu lieu. Dans aucun de ces cas, il n'y a eu d'ascite.

En même temps que dans le foie, il y a des gommes dans le poumon, ou dans la rate, ou dans le rein; c'est même à la lésion des reins que les malades succombent d'ordinaire; à l'autopsie, on découvre l'hépatite gommeuse qui ne se manifestait par rien. Il en est donc du foie comme des autres organes; le point seul où se développe la gomme est malade, les autres parties de l'organe restent saines. La lésion du rein, la néphrite, est beaucoup plus redoutable pour le malade que la gomme du foie. Dans les cas où les gommes existaient seules, elles n'ont donné lieu à aucun retentissement sur l'économie. Donc, le développement de l'hépatite gommeuse est silencieux, sa marche latente et s'il survient quelque phénomère anormal, c'est que probablement un autre processus est associé à la gomme, ainsi que cinq fois nous avons pu le constater. Le foie est déformé, quelquefois hypertrophié (2 fois), plus souvent peut-être diminué de volume (3 fois) ; il est arrondi, nodulaire, à nodosités multiples et dures ; car il est induré, ligneux dans certains cas.

Ici encore, on trouve presque toujours la lésion simultanée de la rate, qui est souvent hypertrophiée, et quelquefois indurée.

Les gommes du foie cèdent au traitement avec une facilité remarquable. La guérison a même lieu spontanément parfois, comme le montrent les *cicatrices étoilées* signalées par Bocdaleck, Dittrich et Lancereaux.

Dans un de nos cas, le malade fut atteint d'une lésion hépatique de cet ordre à l'âge de 11 ans ; il guérit au moyen de l'iodure, mais succomba à 22 ans, à des lésions syphilitiques du poumon.

Ici encore l'*ictère* est un phénomène exceptionnel ; il ne survient que si la gomme peut, par une situation exceptionnelle et accidentelle, comprimer un canalicule biliaire et gêner le cours de la bile.

4° Enfin la forme *amyloïde*, avec ou sans sa variété mixte ou forme *amylo-gommeuse*, a des allures insidieuses et pourtant terribles dans leurs conséquences, lesquelles sont bien connues. Il n'y a ni ictère, ni ascite, ni hydropisie, excepté dans le cas de lésions rénales concomitantes ; mais le foie est volumineux, dur et lisse ; la rate peut être même plus hypertrophiée et plus dégénérée que le foie. Celui-ci présente généralement alors des lésions

gommeuses disséminées çà et là et en voie de ré-
sorption et de transformation fibreuse ainsi que
des cicatrices étoilées.

Diagnostic. — En somme, dans la syphilis héréditaire tardive, l'hypertrophie du foie est la règle
et l'atrophie l'exception ; la cirrhose alcoolique sera
donc facilement distinguée, d'autant plus qu'il s'agit
généralement de sujets âgés de cinq à quinze ans,
et surtout de 6 à 13 ans. L'absence de l'ictère fera
distinguer de la cirrhose hypertrophique biliaire.
L'ascite est la règle dans la syphilis ; elle est rare
dans le cancer. L'examen du sang éliminera la
leucocythémie et les antécédents d'impaludisme.
Les tubercules du foie et du péritoine, les cancers, les kystes et abcès seront facilement distingués, je n'insiste pas. Souvent, on observera en
même temps que les lésions viscérales des gommes
ou des ulcérations syphilitiques. Ces lésions spécifiques concomitantes seront d'un précieux secours pour distinguer nos faits, de ceux qu'a
décrits Hutinel et dans lesquels des enfants tuberculeux sont atteints de péritonite chronique et d'ascite en même temps que d'hypertrophie graisseuse
du foie, comme on le voit chez certains adultes
tuberculeux (1) (cirrhose graisseuse).

Une distinction importante à établir est la suivante : s'agit-il de syphilis héréditaire ou de syphilis acquise dans l'enfance ? Ce diagnostic ne
sera possible que grâce aux antécédents, aux neuf

____

(1) Hutinel, *Soc. cliniq.*, 1883. — Cliniq. Hop. des Enfants
malades, nov. 1889, et Bulletin médical.

groupes de signes, indiqués par Fournier, grâce à la recherche de ces symptômes sur les frères et sœurs du malade, grâce à la notion des avortements, des fausses couches de la mère, dont plusieurs enfants auront pu venir au monde mortnés, ou succomber en bas-âge. Mais, comme l'enseigne Fournier, c'est l'enquête sur la santé des parents qui élucidera surtout le problème. Sans doute, il sera possible de par la clinique de diagnostiquer la syphilis héréditaire sans recourir à l'enquête; c'est ce qui eut lieu par exemple dans l'observation XXXII de notre mémoire; mais la certitude ne sera absolue qu'après qu'on se sera assuré de la syphilis de l'un ou de l'autre des ascendants, sinon des deux.

Voici le résumé de l'observation dont nous venons de parler.

Jeune homme de 20 ans, infantile au point de paraître 12 ans. Hypertrophie du foie, ictère léger depuis plusieurs années, ictère chronique développé sans douleur, sans qu'il y ait jamais eu de fièvre. Depuis un an, rate énorme, considérable. Dilatation des veines dans les parois abdominales. Pas d'ascite, pas d'alcoolisme, pas d'impaludisme, pas de kyste hydatique, pas de tuberculose. L'examen du sang fit rejeter l'idée de leucocythémie. On pensa ensuite à la spléno-mégalie, qualifiée par Gaucher du nom d'épithéliome primitif, uniquement à cause des résultats histologiques. Ce diagnostic fut rejeté en tant qu'il s'agit d'épithéliome; mais, pour notre part, nous sommes convaincu que la lésion décrite par Gaucher et celle dont il est question ici sont une seule et même affection produite par l'hérédité syphilitique. — Et en effet, notre petit malade, avec son gros ventre, sa rate énorme, son foie volumineux, sa teinte subictérique permanente, son infantilisme, n'est qu'un syphilitique héréditaire. Chez lui, la triade d'Hutchinson fait complètement défaut ; mais on trouve le signe de Fournier, l'atrophie testiculaire ; le signe de Parrot, les cicatrices pigmentées et déprimées sur les fesses et dans la partie rayonnée de l'anus ; enfin, une hyperostose considérable de l'extrémité supérieure du fémur. Tous ces signes sont ceux de l'hérédité syphilitique et, en effet, les parents de cet enfant, inconnus alors mais examinés ultérieurement, ont été reconnus syphilitiques.

C'est donc par les antécédents des parents et des collatéraux, autant que par ceux des malades eux-mêmes, ou bien par les signes antérieurs ou concomittants qu'on arrivera à soupçonner, puis à affirmer le retentissement sur le foie et sur les autres viscères de l'hérédité syphilitique. En effet, au point de vue local objectif seul, il n'y a pas, on peut le dire, de différence à établir entre les lésions développées sur les viscères, sous l'influence de la syphilis acquise, et entre celles que détermine la syphilis héréditaire.

Et comment en serait-il autrement ? Ne s'agit-il pas, en effet, d'une seule et même maladie, d'une même cause et par conséquent d'effets identiques ? Comme le fait si bien remarquer Fournier, une syphilis contractée *in utero* n'est-elle pas une syphilis au même titre qu'une vérole acquise ? Dès lors, pourquoi ne se comporterait-elle pas de la même manière ? Depuis quand la manière de contracter une maladie a-t-elle le don de modifier, je ne dis pas l'intensité, mais la nature de la maladie?

Or, si la nature du mal reste la même, les symptômes ne peuvent différer. Dès lors, si une syphilis vulgairement contractée peut causer des gommes viscérales à 8, 10, 15 ans, et plus, après son début, pourquoi s'étonner qu'une syphilis héréditaire puisse avoir des effets analogues ?

En vérité, on ignore encore si cette syphilis transmise héréditairement, est capable de donner à son tour la *syphilis à la génération qui suit* (1); mais, l'hérédité syphilitique dans la première série est certaine, non seulement dans le jeune âge, mais dans le cours, même avancé, de l'existence. Elle exerce ses manifestations non seulement sur la peau et sur les muqueuses, mais encore sur les os (Lannelongue), les jointures, les organes des reins, le système nerveux et surtout sur les viscères.

C'est là que le médecin doit savoir la reconnaître, la dépister, s'il veut pouvoir la combattre efficacement et la détruire.

Certes, nous sommes loin du chancre, accident initial de la syphilis acquise, premier anneau de cette longue chaîne pathologique; mais s'il en est ainsi, combien est importante la prophylaxie de la vérole!

On a vu que la notion des manifestations tardives

(1) E. King, *France médicale*, 1889; n°ˢ 113-114.

sur les viscères, de la syphilis héréditaire éclaire d'une vive lumière l'étiologie encore si obscure, encore si ténébreuse, d'un grand nombre de lésions organiques.

D'autre part, en 1881, Bar a montré que la syphilis héréditaire était une des causes les plus fréquentes de l'*hydramnios* (1). Peut-être un certain nombre de maladies de l'œuf n'ont-elles pas d'autre origine ? Peut-être pourrait-on, en tenant compte de cet élément pathogénétique, ainsi que de l'action de plusieurs autres virus et de diverses toxines, arriver à jeter quelque clarté sur la production de certains arrêts de développement dans les organes et même sur la production, sinon de toutes, du moins d'un grand nombre de monstruosités ou de malformations ?

Mais ce n'est pas seulement au point de vue théorique que la notion de la syphilis héréditaire tardive est féconde. Il ne faut pas oublier qu'il s'agit là, non pas d'une conception stérile ou purement théorique, mais d'une conquête destinée à retentir puissamment dans la pratique. Grâce à elle, on peut le dire, il sera possible de guérir bien des affections ou même des maladies contre lesquelles jusqu'ici notre science restait désarmée.

Certes, nous le répétons, il y a encore bien des inconnues dans la question. Combien de temps cette syphilis peut-elle se transmettre héréditaire-

(1) Bar, *Recherches pour servir à l'histoire de l'hydramnios*, Thèse, Paris, 1881.

ment? Prend-elle une forme plus légère au fur et à mesure que la syphilis génératrice est plus ancienne? Son pouvoir virulent finit-il par s'épuiser complètement? Pour nous, nous avons vu un fils, être chétif mais *indemne de syphilis*, né d'un père ancien syphilitique, contracter à son tour une syphilis qui fut de moyenne intensité. D'autre part, cette syphilis héréditaire est-elle héréditaire elle-même? Est-elle transmissible en nature ou bien sous une forme dégénérée? Comme on le dit de la lèpre, la syphilis héréditaire peut-elle franchir une génération? D'autre part, est-elle indestructible dans l'organisme qu'elle a infecté? ou bien guérit-elle, et le syphilitique héréditaire peut-il à son tour, plus tard, dans une période plus ou moins avancée de son existence, contracter la syphilis pour son propre compte, et, par une triste superfétation, augmenter son héritage d'un acquet? Enfin, cette nouvelle syphilis sera-t-elle atténuée, et, pour les syphilitiques héréditaires comme pour leurs descendants, existe-t-il une sorte de vaccination absolue ou relative? Ce sont là des questions qu'on doit poser parce qu'elles intéressent vivement l'espèce humaine; ce sont là des questions qu'on peut même préjuger, mais sur lesquelles l'observation n'a pas encore prononcé en dernier ressort.

Toutefois, telle qu'elle est, la notion des manifestations tardives de la syphilis héréditaire sur les viscères a déjà rendu des services considérables au

triple point de vue clinique, thérapeutique et pathogénique. Il y a donc lieu, à notre avis, de saluer,
comme ils le méritent, les deux maîtres, observateurs éminents et sagaces, à qui la science médicale
est redevable de si précieux enseignements. L'un a
ouvert la voie et a fourni les premières indications
précises pour le diagnostic rétrospectif; l'autre a
su donner à la question toute son ampleur et toute
sa portée : nous avons nommé Hutchinson et
Fournier.

CHAPITRE VII

LA SYPHILIS CONCEPTIONNELLE LATENTE

Nous venons de jeter un coup d'œil sur les dangers, depuis l'anévrisme (Fournier, Potain, Jaccoud, cliniq. 1888) jusqu'à la paralysie, sans compter la voie ouverte au cancer et à la tuberculose (hybridités morbides) qui, dans notre siècle, menacent l'individu de par la syphilis, de par cette infection qu'il y a dans notre société tant de manières de contracter.

Nous avons passé en revue aussi les périls auxquels sont exposés les descendants des syphilitiques, à la première, voire à la deuxième (1) génération. La *transmissibilité de la syphilis des parents aux enfants* peut être de très longue durée. N'avons-nous pas rapporté un cas où le pouvoir nocif s'est exercé après 14 ans (2) ? Fournier n'a-t-il pas cité des cas plus tardifs encore ?

(1) *Soc. path. de Londres*, 1876. — Hutchinson (Reynold, p. 431). — Désanneaux, *Ann. de dermatol.*, 1888, etc.
(2) Barthélemy, *Ann. de dermatol.*, 1888.

Ainsi donc, *parmi le petit nombre de syphilititiques héréditaires qui échappent à la mort*, les
uns sont de véritables malades ; les autres sont
idiots ; ceux-là, nés avant terme, sont faibles de
constitution, et ont un ou plusieurs organes insuffisants ou atrophiés ; le système nerveux notamment est déplorable ; les sujets sont émotifs, trem-
bleurs, débiles, pleureurs, incapables d'action ou
de décision, incapables de se diriger, inconscients
parfois, épileptiques, etc. Ceux-là enfin sont phy-
siquement bien développés en apparence, mais
ils ont le nez aplati et déformé, les mâchoires dis-
cordantes (Lannelongue et Jullien), les dents mal
venues ou bousculées, une tête énorme sans rien
dedans ; ce sont « les bons garçons ». Bref, toute
une race en déroute, voilà le bilan de l'hérédité
syphilitique.

Quelques dégénérés par le fait de la syphilis
ne sont pourtant pas assez syphilitiques pour
échapper *tous* à la vérole ; du moins, chez un tel
sujet parasyphilitique, nous avons pu observer
les symptômes d'une syphilis acquise.

Toutefois, pour être rigoureusement vrais, nous
devons ajouter que dans certains cas, l'hérédo-
syphilis est bien tolérée, et, comme la syphilis
acquise, se montre parfois bénigne. Il en résulte
que de jeunes enfants sont vaccinés ou cuirassés
contre les futurs dangers de la jeunesse. N'est-ce
pas là la cause la plus vraie et la plus active des
quelques cas où *l'organisme humain* a paru se
montrer *réfractaire au virus syphilitique ?* Si l'on

joint à cela les chances individuelles, et aussi les syphilis légères, dont le début et la porte d'entrée ont passé inaperçus, nous aurons peut-être l'explication de tous ces états jugés à tort réfractaires.

Ce sont là d'ailleurs des questions posées et non résolues qu'il faudrait pouvoir étudier dans les pays où la syphilis est très ancienne, et où elle a été toujours abandonnée à elle-même, comme en Tunisie et en Indo-Chine. Il n'est pas certain qu'on ne trouverait pas là une des raisons de la dégénérescence intellectuelle de ces races, jadis si remarquables et si puissantes.

Nous plaçant à un autre point de vue, nous avons noté avec Besnier, chez *certains* syphilitiques, une multinatalité extraordinaire ; mais, par contre, il y a aussi de nombreux cas de stérilité, dus à une véritable *aspermie*, soit passagère, soit définitive, sans préjudice de ce qui a lieu chez la femme où la syphilis cause de si fréquentes fausses couches ; or, à la suite d'une fausse couche, il y a souvent endométrite et stérilité ; ces dernières lésions ne sont pas étrangères à la dépopulation parmi nous.

Mais, ce n'est plus le lieu de revenir sur ces différents points. Nous ne voulons plus maintenant qu'examiner *la part de risques qui revient à l'épouse et à la mère dans les familles de syphilitiques*, ne pouvant d'ailleurs étudier ici qu'une des faces de cette importante question. Nous négligerons à dessein les cas (et ils ne sont pas rares), où la maladie se comporte comme dans toute autre circonstance, et nous nous contenterons d'attirer l'attention des observateurs sur une forme de la *syphilis conceptionnelle*, jusqu'ici passée inaperçue, précisément parce qu'elle est *latente*.

La syphilis acquise par le père, n'atteint pas que ses enfants ; elle contamine souvent aussi l'épouse.

Les cas les plus graves ont ainsi estropié bien des femmes. Jamais nous n'oublierons le cas observé, à Saint-Louis, dans le service de Besnier qui en a fait faire le moulage et dont Goldenstein a fait la restauration artificielle (1). Il s'agissait d'une femme contaminée par son mari, à l'insu de la malade. Aucun traitement ne fut institué. Des accidents tertiaires éclatèrent dont la nature fut méconnue. En quelques mois la face fut mutilée de la manière la plus horrible. Le nez complètement détruit avait fait place à un vaste trou suppurant, par où la langue se mouvait !

Mais là ne se borne pas la désastreuse action spécifique dans son mode conceptionnel. Cette modalité syphilitique est souvent bien plus insidieuse que dans le cas précédent. — Mais elle ne lâche pas pour cela les misérables sujets qu'elle tient. Nous allons en fournir une preuve de plus, en insistant sur une forme de l'infection encore peu connue : nous voulons parler de la *syphilis conceptionnelle latente* (2).

En 1888, nous conseillâmes à Riocreux (3) de

(1) Goldenstein, *Accidents consécutifs à la syphilis*, J.-B. Baillière, 1886.
(2) Congrès international de Paris, 1889.
(3) Riocreux, *Syphilis ; hérédité paternelle*, Paris, 1888.

choisir pour sujet de thèse, l'étude de la loi de Colles, ou mieux, comme dit Fournier, de la loi de Baumès, et nous lui communiquâmes deux observations qui nous paraissent de haute importance en ce sens notamment qu'elles tendent à démontrer, non seulement l'existence, mais l'évolution de la syphilis conceptionnelle *latente*. Un troisième cas a été récemment soumis à notre observation ; il sera publié prochainement ; il est remarquable parce qu'ici la réalité de la syphilisation a été rendue irréfragable par l'évolution caractéristique d'une gomme.

Si nous parlons ici de la syphilis conceptionnelle, c'est que sa forme latente est encore peu connue à cause de la difficulté d'en suivre ses observations. Toutefois, il nous semble qu'elle n'est pas rare et nous croyons qu'elle doit augmenter considérablement le bilan des méfaits de la syphilis. Nous trouvons par conséquent un argument médical de plus, s'il en était besoin, en faveur de la thèse que nous défendons et que nous cherchons à propager.

Il résulte de nos observations que certains cas de syphilis conceptionnelle sont *absolument* dépourvus de tous les symptômes cutanés, muqueux, et même généraux *habituels* à la syphilis. Nous ne parlons même pas de ceux dans lesquels où — comme dans quelques rares cas de syphilis acquise — tous les accidents se réduisent à une poussée unique de quelques plaques sur les amygdales et à quelques taches érythémateuses ou squameuses ; juste assez circinées pour montrer leur origine spécifique. *Au début de ces formes d'infection syphilitique*, on ne constate que de la lassitude, de l'amaigrissement sans raison appréciable quoiqu'il soit rapide et parfois considérable, une alopécie marquée, sans pellicule, sans prurit, sans aucune lésion du cuir chevelu. Besnier a insisté dans une de ses leçons cliniques de l'hôpital Saint-Louis pour qu'à l'avenir l'*alopécie prostpuépérale* soit étudiée à ce point de vue; nous croyons avec lui que bon nombre de ces faits sont justiciables du traitement spécifique. Viennent ensuite comme symptômes de cette infection *in utero*, une sensibilité plus grande au froid alternant avec des accès de sueurs abondantes, subites, souvent nocturnes, sans hyperthermie pourtant et par le fait probable de troubles vaso-moteurs. Plus tard viennent s'ajouter quelques autres phénomènes de nervosisme, parfois un léger degré d'*hystérie développée à l'occasion de l'infection,* tout comme dans la syphilis acquise, puis de la céphalalgie, et quelques poussées de périostites (côtes, tibias, clavicules, métacarpiens même); enfin, des douleurs assez vives, fréquemment récidivantes de speudo-rhumatisme, de rhumatisme infectieux, mobile, apyrétique.

Ces *symptômes rhumatoïdes de la syphilis conceptionnelle,* marqués aussi dans certaines formes de syphilis héréditaire, sans parler de ceux qu'on observe dans la syphilis acquise, nous semblent mériter de retenir l'attention des cliniciens et bien propres à expliquer, non sans doute dans tous les cas, mais certainement dans un notable nombre de cas, l'action salutaire de l'iodure de potassium contre le rhumatisme chronique, abstraction faite, bien entendu, de celui qui, dans l'hyperuricémie, accompagne l'artériosclérose vulgaire. En effet, nous devons dire que c'est dans cette forme conceptionnelle latente que se rencontrent avec prédominance les faits d'*altération graduelle* insensible, *des parois artérielles,* voire même du cœur, sans donner lieu toutefois, excepté du côté de l'aorte, à des lésions se manifestant par des souffles organiques.

Pour ce qui concerne le rhumatisme *vrai*, il a déjà vu son domaine, — autrefois si vaste et aux limites presque inconnues — fortement restreint au profit des déterminations articulaires des maladies infectieuses et des auto-intoxications. Ici encore, et comme la scrofule, envahisseur injuste, le rhumatisme devra rendre gorge !

Nous répétons à dessein qu'il y a dans la syphilis acquise une *forme atténuée à l'extrême degré*, une forme latente et presque sans manifestation tégumentaire. Une forme analogue existe aussi pour la syphilis héréditaire.

Exemple : un grand nombre d'états graves, quoique mal définis, des bronches ou des poumons chez les jeunes enfants (de la naissance à l'âge de trois ans), nés de parents syphilitiques et eux-mêmes hérédo-syphilitiques, mais exempts de manifestations spécifiques apparentes autres qu'une atrepsie parfois grave, guérissent vite et bien, soit par l'iodure de potassium, soit par les frictions mercurielles.

Si la forme latente existe pour la syphilis acquise et pour la syphilis héréditaire, il n'est pas étonnant de la rencontrer dans la syphilis conceptionnelle. Pour notre part, nous avons même tendance à croire que c'est ici qu'elle est le plus fréquente, étant l'exception dans les premiers cas et presque la règle dans le dernier. S'agit-il d'une atténuation par le placenta ou par le mode veineux d'infection ? Nous ne saurions le dire. Nous n'expliquons pas, nous constatons.

Certes, les phénomènes morbides que nous avons mentionnés plus haut sont vagues ; la syphilis s'y montre véritablement atténuée ; aussi passe-t-elle souvent inaperçue : Dès lors, elle est abandonnée à elle-même. Or, au bout d'un nombre variable d'années, elle peut aboutir, — c'est loin d'être une règle — à la formation d'une gomme ou d'un accident tertiaire incontestable. Cet accident disparaît avec une rapidité singulière, surprenante, significative même par le traitement spécifique. Mais si celui-ci n'est pas administré, il peut y avoir des résultats graves selon les localisations, voire même des paralysies. Nous en avons deux exemples.

Il est bien entendu qu'il s'agit ici de femmes contaminées non directement par un mari ayant encore des accidents secondaires — le fait serait banal, tant il est commun — mais bien de *femmes infectées par un fœtus spécifiquement malade* engendré par un père incapable lui-même de transmettre directement la syphilis et exempt, au moment de la conception, de toute manifestation cutanée ou muqueuse syphilitique.

Telle est la *forme atténuée*, la *forme latente de la syphilis conceptionnelle*, sans préjudice des formes graves bien connues : Nous le répétons, la forme légère, ayant été moins remarquée jusqu'ici qu'elle mérite, est beaucoup moins rare qu'on ne le croirait à priori.

Les faits précédents sont à ajouter à tant d'autres. Grâce aux statistiques de Diday, de Fournier, de Le Pileur, etc., nous avons tenté de faire comprendre l'étendue des ravages produits par la syphilis dans la Société et dans le Peuple.

A voir tous ces ménages que le deuil a désolés ou que la maladie a rendus misérables, à voir ces familles dépeuplées desquelles survivent seulement quelques enfants malingres et chétifs, nés pourtant de parents vigoureusement constitués, on se sent pris d'une pitié profonde pour ceux qui, atteints de syphilis, n'ont ni le temps ni l'argent nécessaire pour se bien traiter. Or les médecins seuls peuvent rapporter à leur véritable cause tant de désastreuses conséquences d'une faute bien légère et passagère — si faute il y a (1) — et en tout cas bien lointaine. « Ce fut le tourment de toute ma vie, nous disait encore récemment un vieillard de 68 ans, non pour ma santé personnelle, mais pour les angoisses et les alertes continuelles que faisaient naître en moi les moindres malaises de ma femme et de mes enfants. »

(1) Car de très bons esprits se demandent si la faute n'est pas commise précisément par ceux qui s'abstiennent des fonctions ou des devoirs naturels.

Par ce qui précède, on peut se rendre compte de toutes les affections et de toutes les conséquences sanitaires et sociales qui relèvent de la syphilis. Nous avons voulu seulement ici montrer à quelle terrible ennemie l'espèce humaine avait affaire. Or, il ne se passe pas de jour sans qu'elle fasse de nouvelles victimes.

Pendant ce temps, que fait la Société ? Que doit-elle faire ? Car enfin, il n'est pas possible de supprimer un tel mal par le simple désir de le voir disparaître. Il est consciencieusement impossible de le traiter en « quantité négligeable », suivant l'expression à la mode, ou bien par le sentiment. Il ne suffit pas, hélas ! de décréter :

« De par le roi, défense est faite à la vérole de paraître en ces lieux. »

Nous venons d'exposer à ceux qui nous auront fait l'honneur de nous lire, les suites de cette lésion si insignifiante du début, le *chancre induré*, la sclérose initiale, comme disent les Allemands. Nous savons maintenant où nous conduit cette érosion minime , indolente autant qu'insidieuse. Est-il besoin de dire encore que la description que nous venons d'exposer des méfaits de la syphilis est fidèlement prise sur nature, stricte et exacte, nullement surchargée, nullement amplifiée à plaisir ou pour les besoins de la cause ?

Dès lors, est-il juste, est-il raisonnable de ne rien tenter contre une semblable cause de destruction? Du lecteur incompétent nous en appelons au lecteur éclairé et impartial.

Qu'une épidémie éclate sur les troupeaux, qu'une infection se déclare sur les plantes utiles, immédiatement le monde entier se lève, savants, industriels, agriculteurs, capitalistes joignent et unissent leurs efforts pour combattre et pour enrayer, sinon pour anéantir, le mal.

Ici, il s'agit de l'espèce précieuse par excellence, de l'espèce humaine, compromise, mise en danger. Il s'agit d'un véritable empoisonnement, d'une infection en masse, qui sans cesse propagée, sans cesse renouvelée, se développe sans trêve au travers de nos organes et dans nos tissus.

Est-il sensé d'y assister indifférent et de laisser ce mal redoutable se propager à son aise? Devant un fléau si violent, faut-il donc toujours s'incliner? Est-il même *permis* de s'y résigner indéfiniment et de s'y soumettre comme à une fatalité inéluctable? Ou bien n'est-ce pas un devoir de réagir, de pousser le cri de révolte, et n'est-ce pas manquer à notre mission que de laisser une pareille tare à nos descendants?

Finissant comme nous avons commencé, nous laissons le public juge, mais nous avons confiance que sa réponse sera la nôtre.

Dès lors, a-t-on eu la volonté d'en finir avec le mal? A-t-on tenté de s'en affranchir? Lui a-t-on opposé des moyens appropriés ou suffisants? C'est ce qu'il convient maintenant d'examiner.

D'après le Traité de Joseph Grunpeck de Burckhausen,
publié en 1496.

SECONDE PARTIE

HYGIÈNE SOCIALE

CHAPITRE PREMIER

NÉCESSITÉ DE LA SURVEILLANCE DE LA PROSTITUTION CLANDESTINE (1)

En 1886, Thiry, professeur à l'Université de Bruxelles, membre et ancien président de l'Académie royale de Belgique, insistait sur les résultats, désastreux pour la Santé publique, de la croisade entreprise contre les règlements hygiéniques par des personnes qui prennent conseil « plutôt d'aspirations idéales que des nécessités de la vie réelle. » C'est bien, en effet, aux académies de médecine qu'il convient de faire entendre la voix de l'observation et de la science, et qu'il appartient de faire la lumière. C'est au nom de la vitalité physique et morale des nations qu'il faut jeter de nouveau le cri d'alarme et réclamer les mesures protectrices de la santé, la *loi sanitaire*. Nous voudrions en convaincre nos lecteurs et aussi les Pouvoirs publics de

(1) *Bulletin médical*, 17 juillet 1887, Barthélemy.

qui seuls dépend la solution pratique du problème.

La prostitution a été de tous les temps, de tous les âges, de toutes les latitudes ; ce n'est pas toujours la misère qui en est l'instigatrice. Elle a résisté à toutes les lois, à toutes les persécutions, aux puissances temporelles et spirituelles : qu'elles aient été prêtresses autrefois, ou bien qu'elles aient été brûlées vives, les prostituées sont aujourd'hui aussi nombreuses que jamais. « Supprimez les prostituées, disait St Augustin, vous troublerez la société par le libertinage. » Et nous pensons avec Thiry que St Augustin avait raison. La prostitution limite la débauche. On ne peut en vérité exiger de tous les hommes la chasteté jusqu'au mariage : La chasteté n'est souvent qu'affaire de tempérament. L'amour, ou si l'on veut, l'union des sexes est une loi de nature, le mariage n'est qu'une institution de l'homme. La pratique de la vie exige autre chose qu'une sentimentalité mauvaise conseillère. Et c'est peu sage, à notre avis, de rêver l'abolition de la prostitution. Il nous semble que sa suppression amènerait des maux pires. Il faut ne pas fermer les yeux à la lumière et voir l'espèce humaine telle qu'elle est. Parlons net : Pour la nature, l'individu n'est rien, l'espèce est tout ; l'individu est le moyen, la perpétuation de l'espèce est le but. Dès lors, pourquoi s'étonner que les besoins sexuels soient impérieux ? Cette *Vis generatrix*, si magnifiquement chantée par Lucrèce (1) n'avait-elle pas déjà frappé ce

(1) Lire l'Invocation à Vénus au début du Liv. I, « *de naturâ* » *rerum*. »

grand philosophe par son universelle puissance? Et, de nos jours encore, qui soutiendrait sérieusement que la copulation joue un rôle moindre que la digestion ? Pour notre part, nous croyons que ces fonctions ont toutes deux une grande importance, mais que, si l'une doit primer l'autre, ce n'est pas la digestion. Nous apercevons toutefois une différence : on mange au moins deux fois par jour; il serait peut-être difficile de soumettre pour la fornication un chacun à un régime analogue indéfiniment continué. Eh bien, si l'importance des fonctions est au moins égale, pourquoi se refuser à faire pour l'une ce que l'on a eu si bonne idée de faire pour l'autre? Pourquoi ne pas faire pour l'acte sexuel ce que le laboratoire municipal fait avec tant de succès *ad majorem sanitatem omnium*, pour l'acte digestif? Ici plus que partout ailleurs, de par la gravité et la durée de l'empoisonnement, il importe d'empêcher qu'il y ait tromperie sur la qualité, qu'il y ait adultération du produit et intoxication du consommateur. La digestion, c'est l'individu ; la copulation, c'est la race. C'est dans le besoin de copulation, besoin souvent inconscient, que la prostitution trouve sa véritable raison d'être.

Quoi qu'il en soit de ces appréciations qui ne sont que de simples réflexions étrangères au fond même de la question, qu'on la juge utile ou haïssable, qu'on la considère ou non comme un mal nécessaire, la prostitution existe; c'est là un fait tel qu'il échappe à toute discussion. Eh bien, du moment qu'elle existe, il faut qu'elle soit réglementée, car, si l'on ne peut la supprimer, il faut au moins la rendre inoffensive, l'empêcher de nuire. Or, pour cela, il n'est pas d'autres moyens que la réglementation sévère, la surveillance minutieuse et constante, l'inscription des filles publiques, l'obligation des visites sanitaires — et surtout, et avant tout, la poursuite à outrance de la prostitution clandestine, source de tous les maux que nous déplorons.

D'une part, la liberté de chacun ne saurait être un obstacle à la sauvegarde de tous. D'autre part, la dignité de la femme ne saurait réclamer la libre propagation des maladies vénériennes. Et nous disons, encore avec Thiry, que nous croyons être en cela les plus sincères défenseurs de la moralité et de la vraie liberté : « La liberté qui permet l'empoisonnement de toute une population ne mérite plus le nom de liberté. »

La prostitution, telle qu'elle existe, est de tous points comparable aux établissements insalubres ; il s'agit, non de l'interdire, mais de l'assainir. Il faut prendre contre elle les mêmes mesures que contre les industries malsaines auxquelles elle est entièrement assimilable. Contre la diffusion de la vérole, il faut adopter des mesures de sécurité analogues à celles qui sont à prendre contre la propagation du choléra, de la variole, de la diphthérie et des autres maladies épidémiques et contagieuses. Qui hésitera quand on saura que *quatre-vingt-cinq pour cent* des maladies vénériennes sont communiquées par la prostitution clandestine ?

L'organisation de l'hygiène sera la gloire de notre siècle ; cette organisation, faite par les médecins, grâce à leur ténacité qui peu à peu a triomphé de l'inertie administrative et même de l'ignorance générale, a déjà rendu les plus grands services. L'hygiène, qui a un rôle épurateur par excellence, ne peut se désintéresser de la question réellement majeure de la réglementation de la prostitution. Il faut que la loi marche ici avec l'hygiène. Et notez que, depuis le commencement de ce siècle, ce sont les médecins qui réclament ces mesures sanitaires : ce n'est certes pas pour faire opposition aux idées dites libérales, ce n'est pas non plus par ambition ou par intérêt, puisque, au contraire, le résultat recherché est en opposition directe avec la prospérité médicale. En jetant ce cri d'alarme, les médecins sont guidés uniquement par le désir d'être utiles, par l'intérêt de l'humanité. Pourquoi donc les médecins sont-ils seuls à réclamer les dites mesures ? C'est que seuls ils peuvent se rendre compte de l'étendue et de la profondeur des ravages et des malheurs produits par la syphilis, ce fléau qui choisit ses victimes parmi les innocents non moins que parmi les coupables et qui mérite d'être placé, comme l'a fait Fournier, au nombre des principaux facteurs de dépopulation.

Il faut se rappeler que la syphilis fait plus de victimes que toute autre maladie. Ses méfaits sont tels que si les syphilitiques n'étaient, dans le monde, que quelques-uns ou en nombre très restreint, il n'y aurait certes pas à hésiter dans le choix des mesures : il y aurait lieu d'adopter le traitement qu'a fait subir Moïse à 23.000 hommes et à 32.000 femmes du peuple moabite ! S'ils étaient modérément nombreux, il faudrait les isoler aussi sévèrement qu'on a fait jadis pour les malades atteints de lèpre. Grâce à cette énergie, cette maladie, cette terrible maladie, est à peu près éteinte de nos jours dans nos pays ; dans l'état actuel de nos mœurs, avec la sensiblerie contemporaine, la lèpre n'eût jamais disparu. . Mais les syphilitiques sont légions ; il ne reste donc pas d'autre parti à prendre que de les rendre inoffensifs. Or, quoi de plus facile, puisque la principale cause de la propagation du Maître-Mal — comme disent les Arabes — est connue ; puisqu'elle réside dans la prostitution libre, la prostitution clandestine ?

La syphilis constitue pour l'espèce humaine une menace permanente. Vicieuse ou accidentelle, la contamination s'exerce depuis la naissance jusqu'à l'âge le plus avancé : Et ce ne serait pas pour la Société un droit de se défendre ! Et ce ne serait pas pour l'Autorité un devoir d'exercer sa bienfaisante protection et d'intervenir et de surveiller !

La femme ne peut donner la syphilis que si elle l'a reçue. En équité absolue, les hommes devraient donc aussi être soumis à la surveillance ; mais cette mesure est bien difficile à réaliser ; or, dans la question qui nous occupe, pour obtenir de bons résultats, il faut des choses pratiques. Nous reviendrons néanmoins sur ce point en étudiant le détail des mesures à proposer. Nous ne traitons ici que la question de fond.

Si on n'a pas le bien absolu, qu'on ait au moins mieux que ce qui est. On n'arrête pas tous les voleurs, est-ce une raison pour les laisser tous libres et impunis ? Il est inutile d'insister sur ce fait que la femme est l'agent principal de contamination et qu'elle jouit d'une puissance de rayonnement de beaucoup plus étendue que celle de l'homme. Toutefois, comme le demande avec tant de raison Fournier, il faut considérer les syphilitiques, non comme des criminels, mais bien et seulement comme des malades; il est vrai que ces malades sont redoutables, parce qu'ils sont contagieux pendant longtemps, mais ils sont bien dignes de pitié et de soins parce qu'ils ont été bien malheureux et que, dans une certaine mesure, l'organisation défectueuse de la Société est la cause responsable de leur malheur. Humanité et douceur, telle doit donc être la devise des réformateurs. Pour les malades, ce sont des hospices et non des prisons qu'il faut, et pour les prostituées, puisque la surveillance est indispensable, il est nécessaire que les surveillants soient choisis avec discernement.

Ces considérations ont été vraies de tout temps et pourtant, jusqu'à nos jours, les *agents des mœurs* ont été choisis parmi les moins aptes à remplir cette mission délicate. On eût dit, en vérité, que l'administration ne cherchait qu'à provoquer des occasions, soit de scandale, soit de protestations de la part de ses adversaires. Combien d'agents ont abusé de leur pouvoir spécial pour obtenir des femmes ce qui leur aurait été refusé en toute autre circonstance ! Certaines femmes, sans défenseurs, jusque-là innocentes, ont succombé par la crainte de l'agent assermenté et de l'inscription. Toutes n'ont pas le courage de résister comme cette jeune actrice qui a su flétrir les odieux agents qui avaient fait le projet d'abuser d'elle, ou, en cas de refus, de provoquer sa mise en carte ! En vérité, de tels hommes n'étaient faits que pour soulever l'indignation publique. D'autres fois, ce sont de respectables épouses, voire des vierges, qui, par erreur, ont été traînées sur le lit à speculum ! Il en est résulté que l'institution de la police des mœurs, battue en brèche, a croulé sous la réprobation générale.

Mais ne se trouve-t-il pas de temps en temps un fonctionnaire, gardien de la paix ou autre, indigne, assassin, voleur, débauché ? Est-ce donc une raison pour laisser le champ libre aux criminels ? Il ne faut pas davantage laisser le champ... ou le trottoir... libre à la vérole. L'administration, pour les postes si délicats d'agents préposés à la surveillance des mœurs, devra choisir des sujets d'élite convaincus de l'utilité de leur rôle et des services sociaux que leur zèle est appelé à rendre ; elle ne s'adressera qu'à des hommes éclairés, scrupuleux, doués de tact et de discernement, dignes en un mot ; elle devra par conséquent les bien payer, et les entourer de considération. De même qu'on trouve encore des caissiers fidèles, de même on trouvera pour les missions hygiéniques que nous demandons des agents consciencieux. La Société honorera volontiers ceux qui seront chargés de veiller sur sa santé. Qu'on supprime le nom usé de *police des mœurs;* il s'agit de malades et non de coupables; qu'on crée des *inspections d'hygiène.* De cette façon, on supprime les abus de l'institution et on n'en garde que les avantages. La provocation ne pouvant être empêchée sera restreinte dans les limites convenables, et les femmes qui commettront ce *délit* seront saines. D'ailleurs l'inscription ne pourra être décidée qu'après débat contradictoire juridique et non plus administrativement.

Quant aux femmes reconnues malades, certes elles devront être mises dans l'impossibilité de nuire pendant toute la durée de la période contagieuse de leur mal; mais elles devront être soignées avec bienveillance et douceur, et non pas comme autrefois où le premier acte du traitement était la flagellation. Il y a, en effet, un intérêt majeur à ce que les malades cherchent, non à se soustraire aux mesures réglementaires, mais à s'y soumettre.

Fournier indique d'ailleurs presque tous les détails de l'application. Mais, n'empiétons pas sur le domaine du législateur. Depuis assez longtemps la question est discutée; elle est mûre aujourd'hui : de la théorie, elle doit passer dans la pratique. Il faut être de son temps et voir la Société telle qu'elle est en réalité. La décision à prendre devra être conforme à l'intérêt général : La santé publique est directement en jeu; les gouvernants ont le devoir de ne plus s'en désintéresser plus longtemps.

On peut dire que les principes que nous défendons sont applicables à tous les pays : C'est même de cette manière — en attendant le triomphe définitif de la méthode de l'atténuation des virus (1) que l'on arrivera le plus vite à l'extinction totale de cette affreuse maladie. Tous les États civilisés devraient sincèrement unir leurs efforts pour le succès de cette œuvre de salut pour l'humanité. C'est *contre la vérole* que devrait se fonder la *ligue universelle* par excellence.

C'est à une conclusion analogue qu'est arrivé Thiry dans son travail où l'expérience, les méditations et l'érudition sont à remarquer (2).

Les habitants de Lambsaque fondèrent jadis le culte de Priape protecteur de la fonction sacrée de la génération. Que le Gouvernement cesse d'être table et surtout... cuvette, et qu'il saisisse cette belle occasion de devenir Dieu! Aucune mission ne concourra jamais à la suppression de plus de douleurs physiques et de plus de misères morales ; aucune ne sera plus bienfaisante. C'est là, nous le proclamons de nouveau, une *loi de préservation sociale*, une *œuvre de salut pour l'espèce humaine* au triomphe de laquelle les médecins se feront gloire de consacrer leurs efforts : *Publica sanitas medicorum suprema lex.*

(1) Chauveau, *Méthode d'atténuation des virus au moyen de l'oxygène*, Lyon, 1889.
(2) Thiry, *De la Prostitution*, Bruxelles, 1886.

CHAPITRE II

LA PROPHYLAXIE PUBLIQUE DE LA SYPHILIS A PARIS

Il n'est pas d'actualité plus intéressante que la lutte qui, depuis une dizaine d'années, se livre autour des questions se rattachant à la santé publique. Malgré les grands efforts réalisés, il est impossible encore de dire de quel côté sera le triomphe définitif : le moment n'est donc pas venu de quitter la lice. Sont en présence, d'une part, les *philosophes*, d'autre part, les *médecins;* en d'autres termes, les partisans de la prostitution libre — on pourrait dire de la contamination libre — et, d'autre part, ceux de la sauvegarde de la santé publique. On voit que les intérêts qui sont en cause sont de premier ordre; toutefois, il est certain qu'avant d'exister sous une forme d'institution plutôt que sous une autre, il faut d'abord exister, *primo vivere.* Les philosophes n'admettent aucune transaction ; ils se montrent intraitables sur ce point que le domaine de la liberté individuelle doit être à jamais respecté jusque dans ses plus extrêmes limites; entraînés

par l'ardeur de leurs convictions, et peut-être aussi
par l'acharnement de la lutte, ils n'hésitent pas à
sacrifier l'intérêt général. Leur principale critique
porte sur les abus policiers, sur la suppression desquels tout le monde est d'accord. Une autre, erro-
née d'ailleurs, consiste à soutenir que la syphilis,
voire les maladies vénériennes, sont relativement
plus fréquentes parmi les filles inscrites que chez
les insoumises, et que les premières sont plus dangereuses parce qu'elles ont plus de rapports, et, par
conséquent, plus d'occasions de contamination. Les
statistiques invoquées ne prouvent qu'une chose,
c'est que les prostituées libres se dérobent dans une
proportion effrayante aux examens médicaux auxquels ne peuvent se soustraire les autres. L'observation journalière démontre, au contraire, que
l'immense majorité des hommes malades a été
victime de la prostitution non surveillée.

Au point de vue spéculatif, les arguments des
philosophes sont sans doute de plus grande valeur;
mais les personnes les plus impartiales sont contraintes de reconnaître que tous, publicistes, écono-
mistes, moralistes, ne se placent qu'au point de vue
théorique, et que, par conséquent, ils ne jugent la
question que par son moindre côté. Il en résulte que
les conséquences pratiques et lointaines leur
échappent forcément ; le contraire eût seul été surprenant, puisque, par le fait même de leurs préoccupations extra-médicales, ces écrivains manquent
des éléments nécessaires pour apprécier le fond
même du sujet en litige ; pratiquement, il leur est

impossible d'être compétents. Les idéologues connaissent mal la syphilis puisqu'ils ne lui font pas l'honneur de la considérer comme un ennemi dangereux. Combien leur jugement serait différent, nous en sommes bien convaincu, s'ils contractaient à leur tour cette syphilis qu'ils décrètent si légèrement pour les autres ! Nous parlons ici de la vraie vérole, et non de ces lésions purement locales qu'un certain parti affecte de confondre avec la syphilis. Que ne souffrent-ils de cette *vérole philosophique,* non seulement dans leur entourage, mais encore dans leur descendance ! Combien vite alors les verrait-on se rallier à des doctrines plus prévoyantes et plus préservatrices ! L'observation prouve que personne ne peut dire : « Je serai toujours garanti de la vérole parce que je suis très vertueux. » Et ceci s'applique à toutes les familles, sans exception. Sous prétexte de liberté, qu'on n'arrive donc point à la licence et qu'on ne compromette point la vie ou même la santé, sans laquelle rien n'est possible. Pour le triomphe d'un principe, a-t-on le droit de sacrifier l'humanité ?

Il est tout naturel que les médecins placent la santé au premier rang et qu'ils se montrent plus soucieux de ce qui fait l'objet de leurs études. Frappés de tant de misères et de désastres, ils ne peuvent, si libérales que soient leurs aspirations, laisser se répandre librement un tel mal et ils ont pour objectif et pour devoir de tenter de le réduire au minimum des cas inévitables. Agir autrement serait trahir leur mission ; plus ils rencontreront de difficultés sur leur chemin, plus ils auront un grand mérite, quand, plus tard, grâce à leurs efforts, la cause de la raison, de la vérité et de la santé aura fini par triompher.

La prophylaxie publique de la syphilis à Paris (1).

En 1888, l'Académie de médecine de Paris aborde à son tour la question de la prophylaxie de la syphilis. Compagnie trop éclairée pour ne pas oser aborder de front toutes les améliorations possibles, particulièrement compétente, elle doit, d'une part, être attentive à tous les faits scientifiquement démontrés, et, d'autre part, se montrer vigilante pour tout ce qui touche de près la santé publique. Tel est son droit ; nous dirons plus, tel est son devoir. L'Académie de médecine a là une merveilleuse occasion de rendre au Pays un éclatant service, en organisant la défense et la victoire contre le terrible fléau. Qu'elle use donc de sa grande autorité et de sa légitime influence pour convaincre l'Administration et les Pouvoirs publics de la nécessité qu'il y a enfin à s'occuper d'un danger si redoutable pour la santé générale, voire pour la race !

Partout, de Belgique en Russie, la question, la même, est presque simultanément mise à l'ordre du jour ; partout on cherche à s'organiser pour cette défense : les travaux récents en font foi. En France,

____

(1) Barthélemy, *Union médicale,* 1888, 10 mai.

alors que la population décroît, alors qu'il naît moins d'enfants, en laissera-t-on mourir dont on aurait pu empêcher la perte ? Pourquoi rester dans une coupable indifférence, dans une funeste expectative ? Il y a un danger énorme, pressant ; l'Académie le sait, elle qui, tous les jours, cherche à en combattre les tristes effets. Le temps n'est-il pas venu de faire violence à la routine, de tenter, de ce côté aussi, quelque progrès, et de réaliser enfin quelque amélioration sur ce qui existait il y a cinquante ans ? Quand même l'honneur de la science ne l'exigerait pas, l'intérêt des populations françaises imposerait l'institution de garanties plus efficaces, moins illusoires que les garanties actuelles. Certes, il n'est pas question de supprimer l'Amour, — qui le voudrait à l'Académie ? — mais il est de toute nécessité de l'assainir.

Qu'en principe, la prostitution soit un mal, cela ne fait de doute pour personne ; mais il nous semble que, dans l'état actuel de la Société, c'est un mal nécessaire ; en tous cas, de tous temps, dans tous les pays, elle a existé. Si donc elle doit disparaître, il est certain que le jour n'est pas proche. *En attendant*, il y a lieu de se prémunir contre les inconvénients qu'elle comporte, qu'elle dissémine, qu'elle distribue en grand nombre et aux plus innocents, jusqu'aux enfants nouveau-nés, jusqu'à ceux qui viennent de naître ! D'ailleurs, ceci touche plus le moraliste que l'hygiéniste. La prostitution existe actuellement, *voilà le fait;* de nos jours, elle sème la mort et la maladie en propageant les maladies vénériennes, voilà ce qui, seul, doit préoccuper le médecin contemporain. Le clinicien réclame la réglementation et, par suite, l'inscription, parce que c'est *la seule manière d'arriver à une surveillance médicale qui soit efficace et protectrice*. La réglementation est le contraire de l'abus, de l'arbitraire. Ce ne sont certes pas les hommes les plus libéraux ni les plus bienfaisants, ni les plus justes, ni surtout les plus judicieux, qui demandent la liberté, même pour les prostituées, et qui s'opposent à l'inscription ! C'est là un fait sur lequel il y a unanimité pour tous ceux qui connaissent et comprennent bien la question.

Sous le prétexte spécieux de se cantonner dans les spéculations exclusivement scientifiques, par une vaine raison de réserve toute déplacée, ou du moins fort exagérée, ou par un fallacieux argument de dignité mal comprise, que l'Académie ne refuse pas de se prononcer, qu'elle ne se désintéresse pas de cette question où seule elle peut décider en connaissance de cause ! Et une fois la décision prise, qu'elle en poursuive la réalisation et s'efforce de la faire aboutir ! Elle ne peut se croiser les bras ni se taire ! Loin de se compromettre, elle gagnera en prestige, même si sa voix n'est pas entendue aujourd'hui. L'avenir lui rendra justice et elle aura du moins l'honneur d'avoir donné l'avertissement dans le péril, et, pour détruire le mal, d'avoir fait son devoir ! Que l'Académie profite de l'occasion qui se présente pour contribuer à délivrer la Société d'un vieil et cruel ennemi ! Qu'elle prenne l'initiative de la discussion et de la réalisation des réformes, laissant seulement aux hommes spéciaux le soin d'établir les détails et de parfaire l'application. Là est le bien ; là est la vérité... Tout le reste est pur mirage de raison.

Mais élevons le débat. A Paris, notamment, le mal s'étend chaque jour ; on y a pu remarquer la recrudescence du fléau après chaque affluence d'étrangers, par exemple, après chaque grande Exposition. Or, la province, et les faits le démontrent, ne peut, au point de vue sanitaire tout au moins, rester indifférente à ce qui se passe dans la capitale. Bien plus, toutes les classes de la Société, toutes les nations mêmes y sont intéressées. Fournier nous montre dans son rapport que la syphilis des filles de rue peut rebondir jusqu'aux femmes de foyer et atteindre les familles les plus honnêtes ; de même, la syphilis des pays étrangers rebondit sur celle du nôtre et inversement, peut-on ajouter. C'est une conséquence forcée des modifications dans les relations des peuples, dans les moyens de transport, dans la diffusion des richesses, dans les communications plus rapides et plus fréquentes. De nos jours, il n'est plus un pays qui ne soit directement intéressé à la santé des autres. Dans l'espèce, aucune nation ne peut sagement s'abstenir dans la lutte contre la vérole.

Il serait donc tout indiqué, il serait nécessaire de s'entendre à ce sujet. Il nous semble, pour notre part, que ce serait là une belle tâche pour le Congrès international de syphiligraphie, et même pour celui d'hygiène, qui auront lieu à Paris, lors de la prochaine Exposition universelle.

Quoi qu'il en soit de tout ce qui précède, nous le répétons, un mal immense existe ; les choses ne peuvent raisonnablement rester en l'état. En vérité, il ne faut plus que, selon l'expression des anciens, l'acte destiné à donner la vie puisse être cause que la source de la vie soit tarie !

Mais, sans plus abuser de la patience des lecteurs, et souhaitant seulement que l'appel de Fournier soit entendu et que des améliorations soient réalisées sans trop tarder, nous allons entrer en matière.

I. — Le rapport de Fournier (1) est — est-il besoin de le dire ? — très clair et très méthodique, très élégant et si complet qu'il échappe à l'analyse. Tout s'y tient et s'y enchaîne au point que le rapport doit être lu en entier et médité. Non seulement la question est bien présentée dans son ensemble, dans son importance, dans ses conséquences actuelles, mais on peut dire que jusqu'ici, dans aucun travail, elle n'a été envisagée avec autant de justesse, d'ampleur et de largeur de vues, avec autant de libéralité et d'équité, et surtout avec au-

(1) Rapport à l'Académie de médecine au nom d'une commission composée de MM. Ricord, Bergeron, Le Roy de Méricourt, Léon Le Fort, Léon Colin, Alfred Fournier, rapporteur (*Bull. de l'Acad.*, juin 1887, et *Annales d'hygiène publique et de médecine légale*, 3ᵉ série, t. XVIII).

tant d'humanité. Le rapport signale les points défectueux et perfectibles ; de plus, il indique les moyens de réaliser les améliorations désirables et rêvées. Les propositions même qui ne sont pas d'une application facile trouvent leur raison d'être et leur explication dans les qualités si éminentes de cœur, dans la bonté, dans le désir d'être utile et secourable, dans la volonté de réparer des dommages et de supprimer des souffrances ou des injustices.

Plusieurs faits, bien démontrés, ont servi de base et de point de départ à ce travail :

1° L'excessive fréquence de la syphilis dans la population et les désastres qu'elle occasionne ;

2° L'effroyable mortalité qui sévit sur les enfants hérédo-syphilitiques ;

3° L'insuffisance notoire du système actuel de prophylaxie syphilitique et de l'ensemble des mesures administratives et autres qui sont *censées* protéger contre la syphilis.

II. — La *syphilis* n'est pas ce qu'on la représente en général, ou telle que la jugent ceux qui ne la connaissent que de nom ou de renom. Fournier est bien obligé d'insister sur ce fait que certains médecins oublient et que les gens du monde ignorent, *puisque la solution du problème échappe à l'action médicale et dépend de personnages étrangers à la science médicale.* Or, il faut le faire entendre à tous, la syphilis est une affection stable, permanente, ultra-féconde en manifestations de tous genres, les unes légères, les autres sérieuses, quelques-unes mortelles. Même dans ses périodes de silence, la diathèse acquise est là qui veille, guettant les moindres défaillances de la résistance de l'économie.

Qui, mieux que Fournier, pouvait traiter cette question avec autorité, lui qui a le plus contribué à faire passer l'étude de la syphilis de la *période tégumentaire*, pour ainsi dire, à la *phase médicale?* Or, il ajoute : « C'est une diathèse qui s'empare de tout l'être, et qui n'est réduite au silence que par un traitement très prolongé. » Il faut bien savoir ce fait pour expliquer l'importance qu'attachent à sa répression ceux à qui incombe le soin de veiller à la santé publique. Oui, en réalité, la syphilis est une maladie désastreuse, néfaste, par les dangers multiples qu'elle comporte ; ces dangers sont de trois ordres : *a. Dangers individuels. — b. Dangers héréditaires. — c. Dangers sociaux.*

Nous ne pouvons rappeler ici que quelques exemples :

A. Nombre de syphilitiques meurent par le cerveau, du fait de leur syphilis ; c'est là un fait qui s'impose, une vérité qui n'est plus actuellement ni contestable, ni contestée.

B. De 71 à 86 p. 100, tel est le chiffre navrant des morts dans la progéniture des sujets syphilitiques. Est-ce assez dire quelle part prend la syphilis dans la mortalité générale de l'enfance ? Sans compter toutes les affections graves, jadis imputées à la scrofule, et qui ne sont que des manifestations tardives de l'hérédité syphilitique.

C. Principales infirmités sociales.

Infirmités diverses ; incapacité de travail ; misère ; surcharges budgétaires pour l'assistance publique ; non-valeur permanente d'un grand nombre de militaires ; diffusion incessante de l'infection dans la population ; dangers afférents au mariage ; contaminations conjugales, d'où désunions, séparations, divorces.

Syphilisation fréquente des nourrices, stérilisation d'un certain nombre d'unions ou, ce qui est pis encore, étiolement, abâtardissement, dégénération de la race.

Enfin, polymortalité des jeunes constituant un très actif facteur de dépopulation, etc.

« La *syphilis* et *l'alcoolisme* constituent ce qu'on peut appeler les *deux plaies sociales de l'époque actuelle*. C'est un cri d'alarme qu'ont jeté de vieille date médecins et hygiénistes. » Parent-Duchatelet (1), Michel Lévy (2), et beaucoup d'autres ont fait entendre de touchantes, d'éloquentes protestations contre l'indifférence en pareille matière.

Nous ajouterons : Une seule chose confond l'imagination, c'est l'inertie des pouvoirs publics en face de fléaux pareils. Et dire qu'en Angleterre on a soutenu que la *vérole était d'essence divine*, et avait été inventée pour mettre un frein utile à la velléité fornicatrice ! En vérité, on croit rêver

(1) Parent-Duchatelet, *De la prostitution dans la ville de Paris*, 2 vol. in-8°, 1837.
(2) Michel Lévy, *Traité d'hygiène publique et privée*, 6ᵉ édition, 1879.

quand on pense que c'est pour une telle raison que, dans la patrie d'Hutchinson, on a supprimé les *contagious diseases Acts*. Il en est pourtant ainsi et non pas, comme on l'a écrit récemment, parce qu'ils n'avaient produit que des déceptions. D'abord ils n'ont jamais été mis en vigueur à Londres, mais seulement dans *quatre* grandes villes *maritimes*. Ensuite, à Plymouth notamment, les résultats avaient été si satisfaisants que, députés whigs et tories, tous avaient été convaincus par les faits et étaient devenus, sans distinction de parti, d'ardents partisans de ces mesures salutaires et bienfaisantes.

Fournier n'est pas moins véridique quand il démontre que la *syphilis n'est pas un certificat de débauche*. Elle est loin d'être toujours *une maladie méritée*. Elle ne signifie rigoureusement que ceci : Contagion dans *une* rencontre malheureuse, cette rencontre pouvant être la première ou la seule! D'ailleurs, la syphilis fût-elle méritée, serait-il charitable de s'en désintéresser? Poser la question, c'est la résoudre.

Mais, nous le demandons, *sont-elles méritées* ces syphilis, en si grand nombre, que les femmes mariées et honnêtes reçoivent de leur mari, soit que ce mari, syphilisé dans sa vie de garçon, se soit présenté prématurément au mariage, soit qu'il ait contracté la maladie après le mariage ?

Sont-elles méritées aussi ces syphilis, en si grand nombre, que les nourrices reçoivent de leurs nourrissons, pour les transmettre ensuite, soit à leurs

enfants, soit à leurs maris, soit à d'autres nourrissons ? *Sont-elles méritées* encore ces syphilis que
les nourrissons reçoivent de leurs nourrices?

Était-elle méritée la syphilis de cette petite
fille d'excellente ·famille qui fut infectée par sa
petite bonne? Celle-ci tenait son mal d'un soldat
de la garnison. La mère ne tarda pas à être contaminée par son enfant, et le père, déjà souffrant,
il est vrai, ne tarda pas à succomber sous le coup
de si grands chagrins.

Sont-elles méritées, enfin, ces syphilis, en
nombre infini, que les enfants apportent en naissant et qui les tuent pour la plupart?

Et toutes ces syphilis *d'origine non vénérienne*
qui résultent d'un simple contact accidentel et dont
nous ne pouvons ici entreprendre même l'énumé-
ration : syphilis vaccinale, des verriers, des enfants
par les jouets, des médecins, des sages-femmes,
des infirmiers, des parents des malades, etc., etc.?

Ce n'est là d'ailleurs qu'une discussion futile ;
car, qui ne voit que, méritées ou imméritées,
*toutes les syphilis sont rigoureusement solidaires
et que celles-ci sont les filles de celles-là?*

Voici encore une phrase à fixer dans le souvenir : « L'expérience clinique nous montre chaque
jour la syphilis rebondissant du bouge le plus
abject au foyer le plus honnête... Conséquemment,
poursuivre la syphilis de la prostituée, c'est protéger *ipso facto* la femme honnête et l'enfant inno-
cent ; agir autrement, c'est commettre un non-sens
en hygiène. » Et d'ailleurs pourquoi ces distinc-

tions ? Partout où est le mal, d'où qu'il vienne, il faut le combattre et le détruire ; voilà la voie vraiment grande et juste, la seule à suivre ! Quel médecin ne sera pas frappé de la justesse de ces réflexions ?

Dans un travail plus récent (*Acad. de méd. de Paris*, 25 octobre 1887), Fournier est revenu sur ce chapitre si important des *syphilis imméritées* avec des statistiques nouvelles et toujours plus concluantes, si possible.

Dans ces conditions, la Société a le droit de se défendre contre le fléau syphilitique ; elle a le devoir de protéger contre lui tous ses membres ; elle doit s'attacher à l'atteindre dans toutes les sources dont il dérive.

Ayant signalé *le mal*, Fournier cherche à faire connaître *le remède*. — Il faut combattre la syphilis. Or, il n'est que quatre façons de l'attaquer :

1° *Prophylaxie administrative.* — En instituant un ensemble de mesures administratives et policières ayant pour visée d'entraver la *provocation sur la voie publique*, de soumettre les prostituées au *régime de l'inscription*, de surveiller les établissements qui, déguisés sous les noms de brasseries ou de débits de vins, ou de boutiques diverses, ne sont en réalité que des maisons de *prostitution libre* ou *clandestine*, etc., etc.

2° *Traitement.* — *Hospitalisation.* — En traitant la syphilis, en l'hospitalisant, en éteignant les germes de contagion.

3° *Réforme dans l'enseignement.* — En initiant

plus complètement que jusqu'alors les jeunes générations médicales à l'étude de ce déplorable mal.

4º En organisant la prophylaxie de la syphilis dans les armées de terre et de mer, ainsi que dans divers établissements touchant à des services publics, tels que les bureaux de nourrices, etc.

Tel est le plan d'études qu'a suivi la Commission dans ses travaux et auquel, pour notre plus grande instruction, nous initie le rapporteur. Fournier se défend d'avoir tout dit sur la question, il ne croit pas non plus avoir abouti à des conclusions qui satisferont tout le monde. Mais il cherche à convaincre les lecteurs qu'un grave danger menace la santé publique, et que, si des perfectionnements ultérieurs doivent être réservés à l'avenir, il est du moins possible de réaliser dès maintenant des réformes capitales et éminemment salutaires.

A l'unanimité de ses membres, la Commission a reconnu :

Que la prostitution crée un *danger public* par les contages vénériens qu'elle dissémine dans la population ;

Que la prostitution non surveillée est de beaucoup la plus malfaisante ;

Qu'il est indispensable, au double point de vue de l'hygiène et de la morale (exemple de démoralisation), que la prostitution soit surveillée, et, s'il y a lieu, réprimée par les pouvoirs publics.

Reprenons maintenant, en détail, chacune de ces divisions.

1º *Prophylaxie administrative.* — La provocation est la seule manifestation extérieure par laquelle la prostitution insoumise peut être atteinte. On a fait une difficulté artificielle de la définition de la provocation. Le problème n'est pas plus délicat que pour l'escroquerie ou pour tout autre délit soumis à l'appréciation des tribunaux. Citerons-nous le cas d'un de nos malades, qui se promenait tranquillement et sans penser à rien (c'est toujours ainsi), quand une dame lui vole son parapluie et se sauve rapidement dans un hôtel voisin. Le passant court et disparaît dans la maison. Quelques instants après, il en sort avec son parapluie, mais aussi avec les germes d'une blennorrhagie qui éclata quelques jours plus tard. Eh bien, dans ce cas, nous le demandons aux plus hésitants, le délit est-il douteux ?

Documents en main, Fournier fait une étude des divers modes sous lesquels la provocation s'exerce sur la voie publique ou dans les boutiques (femmes de brasseries, femmes de débits de vins), notamment celle qui rayonne autour des collèges et qui a pour résultat l'excitation des mineurs à la débauche. La Commission demande que de tels faits soient réprimés *comme des délits* et non *comme de simples contraventions*. Chacun sait que le délit ne peut être déclaré qu'en vertu d'un jugement, tandis que la contravention ne relève que du procès-verbal, c'est-à-dire de l'arbitraire. Dès lors, toute fille reconnue coupable du *délit de provocation* devra être soumise à l'*inscription*; ce qui est le seul moyen de la soumettre efficacement à la *sur-*

veillance médicale, et cela, non seulement dans l'intéret de sa santé à elle, mais surtout dans l'intérêt de ceux qu'elle aura entraînés ou séduits par le fait même de sa provocation.

« L'inscription d'une fille coupable du délit de provocation ne pourra jamais être prononcée que par *un tribunal* et après *débat contradictoire.* »

C'est là une des mesures dont on doit savoir le plus de gré à la Commission et à son rapporteur. C'est le seul moyen d'empêcher les monstruosités que *l'arbitraire* a laissé commettre dans ces si délicates fonctions, monstruosités qui ont soulevé l'indignation publique et anéanti la police des mœurs. C'est cette mesure seule qui permettra aux adversaires de la répression légale de revenir sur leur parti pris.

Qu'on ne vienne pas ici invoquer les droits de la liberté individuelle : on ne peut faire ce qu'on veut que tant qu'on ne nuit pas aux autres. Sans ce principe, il n'y aurait pas de société possible. Du moment qu'une femme fait *commerce de son corps,* elle doit être soumise à certaines servitudes, à *certaines mesures permettant de contrôler la qualité de la marchandise* et de protéger le consommateur. Ce ne serait pas là une exception ; ce serait au contraire rentrer *dans la loi commune.*

» Toute fille qui sera reconnue, après examen médical, affectée de maladie vénérienne, notamment de syphilis, sera internée dans un *asile sanitaire spécial.* Cette mesure est seule compatible avec la civilisation. On n'a pas mieux à faire qu'à citer textuellement : « Cet asile sera exclusivement ce qu'il doit être, à savoir, un *hôpital*, un hôpital comme les autres hôpitaux, à cette seule différence près que les malades n'en pourront sortir que sur un certificat médical de guérison. De cet asile sera bannie toute rigueur inutile, toute mesure vexatoire qui tendrait à en modifier le caractère et à le transformer en pénitencier. » Est-il un médecin qui puisse ne pas applaudir et ne pas aspirer à la prompte réalisation d'un programme à la fois si humanitaire et si éclairé ?

Toutes ces nouvelles mesures rendraient les plus grands services. Il ne dépendrait que des législateurs d'en finir rapidement et utilement. Que l'on se décide à faire du nouveau et du mieux car ce qui existe : « lois sur les garnis, sur les excitations à la débauche, les détournements de mineurs, etc., etc. », ou du moins le mode d'application, est notoirement insuffisant contre la propagation, des maladies contagieuses. La clinique, hélas ! le démontre cruellement.

La réglementation actuellement en vigueur relativement à la surveillance médicale des filles inscrites sera remplacée par le système suivant :

Les filles inscrites, libres ou en maison, seront uniformément soumises à une « *visite bi-hebdomadaire à date fixe*, et, en outre, à une visite supplémentaire qui sera faite mensuellement par un médecin inspecteur, à date inconnue ». Chacune de ces visites sera complète et portera principalement sur l'examen des organes génitaux et de la bouche.

Ces visites auront lieu dans des dispensaires spéciaux, médicaux et non policiers, aussi rapprochés que possible du domicile des femmes, très multipliés par conséquent.

Les mesures qui fonctionneront dans la capitale seront rendues rigoureusement exécutoires dans toute l'étendue des départements. »

A titre de modèle donc, Fournier étudie le mode de fonctionnement à Paris de cette nouvelle réglementation. Inutile d'ajouter que la provocation sur la voie publique serait interdite aux filles soumises comme à toute autre personne.

2° *Hospitalisation. Traitement.* « Le nombre de lits affectés au traitement des maladies vénériennes est actuellement d'une insuffisance notoire. Il sera augmenté dans la proportion reconnue nécessaire par un enquête ouverte à ce sujet.

Cette augmentation du nombre des lits affectés aux vénériens et aux vénériennes se fera, non pas par la création de services spéciaux dans les hôpitaux généraux, mais bien par la création de nouveaux hôpitaux spéciaux, lesquels devront toujours être placés en dehors de la zone d'enceinte.

Les médicaments propres au traitement des maladies vénériennes seront délivrés gratuitement dans tous les hôpitaux, hôpitaux spéciaux ou hôpitaux généraux.

Un service de consultations gratuites, avec délivrance gratuite de médicaments, sera annexé à l'asile sanitaire spécial destiné au traitement des prostituées vénériennes.

Dans les hôpitaux spéciaux, la consultation externe sera faite, *quotidiennement :*

Pour les malades ne réclamant pas leur admission, par un médecin ou un chirurgien du Bureau central ou par un médecin-adjoint;

Pour les malades réclamant leur admission, par les médecins ou chirurgiens titulaires du service.

Les médecins ou chirurgiens du Bureau central délégués à ces fonctions ne pourront les résilier avant cinq années d'exercice.

Dans toute ville de province, tout au moins dans chaque chef-lieu de département, il sera créé un service spécial pour le traitement des affections vénériennes, et les locaux affectés à ce dit service seront aménagés suivant toutes les règles de l'hygiène. »

On pourrait avec avantage, comme l'a proposé Larmoyer, consulter et faire agir les conseils d'hygiène de la province, qui peuvent éclairer et influencer les pouvoirs publics plus efficacement que les médecins parisiens.

3° *Réformes dans l'enseignement.* — Les innovations ou réformes proposées par la Commission sont les suivantes :

Ouvrir librement tous les services de vénériens ou de vénériennes, y compris ceux de Saint-Lazare, à tout étudiant en médecine justifiant de seize inscriptions. Exiger de tout aspirant au doctorat, avant le dépôt de sa thèse, un certificat de stage de trois mois dans un service de vénériens ou de vénériennes.

Attribuer au concours, et au concours exclusivement, le recrutement du personnel médical chargé
du traitement des vénériennes à Saint-Lazare (ou
dans l'asile hospitalier qui sera substitué à Saint-
Lazare). Cette mesure est tout à fait indispensable,
du moment que les chefs de ces services seraient
chargés d'un enseignement clinique. Il en serait de
même de tout le personnel intégralement, c'est-à-
dire des chefs de cliniques, des élèves internes et
des élèves externes.

Attribuer au concours, et au concours exclusivement, le recrutement du personnel médical chargé
de la surveillance des filles inscrites aux dispensaires de salubrité publique.

Composer les services de Saint-Lazare modifié
ou des asiles hospitaliers similaires suivant le
plan des services de l'Assistance publique; et utiliser ces services pour le stage spécial imposé aux
étudiants en médecine dans les hôpitaux spéciaux.

Les jurys des divers concours dont il vient d'être
question pourraient être composés comme suit :

1º Pour la nomination des médecins en chef:

Un membre de l'Académie de médecine ; un
représentant de l'Ecole (professeur ou agrégé);
trois ou cinq médecins des hôpitaux spéciaux
(Saint-Louis, Lourcine, Ricord, Saint-Lazare).

2º Pour la nomination des médecins du Dispensaire comme pour celle des élèves internes ou
externes : quatre médecins du Dispensaire et de
Saint-Lazare présidés par un membre de l'Académie de médecine de Paris.

Un programme relatif à la détermination des matières devant faire le sujet de ces divers concours sera élaboré par une commission spéciale.

Ce projet nous semble absolument praticable, absolument utile. Il est, de plus, d'une grande simplicité. Si on ne l'admettait pas, peut-être pourrait-on comprendre les choses de la façon suivante : Pour laisser la haute main au corps médical des hôpitaux ; d'autre part, pour être assuré des connaissances approfondies de médecine générale des futurs chefs de service, pour être certain qu'ils ont été encyclopédistes avant de devenir spécialistes, peut-être pourrait-on exiger que les candidats de ce concours, pour pouvoir s'y présenter, aient une admissibilité (condition nécessaire, mais suffisante) au concours du Bureau central. En imposant une condition identique aux candidats pour les concours des aliénistes, des accoucheurs et des autres spécialistes, on aurait l'avantage de ne pas diviser et subdiviser la médecine, d'unifier les origines des chefs de service, et de forcer toute la jeunesse qui se destine à la carrière des concours à passer par les voies, égales pour tous, du concours des hôpitaux. C'est à notre avis la seule manière de rajeunir cette institution qui n'est plus en rapport avec les progrès de la Science moderne. Ou bien alors, il faudra en venir à un mode de recrutement analogue à celui de l'Académie. Mais revenons aux questions spéciales qui seules nous préoccupent ici.

4° *Prophylaxie de la syphilis dans l'armée et dans la marine.* — Instituer dans l'armée une série de conférences ayant pour objet d'éclairer les soldats sur les affections vénériennes et les dangers de la syphilis en particulier, sur le bénéfice à attendre d'un traitement prolongé, sur les périls de la prostitution clandestine exercée par les insoumises, les rôdeuses et les servantes de cabarets, etc.

Ces conférences seraient faites par les médecins militaires de chaque corps. Elles seraient annuelles et auraient lieu de préférence après l'enrôlement des jeunes recrues. Une conférence semblable serait faite aux réservistes le lendemain de leur arrivée au corps. »

Certes, rien n'est plus sage que ce programme ; on voit qu'il a été élaboré par des gens compétents qui n'ont pas craint d'entrer dans tous les détails de la réforme humanitaire qu'ils proposent.

« Provoquer de la part de tout soldat récemment affecté de syphilis une déclaration relative à la femme dont il a contracté la maladie. »

Sans doute il y a là à craindre les ruses ou les mensonges dont certaines personnes peu scrupuleuses sont capables ; et l'on a pu citer des cas où des soldats ont dénoncé des filles publiques innocentes et non les domestiques qui les avaient rendus malades, mais qui se faisaient pardonner au moyen de certaines largesses. Toutefois, nous pensons que cet argument n'est pas sérieux ; outre que la calomnie répugne à nos militaires, il y aurait des moyens faciles de répression qui couperaient court à ces indications erronées. Il faut penser aux services que rendra la mesure proposée. On n'a pas le droit d'oublier des faits comme celui-ci : *une seule et même femme* ayant *contaminé à Paris plus de trente soldats*, dont deux, atteints dans les trois années suivantes, de lésions (1) soit cérébrales, soit médullaires, ont dû quitter l'armée. *Cette femme*, ainsi que nous l'avons écrit ailleurs, *a fait plus de tort à notre armée qu'une batterie allemande !*

Il est évident qu'on ne peut laisser debout un système qui rend possible de pareilles énormités.

« Consigner les établissements déguisés sous le nom de débits de vins ou de liqueurs, et ne constituant en réalité que des maisons de prostitution non surveillée ; interdire formellement aux soldats la fréquentation de ces établissements.

« Ecarter *toute punition* (ceci est capital) du programme prophylactique de la syphilis dans l'armée.

« Supprimer les visites faites en commun et les remplacer par des examens privés, individuels, discrets. Un certain nombre de militaires n'osent avouer leur mal « de peur de nuire à leur avance- » ment », ainsi qu'il résulte de diverses lettres que nous avons reçues à ce sujet. »

« Instituer un service de police spécial autour des grands camps, tels que Satory, Saint-Maur, Châlons, etc. » C'est là une mesure indispensable de salubrité *aussi urgente que la voirie.*

Prendre toutes dispositions pour assurer au sol-

____

(1) Cette observation sera ultérieurement publiée en détails par Burlureaux.

dat syphilitique, dont le traitement a été commencé à l'hôpital, la faculté de continuer à son corps, sous la direction des médecins de son régiment, le traitement ou la série de traitements ultérieurs indispensables à sa guérison.

« En ce qui concerne la marine, il serait à désirer qu'à bord des bâtiments de guerre, une visite médicale de l'équipage fût faite avant l'arrivée dans chaque port, afin d'interdire la communication avec la terre aux hommes qui seraient reconnus contaminés.

« Il est absolument essentiel que, dans les grands ports de guerre ou de commerce, un service régulièrement rigoureux soit institué pour la surveillance et la visite médicale des prostituées, en vue de prévenir les contaminations que contractent si fréquemment les marins dans les ports de relâche ou de débarquement. Mauricet (de Vannes), réclame pour la *marine marchande* l'institution de sortes de *douanes sanitaires.*

5° *Prophylaxie des contagions syphilitiques dérivant de l'allaitement.* — Ajouter à la réglementation administrative des *Bureaux de nourrices* l'article suivant :

Nul n'est admis à prendre une nourrice dans un bureau de placement que sur la présentation d'un certificat médical, certificat garantissant la nourrice contre tout risque d'affection contagieuse qui pourrait lui être transmise par son nourrisson.

« La teneur dudit certificat pourrait être conçue à peu près dans les termes que voici :

Je soussigné, docteur en médecine, certifie qu'il n'est pas à ma connaissance que les parents de l'enfant — et auxquels je donne mes soins depuis (préciser l'époque) — soient affectés d'aucune maladie contagieuse qui puisse être transmise à la nourrice chargée d'allaiter cet enfant.

Il est certain que, là encore, il y a un mal à empêcher et à réparer. La clinique a montré des cas plus qu'attristants, déplorables, où la syphilis, transmise à une nourrice par son nourrisson, a atteint la famille de la nourrice et y a fait des victimes nombreuses, voire des morts. Or, il se passe ce fait vraiment incroyable qu'un long procès est nécessaire, dans l'état actuel de la législation, pour faire accorder à la malheureuse nourrice des dommages-intérêts, et que la plupart du temps ces dommages-intérêts ne sont nullement proportionnés au dommage causé.

D'autre part, l'expérience montre qu'il y a un plus grand nombre qu'on ne le croit de nourrissons contagionnés par des nourrices qui ont été elles-mêmes, à leur insu, contaminées par un nourrisson antérieur. Toujours la théorie : « J'ai donné la vérole comme je l'ai reçue ! » Ce que nous appelons : *la théorie du libre-échange*. La constatation du fait constitue une critique suffisante.

Évidemment tout cela appelle une réforme qui empêche la répétition indéfinie de pareils malheurs dès longtemps signalés et bien connus des praticiens.

Est-ce à dire que cette dernière proposition de la

Commission soit ici en tous points acceptable? Nous ne le pensons pas, et peut-être même l'application journalière du dernier article serait peu praticable, de par le secret médical et pour d'autres raisons. Il nous semble pourtant qu'on pourrait bien exiger un examen plus approfondi des nourrices et des nourrissons. De plus, ceux qui désirent une nourrice ne pourraient en avoir que s'ils garantissaient (sans que le médecin y fût mêlé) la bonne santé de leur enfant, et que s'ils s'engageaient à donner à la nourrice une réparation suffisante, en cas d'accident survenu par leur fait. — D'autre part, les nourrices qui contamineraient l'enfant seraient poursuivies comme auteurs de coups et blessures involontaires — ou bien on recourrait à toute autre mesure sur laquelle réflexion sera faite par les personnes compétentes chargées de décider des détails et de la mise en pratique de la *loi sanitaire* que le corps médical aurait eu l'honneur de proposer.

Il est certain que, en bonne équité, le fait de prendre nourrice — c'est-à-dire d'acheter du lait — et celui de prendre nourrisson — c'est-à-dire de vendre son lait — constituent un contrat. Chacune des parties contractantes court un certain nombre de risques. Comme, en droit, il n'est pas admis qu'on puisse impunément tromper qui que ce soit sur la qualité d'une marchandise, rien ne serait plus juste, ici encore, que de fournir une sorte d'assurance et de garantie, et de fixer à ce sujet la législation. En principe, la nourrice doit être saine;

le nourrisson doit être sain. Le secret professionnel ne serait nullement engagé par un certificat constatant par exemple, qu'au moment de l'examen, l'enfant et la nourrice paraissent présenter (ou ne pas présenter) des signes de maladie contagieuse. En tout cas chacun n'ignorerait pas qu'un tel certificat est exigible et ceux qui s'en passeraient sauraient à quoi ils s'exposent : eux seuls seraient responsables.

On le voit, le programme est vaste, éclairé, libéral, humain surtout. Il envisage la question dans son ensemble et ne craint pas d'entrer dans les détails pour éviter les hésitations, les malentendus, etc.

L'Académie de médecine — cela n'est pas douteux, et, pour notre part, nous voulons encore le proclamer — reste strictement dans son domaine, dans son ressort, en *provoquant* la confection d'une *nouvelle loi sanitaire*. Elle seule peut le faire utilement. Elle seule peut juger des conséquences déplorables de la contamination et connaître avec certitude *des rapports qui existent entre la lésion si insignifiante du début et les accidents parfois mortels de l'évolution lointaine*. Elle seule connaît tous ces faits; elle seule, par conséquent, peut et doit éclairer les Pouvoirs publics sur l'existence d'un danger qu'ils sont absolument incapables de mesurer dans son étendue, dans sa gravité, et même de soupçonner dans sa réalité. Qu'on ne s'y trompe pas, c'est bien là non seulement le droit mais le devoir de l'Académie. Elle ne peut qu'y gagner en prestige, à cause du service rendu à la Société. Et si elle n'est pas suivie, elle aura du moins la satisfaction et la conscience d'avoir rempli tout son devoir. D'ailleurs ce ne serait là qu'un échec apparent et passager que l'avenir se chargerait de réparer brillamment non moins que promptement.

En effet, l'accord des médecins est unanime. Sans parler de l'écœurante industrie des souteneurs, l'armée du crime, comme on dit, que comporte inévitablement la prostitution clandestine, un mal énorme existe.: il faut y remédier. Or, ce qui existe est insuffisant. L'arbitraire est dorénavant impossible ; des erreurs trop graves ont eu lieu. Personne ne peut oublier ces honnêtes femmes poursuivies par erreur, d'autres par vengeance ou même par débauche, d'autres enfin soumises de force à la visite et trouvées vierges, etc. ! Tous ces faits ont soulevé l'indignation publique ; le système qui les a permis ne pourra se relever ; il est à jamais condamné ; il n'existe plus. Et pourtant il faut à la santé publique une protection ; *il faut donc trouver mieux,* et personne ne peut se désintéresser de la question, puisque *personne n'est assuré* qu'il *ne sera pas un jour dans sa famille ou dans sa personne atteint par le mal* que nous signalons et que nous engageons à combattre.

Le 3 avril 1888, l'Académie de médecine de Paris a clos la discussion de cette grave question. Elle a adopté un projet de réformes très adoucies, très mitigées, mais qui, tel qu'il est, n'en réalise pas moins un véritable progrès sur le passé. A ce titre, l'hygiène sociale et la santé publique en attendront impatiemment la réalisation. Pour guérir, il ne suffit pas de formuler une ordonnance, il faut que la prescription soit exécutée et suivie.

I. — L'Académie de médecine de Paris appelle l'attention de l'Autorité sur les développements qu'a pris la provocation sur la voie publique, dans ces dernières années notamment, et en réclame une répression énergique.

II. — Elle estime qu'il y a nécessité manifeste d'assimiler à cette provocation de la rue divers modes non moins dangereux qu'a revêtus, surtout de nos jours, la provocation publique, à savoir celle des boutiques, celle des brasseries dites à femmes, et plus particulièrement encore, celle des débits de vins.

III. — Elle signale à l'Autorité, d'une façon non moins spéciale, la provocation qui rayonne autour des lycées, des collèges, et qui a pour résultat l'excitation des mineurs à la débauche.

IV. — Ces divers ordres de provocation ayant pour conséquence la dissémination des maladies syphilitiques, l'Académie réclame des Pouvoirs publics une loi de police sanitaire, réglant et fortifiant l'intervention administrative, en particulier à l'égard des mineures, et permettant d'atteindre la provocation partout où elle se produit.

V. — La sauvegarde de la Santé publique exige que les filles se livrant à la prostitution soient soumises à l'inscription et aux visites sanitaires.

VI. — Si l'inscription n'est pas consentie par la fille à qui l'administration l'impose, elle ne pourra être prononcée que par l'autorité judidiciaire.

VII. — Toute fille qui sera reconnue, après examen médical, affectée d'une maladie vénérienne, sera internée dans un asile sanitaire spécial.

VIII. — Les filles inscrites sont soumises à une visite hebdomadaire, visite complète et de date fixe.

Hospitalisation. — Traitement.

IX. — Le nombre de lits affectés au traitement des maladies vénériennes est actuellement d'une insuffisance notoire à Paris. Il sera augmenté dans la proportion reconnue nécessaire par une enquête ouverte à ce sujet.

X. — Cette augmentation des lits affectés aux vénériens et aux vénériennes se fera, non pas par la création de services spéciaux dans les hôpitaux généraux, mais bien par la création de nouveaux hôpitaux spéciaux.

XI. — Les médicaments propres au traitement des maladies vénériennes seront délivrés gratuitement dans tous les hôpitaux, hôpitaux spéciaux ou hôpitaux généraux.

XII. — Un service de consulations gratuites, avec délivrance gratuite de médicaments, sera annexé à l'asile sanitaire spécial destiné au traitement des prostituées vénériennes.

XIII. — Dans toute ville de province, tout au moins dans chaque chef-lieu de département, il sera créé un service spécial pour le traitement des affections vénériennes ; et les locaux affectés à ce dit service seront aménagés suivant toutes les règles de l'hygiène.

Réformes dans l'enseignement.

XIV. — Ouvrir librement tous les services de vénériens et de vénériennes (y compris ceux de Saint-Lazare) à tout étudiant en médecine justifiant de 16 inscriptions.

XV. — Il est désirable qu'on exige de tout aspirant au doctorat, avant le dépôt de sa thèse, un certificat de stage dans un service de vénériens ou de vénériennes.

XVI. — Attribuer au concours, et au concours exclusivement, le recrutement de tout le personnel médical chargé du traitement des vénériennes à Saint-Lazare (ou dans l'asile hospitalier qui sera substitué à Saint-Lazare).

XVII. — Attribuer au concours, et au concours exclusivement, le recrutement du personnel médical chargé de la surveillance des filles inscrites aux dispensaires de salubrité publique.

XVIII. — Les membres des jurys des divers concours dont il vient d'être question seront choisis parmi les membres des corps scientifiques suivants : les membres de l'Académie de médecine, les professeurs et agrégés de la Faculté de médecine, les médecins, les chirurgiens et accoucheurs des hôpitaux, les médecins titulaires de Saint-Lazare. Le jury sera nommé par le Préfet de police sur la présentation du Doyen de la Faculté de médecine.

Syphilis dans l'armée et dans la marine.

XIX. — Assurer la rigoureuse exécution des règlements militaires, notamment en ce qui concerne les visites de santé, la recherche des foyers de contagion, l'abandon de toute mesure disciplinaire à l'égard des soldats affectés de maladies vénériennes.

XX. — S'efforcer de combattre les progrès incessants de la *prostitution clandestine*, d'une part en éclairant les soldats sur les dangers de cette prostitution spéciale et, d'autre part, en réclamant le concours des autorités civiles pour l'assainissement de certains foyers de contamination, soit dans les villes (débits de vins), soit aux alentours des camps.

XXI. — Assurer aux soldats syphilitiques, dont le traitement a été commencé à l'hôpital, la possibilité de continuer à leur corps, et sous la direction des médecins de leur régiment, le traitement ultérieur nécessaire à leur guérison.

XXII. — En ce qui concerne la marine, il est à désirer qu'à bord des bâtiments de guerre une visite médicale de l'équipage soit faite avant l'arrivée dans chaque port, afin d'interdire la communication avec la terre, des hommes qui seraient contagieux, toutes les fois que la durée de la traversée rendra cette mesure nécessaire.

XXXIII. — Il est absolument essentiel que, dans toutes les villes du littoral, notamment dans les grands ports de guerre ou de commerce, un service rigoureux soit institué pour la surveillance et la visite médicale des prostituées, en vue de prévenir les contaminations que contractent si fréquemment les marins dans les ports de relâche ou de débarquement, et que les filles reconnues malades soient traitées à l'hôpital jusqu'à guérison complète des accidents transmissibles.

CHAPITRE III

PROPHYLAXIE PUBLIQUE DE LA SYPHILIS
A L'ÉTRANGER (1)

La prophylaxie publique de la syphilis est devenue, sans entente préalable, la préoccupation des pays les plus divers, les plus éloignés et les plus séparés à tous autres points de vue ? Et pourtant rien n'est plus exact ; il s'agit bien ici d'*une question internationale, sociale.* C'est une de celles auxquelles peuvent le mieux s'adresser les paroles avec lesquelles le regretté archiduc Rodolphe ouvrait le Congrès international d'hygiène, à Vienne, le 26 septembre 1887 : « L'homme est le plus précieux capital des Etats et des Sociétés. La vie de chaque individu représente une certaine valeur (2). La santé est devenue une question d'économie politique. Faire durer la vie, la conserver aussi intacte que possible jusqu'à la limite qu'on ne saurait reculer, voilà la tâche de toutes les sociétés. L'individu isolé, quelque considérables que soient

(1) Barthélemy, *Ann. de Dermatologie*, 1888.
(2) Voyez à ce sujet Rochard : *Hygiène sociale.* Paris, 1888.

les moyens dont il dispose pour se préserver de
la maladie, est impuissant contre les influences
nuisibles dont nous sommes tous entourés. Il faut,
sur ce point, une action commune. »

Or, cette action commune commence à s'établir.
Jusqu'ici inconsciente, inégalement répartie, nous
avons proposé au Congrès international de Syphiligraphie de la régulariser, de la définir. C'est bien
là une question internationale, puisque, hélas! il
n'est pas de nation qui ne soit directement intéressée à voir la syphilis, sinon abolie (ce résultat
n'est déjà plus possible à obtenir), du moins en-
rayée, troublée dans sa propagation.

Un certain nombre d'Etats sont encore, quoiqu'on en ait dit, régis par des lois protectrices. Il
n'est pas douteux que des améliorations considérables doivent être réalisées dans ces régimes sanitaires. Il est encore moins douteux que la Société
doit être protégée contre les ravages sans cesse
grandissants du fléau.

Toute agglomération d'êtres civilisés a le droit
de se préserver contre la prostitution, comme elle
le fait contre les industries insalubres. Tout être
a droit à l'existence, donc il a le droit de se protéger, lui et les siens, contre la syphilis.

Ce principe est affirmé de tous côtés, ainsi que
le prouve la revue suivante.

Belgique. — Rappelons-nous que l'Académie de
médecine de Belgique, de ce pays qui a su déjà

prendre l'initiative de tant de sages prescriptions concernant la santé publique, a voté le 29 octobre 1887, des conclusions qui assurent et organisent mieux encore la surveillance médicale des prostituées. C'est dans cette discussion que Thiry s'éleva avec tant de vigueur contre les partisans de la prostitution libre et de la contamination illimitée et s'écria : « N'est-ce pas sous l'influence d'une aberration singulière que des écrivains ont taxé d'immoralité les administrations qui, garantissant à la fois la morale et la santé publiques, ne faisaient en somme que remplir des devoirs impérieux et rendre les plus précieux services. En France, où l'expérience du passé aurait dû éclairer les esprits, nous voyons actuellement le conseil municipal de Paris essayer de renverser tous les règlements bien imparfaits qui, jusqu'à ce jour, avaient plus ou moins protégé la santé publique contre les débordements d'une prostitution que nous osons qualifier d'effrénée. L'avenir apprendra à l'Humanité ce qu'il en coûte de céder à ces innovations qui ne tiennent compte ni du bon sens, ni des leçons de l'expérience et à se laisser entraîner par des excès de sentimentalisme qui conduisent fatalement à des excès d'imprévoyance. » A ces délibérations qui furent des plus intéressantes et des plus vives, prirent part des hommes comme Crocq, Depaire, Masoin, Warlomont, Barella, Janssens, etc. Tous ces orateurs proclamèrent que la prostitution n'est pas un délit, mais qu'elle cause et propage des maladies terribles qui s'y attachent. Tous s'accordèrent à dire qu'elle propage un péril social dont la sauvegarde doit primer la liberté individuelle et nécessiter, de la part des autorités, des mesures *efficaces* de surveillance. La sanction fut formulée par le vote suivant adopté à l'unanimité :

1) L'Académie royale de Belgique estime que la réglementation de la prostitution est nécessaire pour restreindre le développement des maladies vénériennes et syphilitiques.

2) La prostitution, qui s'affiche dans les rues, les promenades et les lieux publics étant la cause la plus puissante de la propagation des maladies vénériennes et syphilitiques, doit être interdite. (Unanimité et 2 abstentions.)

3) Les personnes qui seront convaincues de se livrer habituellement à la prostitution, seront inscrites et soumises aux visites sanitaires. (Unanimité et 6 abstentions.)

4) Les inscriptions et les visites ne seront autorisées que sous la sauvegarde des garanties qui doivent, dans toutes circonstances et partout, protéger l'honneur et la dignité des personnes. (Unanimité et 6 abstentions.)

5) Se plaçant au point de vue de la santé publique, l'Académie déclare que des visites sanitaires fréquentes et convenablement appliquées, constituent le moyen le plus efficace pour arrêter la propagation des maladies vénériennes et syphilitiques. (Unanimité et 3 abstentions.)

Ces conclusions seront adressées aux ministres de l'Intérieur, de l'Instruction publique et de la Justice.

Allemagne. — On sait avec quelle sévérité est réglementée la prostitution en Allemagne. A Wiesbaden, une des villes d'eaux et de plaisirs les plus fréquentées de ce pays, la prostitution est impossible à apercevoir dans les rues et sur les places publiques; et nous croyons que la vente de boissons est interdite dans les maisons tolérées. On ne trouve rien à Berlin de ce qui se passe à Londres « où le nombre des prostituées de 14, 15 et 16 ans se livrant publiquement au raccolage, dès 3 heures de l'après midi, est considérable. Et, chose triste à dire, c'est que le dévergondage se passe *sous les yeux de la police* qui doit se croiser les bras. Voilà où conduit l'absence de réglementation et de toutes visites sanitaires : Immoralité et syphilis, tel est le bilan de la liberté de la prostitution. » (Thiry.)

Italie. — Voici quelques extraits du rapport de la Commission italienne pour l'étude des questions relatives à la prostitution. Voyez l'article 14 du règlement dans ses rapports avec l'hygiène publique.

La visite préventive et obligatoire des femmes exerçant la prostitution et la visite forcée sont les principes fondamentaux du règlement.

La préoccupation de la santé publique est la justification de ces principes. Quoiqu'il arrive, et alors même qu'il faut parfois léser des principes moraux et juridiques, *le salut public est la loi suprême*. Il faut prendre des mesures contre la propagation des maladies qui affaiblissent la jeunesse et frappent la progéniture jusque dans le sein de la mère.

A notre avis, on ne peut pas mieux penser. Notre

approbation ne s'étend nullement au régime actuellement existant en France, et nous avons été des premiers à nous indigner contre les abus et les erreurs qui ont été commis. Nous nous plaçons donc actuellement au point de vue exclusif du principe.

L'Italie fait en ce moment l'expérience cruelle mais fort intéressante de la liberté de la prostitution (1). On voit quelles protestations provoque déjà dans le corps médical l'état de choses en vigueur pour l'instant.

Finlande. — En Finlande, la police a le droit d'étendre à son gré les visites médicales à des personnes de l'un et l'autre sexe et d'une condition quelconque. Il est évident que ces mesures ne sont pas compatibles avec les idées que nous professons aujourd'hui en France. Nous ne citons le fait que parce qu'il consacre, même à l'extrême, le principe de la réglementation, dans les petits pays comme dans les plus grands.

En *Russie*, comme dans tous les autres pays, les gens bien renseignés s'alarment de la progression croissante de la syphilis. Les nombreuses données statistiques, patiemment rassemblées par les médecins cantonaux et communaux, attestent d'une manière formelle que la syphilis est annuellement plus répandue et qu'elle y devient très redoutable parce qu'elle est fort insuffisamment traitée. Les cas de syphilis extragénitale y sont très fréquents.

(1) Voir De Amicis : Congrès de la syphilig. Paris, 1889.

Au congrès de Biogan, Schreider en a réuni 2,045 cas. Worouège signale, de son côté, 664 cas de syphilis congénitale.

Les médecins russes insistent sur ce fait, qu'il suffit qu'un des membres de la famille soit atteint de syphilis pour que tous les autres, dans un espace de temps plus ou moins court, contractent la maladie (cas de Woukoloff, etc.) Tous, ils appellent de tous leurs vœux l'organisation de mesures sanitaires et préservatrices, notamment Stoukowenkoff, de Kiew, qui s'est fait, pour ainsi dire, l'apôtre de cette cause, dès 1882, à la Société pour la protection de la santé publique. Les visites sanitaires, et, par conséquent, les inscriptions sont déclarées indispensables, mais il faut que cela ait lieu, non seulement dans quelques grandes villes, mais dans tous les districts. Déjà les nourrices sont examinées officiellement avec le plus grand soin au point de vue de la syphilis. Dans toute agglomération d'ouvriers ou centre de fabrique, les ouvriers sont soumis à un examen médical périodique obligatoire (Tchistiakoff). Dans l'état de nos mœurs, il est impossible de décréter de pareilles prescriptions ; mais ne pourrait-on pas au moins, comme le propose Stoukowenkoff, populariser la crainte de la syphilis au moyen de conférences qui feraient connaître la gravité du mal, ses conséquences, les moyens de s'y soustraire et de se traiter et qui couperaient court à l'indifférence et à l'ignorance, qui sont les meilleurs alliés du fléau.

En *Danemark*, comme en *Allemagne*, la prostitution est surveillée de très près ; et les statistiques publiées sur les maladies dans l'armée peuvent servir de base d'évaluation générale et prouvent qu'il en est de la syphilis comme de la rage, et qu'*en attendant des vaccins et des méthodes d'atténuation du virus syphilitique*, la santé publique se trouve très bien de la réglementation.

Les *États-Unis* eux-mêmes commencent à réagir contre la prostitution clandestine. On s'y rend bien compte que la propagation des maladies syphilitiques a toujours été en rapport avec le degré de surveillance exercée sur la prostitution. Il faut lire le rapport que fit, dès 1884, sur la propagation des maladies vénériennes, Gihon, directeur médical de la marine des États-Unis, à l'Association américaine pour la santé publique. Ce médecin insiste sur le grave préjudice que causent ces maladies au gouvernement en empêchant les marins de faire leur service, en imposant des dépenses pour les soins et pour le traitement des victimes ; il prouve qu'il serait économique et plus humain d'affecter certaines sommes à l'organisation de mesures de prévoyance, de prévenir que de guérir le mal. Un homme sur dix, depuis 1873, a été rendu incapable de faire son service dans la marine et dans l'armée des États-Unis, par le fait des maladies vénériennes ; un sur sept, dans les troupes nègres, le quart étant atteint de syphilis.

Dans la vie civile, des estimations basées sur les

données des établissements de bienfaisance fournissent la proportion alarmante d'un syphilitique
sur cinq malades.

White, à Philadelphie, estime que, dans cette
ville, il n'y a pas moins de 50,000 personnes
affectées à la fois de syphilis. A New-York, sur
942,292 habitants, il y avait, en 1873, 50,450 syphilitiques, soit 5 p. 100.

« Le malheur est que les médecins seuls peuvent
se rendre compte de l'effroyable façon dont est sa-
pée la force vitale d'une nation où la jeunesse est
aussi généralement infectée. Ni sophisme banal,
ni platitudes d'apparat, ne peuvent excuser l'indifférence des Pouvoirs publics ou seulement des
hommes instruits en face d'un si grand mal. »

Avec quelle raison, Gihon se joint à Morris,
de Baltimore, pour démontrer qu'une personne
négligeant pour elle-même les soins indispensables
non seulement n'a pas le droit, mais est coupable,
de compromettre la santé d'autrui et pour demander que l'Association américaine pour la santé publique vote les conclusions suivantes :

Recommander instamment aux comités sanitaires municipaux et à ceux de l'Etat d'insister auprès des corps législatifs de ce pays pour obtenir
une loi constituant un délit criminel de la propagation volontaire, faite sciemment, en connaissance
de cause, par quelque moyen, direct ou indirect,
que ce soit, d'une maladie contagieuse, telle que la
petite vérole, la scarlatine, etc., et d'y adjoindre
tout spécialement les maladies vénériennes et sur-

tout la syphilis, en donnant auxdits comités sanitaires de l'Etat les mêmes pouvoirs pour prévenir, découvrir, contrôler, supprimer et traiter gratuitement les maladies vénériennes, que ceux qu'ils ont pour toutes les autres maladies contagieuses.

On le voit, ce sont partout les mêmes plaintes, les mêmes conclusions ; et en effet Gihon termine en disant : « Pendant que prêche le moraliste, l'agent sanitaire doit opérer. »

A *Hong-Kong* et au *Japon,* des mesures ont dû aussi être prises et, par le fait de la surveillance médicale des prostituées, la proportion des victimes est tombée de 425 pour 1000 à 112 pour 1000.

En *Abyssinie,* où naturellement il n'y a aucune réglementation, les médecins européens constatent que sur 100 malades il y en a 90 de syphilitiques (Blanc).

En revenant dans des pays plus civilisés, nous voyons qu'à *Malte* il y a 47 syphilitiques pour 1000 hommes de troupe et qu'à *Gibraltar* il y a 206 malades vénériens sur 1000 soldats.

A *Paris,* comment serait-il possible de connaître le nombre exact de syphilitiques. Des chiffres ont été donnés par Mauriac (1), par Després (2), par Martineau, par Reuss, par Le Pileur (voir page 63) (pour ne parler que des médecins), mais tous ces

(1) Ch. Mauriac, *Leçons sur les maladies vénériennes,* Paris, 1883.

(2) Arm. Després, *La prostitution en France,* études morales et démographiques, avec une statistique générale de la prostitution en France, 1883.

chiffres ne sont qu'approximatifs : il ne peut en être autrement à l'étranger ; et il est certain que les chiffres précédents n'ont pas de base certaine. Toutefois, dans les armées, il y a de bonnes raisons pour que l'on puisse être mieux renseigné. Or, voici ce que Laveran nous apprend sur la question qui nous occupe. En 1871, dans les armées des diverses nations, il y avait :

      En France........   91 syphilitiques pour 1.000 hommes.
      En Algérie....... 137   —   —

Mauricet (1) indique 19.342 p. 100 comme le chiffre des syphilitiques de la marine depuis 1882.

      En Angleterre... 529 syphilitiques pour 1.000 hommes.
      En Hollande..... 105   —   —
      En Autriche.....   63   —   —
      En Prusse.......   53   —   —
      En Russie, presque 300 pour 1000.

Stoukovenkoff, prenant ce chiffre pour base, estime que, dans toute la Russie, il y a plus de cinq millions de syphilitiques. Il s'appuie sur ces résultats pour proposer de faire de la *syphilis* une QUESTION D'ETAT.

Ce n'est pas seulement parce que la maladie prend une extension inquiétante et parce que, pour elle, il n'y a plus de frontières, que la *question d'Etat* peut être soulevée. En France, par exemple (2), le mal vénitien n'aurait pas été étranger à l'avènement d'Henri IV sur le trône des Valois, la reine n'ayant pu accoucher que d'enfants mort-nés, par le fait de la santé du royal géniteur.

(1) *Hist. et stat. des mal. vénér.* Vannes, 1885.
(2) Witkowski : *Accouchements à la cour.* Steinheil, 1889.

Angleterre. — On a beaucoup parlé et même écrit, dans ces derniers temps, sur les fameux *Acts for the better prevention of contagious diseases* ou plus abréviativement *The contagious diseases Acts*, qui ont été promulgués en 1866, perfectionnés en 1869. En 1860, il y avait 369 cas de maladies vénériennes, dont 183 syphilitiques, pour 1000 hommes de l'armée anglaise. En 1878, il n'y avait plus que 133 pour 1000 dont 61 syphilitiques, *mais seulement dans les stations protégées par les décrets.* Or, c'était précisément dans ces stations maritimes que les maladies vénériennes sévissaient auparavant avec le plus d'intensité. Voilà les faits en quelques mots. Mais, comme des erreurs ont été écrites, récemment encore, en France, en diverses publications et sur plusieurs points, concernant ces *Acts*, nous avons cru bien faire en nous procurant en Angleterre le texte même desdits *Acts*. Nous profitons de cette nouvelle occasion de remercier M. l'amiral Maxsé de sa bienveillance dans cette circonstance.

Nous donnerons, dans les pages qui vont suivre, non pas une traduction de ce texte — ce qui serait beaucoup trop long — mais un extrait, aussi complet et à la fois aussi succinct que possible, des principales dispositions se rapportant particulièrement à notre sujet, contenues dans ces *Acts*. Nous en garantissons l'exactitude et nous tenons le texte complet à la disposition de qui voudra.

Préliminaires. — Les *Acts* entrèrent en vigueur le 30 septembre 1866, dans les localités désignées spécia-

lement. Les dépenses occasionnées par eux furent payées
par l'amirauté et par le secrétariat d'Etat pour la guerre, au
moyen de sommes votées à cet effet par le Parlement. Ce
furent ces autorités qui nommèrent les médecins inspecteurs aux fins de ces Acts. Les médecins furent, les uns
titulaires, les autres adjoints. Leur nomination parut à la
Gazette officielle de Londres et de Dublin. Certains hôpitaux furent spécialement désignés, les autorités supérieures se réservant le droit de changer ces désignations.

Les droits des médecins et les destinations des hôpitaux sont énumérés. On voulait que, pendant le traitement, il fût pourvu à l'instruction morale et religieuse
des détenus pour maladie contagieuse. L'organisation
des hôpitaux désignés, leurs réglementation, statuts, etc.,
sont détaillés dans les 14 premiers articles.

Art. 15. — Quand une déclaration, sous la foi du serment, est déposée devant un juge par un inspecteur de
police, établissant que le déclarant a de bonnes raisons
de croire que la femme y nommée est une prostituée
commune et qu'elle réside dans une localité du ressort
de cet acte, ou bien que, résidant à 5 milles des limites,
elle a franchi ces limites dans les 14 jours avant le dépôt
de la déclaration à des fins de prostitution, le magistrat
peut, s'il le juge convenable, en adresser notification à ladite femme, notification que l'inspecteur de police sera
chargé de lui faire remettre.

Art. 16. — La femme à laquelle est adressée une telle notification devra comparaître en personne ou se faire repré-
senter au temps et au lieu indiqués dans la notification.
Si elle ne comparaît pas ainsi et qu'il soit établi (par serment) aux yeux du juge que la notification a été envoyée
en temps raisonnable avant le temps fixé par la compa-
rution, le juge, après avoir reçu le serment qui le convainc
de la vérité de la déclaration, peut ordonner, s'il le juge
à propos, que la femme soit soumise à la visite périodique
du chirurgien inspecteur pour une période ne dépassant
pas un an, à l'effet de constater si, à l'époque de chacune

de ces visites, elle est affectée d'une maladie contagieuse et, après cela, elle sera soumise à la visite médicale périodique, et l'ordre sera un mandat suffisant pour le chirurgien inspecteur de procéder en conséquence à la visite.

L'ordre spécifiera le temps et le local où la femme devra se présenter à la visite pour la première fois.

L'inspecteur de police sera chargé de faire remettre à la femme copie de cet ordre.

Art. 17. — Toute femme, dans une localité du ressort de cet acte, peut se soumettre spontanément à la visite médicale périodique, en vertu de cet Act, pour une période ne dépassant pas un an, moyennant une soumission par écrit signée en présence de l'inspecteur de police et attestée par lui.

Art. 18. — Les règlements concernant le temps et le lieu des visites médicales dans chaque localité, concernant l'arrangement général et l'ordre de ces visites seront dressés par l'administration supérieure, d'accord avec les médecins, et un exemplaire de ces règlements en vigueur dans chaque localité sera envoyé — et surtout lors de chaque modification — au greffier de la justice de paix, au greffier de la mairie, au chirurgien inspecteur et au commissaire de police.

Art. 19. — Le chirurgien inspecteur, pour ce qui est des règlements ci-dessus et des circonstances particulières à quelques cas, prescrira à la première visite de chaque femme qu'il aura examinée et plus tard, de temps en temps, selon qu'il en sera besoin, indiquera les temps et les lieux où elle devra se présenter de nouveau à la visite ; et, de temps en temps, il donnera ou fera donner à chacune de ces femmes avis des temps et locaux prescrits.

Art. 20. — Si, après quelqu'une de ces visites, la femme examinée est trouvée affectée d'une maladie contagieuse, elle pourra être détenue dans un hôpital désigné conformément aux prescriptions du présent Act et le chirurgien inspecteur signera un certificat attestant qu'elle est affectée d'une maladie contagieuse, nommant l'hôpital désigné où elle devra entrer; et il signera ce certificat en triple exemplaire pour être envoyé l'un à la femme, l'autre aux archives de l'hôpital, le troisième à la souche de la police.

Art. 21. — Toute femme désignée dans un certificat de ce genre par le chirurgien inspecteur peut, si elle le juge à propos, se rendre à l'hôpital désigné et s'y soumettre au traitement médical; mais, si, après que ce certificat lui a été remis, elle néglige ou refuse de s'y soumettre, le commissaire de police ou un agent délégué par lui et agissant sous sa responsabilité, l'appréhendera et la transportera avec le plus de douceur, mais avec le plus de diligence possible, à cet hôpital, où elle recevra le traitement médical approprié, le certificat du chirurgien inspecteur étant pour lui une autorisation suffisante pour faire ce qui précède.

Le fait seul de recevoir une femme dans un hôpital désigné sera considéré comme un engagement pris par les directeurs ou personnes ayant la direction ou le contrôle de l'établissement, de pourvoir aux soins et au traitement à lui donner, à son logement, à ses vêtements et à sa nourriture pendant sa détention à l'hôpital.

Art. 22. — Ladite femme sera détenue dans cet hôpital par le médecin en chef jusqu'à ce qu'elle soit élargie par un écrit signé de sa main.

Art. 23. — Règle des conditions dans lesquelles une malade pourra être transférée d'un hôpital dans un autre.

Art. 24. — Il est toujours stipulé qu'une femme ne sera pas détenue plus de 3 mois en vertu du même certificat, à moins que le médecin en chef de l'hôpital où elle est détenue et l'inspecteur des hôpitaux certifiés ou le chirurgien inspecteur de l'endroit d'où elle est venue ou a été amenée, ne certifient conjointement qu'il est nécessaire de la détenir plus longtemps pour la continuation du traitement médical, et ce certificat sera fait sur deux exemplaires dont un sera remis à la femme. Sous aucun prétexte, une femme ne pourra être détenue plus de six mois en tout en vertu du même certificat.

Art. 25. — Si une femme détenue dans un hôpital se considère comme ayant droit à en être élargie et que le médecin en chef de l'hôpital refuse de l'élargir, cette femme, sur sa demande, sera conduite devant un juge, lequel, s'il est convaincu, par des témoignages raisonnables, qu'elle est exempte de maladie contagieuse, l'élargira de cet hôpital et un tel ordre d'élargissement aura le même effet que s'il vient du médecin en chef, la responsabilité de ce dernier étant dégagée.

Art. 26. — Toute femme ainsi transportée ou transférée sera considérée comme en captivité légale sous la garde et la responsabilité de la personne qui la transporte, transfère ou détient.

Art. 27. — Toute femme, à son élargissement de l'hôpital, sera envoyée au lieu de son domicile, si elle le désire, sans frais pour elle, la société devant faire les frais de sa propre sauvegarde.

Art. 28. — Si une femme, soumise par ordre d'un juge, en vertu de cet acte, à la visite médicale périodique, s'absente temporairement afin d'échapper à la visite quand elle devrait s'y soumettre, ou refuse ou néglige volontairement de s'y soumettre;

Si une femme qui doit être détenue quitte l'hôpital sans y être autorisée par le médecin en chef et par un écrit de sa main (ce sera à l'accusée d'en faire la preuve);

Si une femme qui doit être détenue refuse ou néglige volontairement, pendant son séjour à l'hôpital, de se conformer aux règlements officiels de l'hôpital;

Alors cette femme sera coupable de transgression contre le présent Acte, et, après une conviction sommaire, elle sera passible d'emprisonnement avec ou sans travail forcé, dans le cas d'une première transgression pour une période ne dépassant pas un mois; et, dans le cas d'une seconde transgression ou plus, pour une période ne dépassant pas trois mois; et, dans le cas où une femme quitterait l'hôpital sans y être autorisée comme il est dit précédemment, cette femme peut être emprisonnée sans mandat par n'importe quel constable.

Art. 29. — Si une femme est emprisonnée pour s'être absentée ou pour avoir refusé ou négligé de se soumettre à la visite comme il est dit ci-dessus, l'ordre de la soumettre à la visite médicale périodique restera en vigueur après et malgré l'emprisonnement, à moins qu'un médecin ou chirurgien de la prison, un expert nommé au moment de son élargissement de la prison, ne certifie par écrit et sous sa responsabilité, qu'elle est en ce moment exempte de maladie contagieuse (ce sera à elle de faire preuve de ce certificat); et, en ce cas, l'ordre de la soumettre à la visite médicale périodique cessera d'être en vigueur à sa sortie de prison.

Art. 30. — Si une femme, convaincue d'avoir quitté l'hôpital sans ordre d'élargissement, est emprisonnée pour cette transgression ou pour avoir refusé ou négligé, pendant qu'elle était à l'hôpital désigné, de se conformer aux règlements de cet hôpital, le certificat du chirurgien inspecteur, en vertu duquel elle était détenue dans cet hôpital, restera en vigueur, et à l'expiration du terme de son emprisonnement, elle sera renvoyée de la prison à cet hôpital désigné et y sera détenue (malgré les clauses du présent acte), en vertu de ce certificat, comme s'il avait été délivré au jour de l'expiration de son emprisonnement, à moins de certificat médical comme ci-dessus. En ce cas, le certificat en vertu duquel elle était détenue et l'ordre qui la soumettait à la visite médicale périodique cesseront d'être en vigueur a la sortie de prison.

Art. 31. — Si, au moment où une femme quitte un hôpital certifié, le médecin en chef lui donne un *avis écrit* lui disant qu'elle est encore affectée d'une maladie contagieuse, et que, après cela, on la trouve quelque part à l'effet de prostitution, sans avoir reçu préalablement d'un chirurgien inspecteur nommé aux fins de cet Act, un certificat écrit, endossé sur l'avis attestant qu'elle est exempte en ce moment de maladie contagieuse, elle sera coupable de transgression contre cet Act et passible avec ou sans travail forcé (1) (*Hard Labour*), pour un temps ne dépassant pas un mois pour la première transgression et pour un temps ne dépassant pas trois mois pour la seconde, et au plus.

Art. 32. — Tout ordre soumettant une femme à la visite médicale périodique ne pourra avoir une durée qui dépasse un an.

Art. 33. — Si une femme soumise à la visite médicale périodique en vertu de cet acte (soit par sa propre soumission, soit par ordre d'un juge) désire en être libérée, si elle n'est pas détenue dans un hôpital désigné et qu'elle fasse à un juge une demande écrite à cet effet, le juge fixera, par notice écrite, un temps et un local pour l'audition de la demande et pour délivrer une copie de la demande et de la notice à l'inspecteur de police.

Art. 34. — Si, lors de l'audition de la demanderesse, il est démontré, à la satisfaction du juge, que la demanderesse a cessé d'être une prostituée ordinaire ou si la demanderesse, avec l'assentiment du juge, contracte l'engagement, avec ou sans caution, selon que le juge le trouvera bon, de se bien conduire pendant les trois mois

(1) On voit que nos voisins sont plus pratiques que nous qui, par un sentiment d'humanité touchant à la sensiblerie ou plutôt de philanthropie, sinon excessive, du moins mal placée, mettons nos criminels dans un état de bien-être, sinon véritable, du moins de beaucoup supérieur au sort qu'ils ont chez eux et surtout à celui que l'on fait à nos soldats. Nous avons lu notamment des récits lamentables des souffrances de ces derniers sur les bâtiments de transport, dans la mer Rouge et ailleurs. A Paris, à la Santé, chaque détenu coûte à l'État, par an, 2,500 francs! Avec cette somme, on ferait vivre toute une famille de braves gens. Les condamnés sont infiniment mieux en prison qu'en liberté. Le seul système pratique consiste dans des peines *dures* mais *très courtes* pour tous les responsables et dans l'hospice pour les inconscients

qui suivront, le juge ordonnera qu'elle soit libérée de la visite médicale périodique.

Art. 35. — Tout engagement de ce genre sera considéré comme non avenu si, à une époque quelconque du terme pour lequel il a été contracté, la femme en question se trouve en quelque lieu public (passage, rue, place, café, bal, etc.) à l'effet de prostitution, ou si, d'autre part, elle se comporte comme une prostituée ordinaire.

Art. 36. — Si quelque personne, propriétaire ou locataire de quelque maison, chambre ou local, dans les limites d'une localité du ressort de cet Act, ou étant directeur ou concourant à la gestion de ce local, a des causes raisonnables de croire qu'une femme est prostituée (dans le sens ordinaire du mot) et qu'elle puisse être affectée d'une maladie contagieuse, et qu'elle lui laisse fréquenter sa maison, chambre ou local, à l'effet de prostitution, cette personne sera coupable de transgression contre le présent acte, et, sur conviction sommaire de ce fait devant deux juges, sera passible d'une amende ne dépassant pas 20 livres, ou, à la discrétion du juge, d'un emprisonnement ne dépassant pas six mois, avec ou sans travail forcé.

Réserve faite qu'une condamnation de ce genre n'exemptera le coupable d'aucune conséquence pénale ou autre qu'il aura pu encourir pour tenir ou pour concourir à tenir une maison de débauche ou pour les dommages en ayant résulté.

Art. 37. — Spécifie les conditions dans lesquelles sera recherchée la véracité des assertions contenues dans les informations contre une femme ; selon que la femme le désire, l'audience sera publique ou non.

Art. 38-39. — Formules des certificats.

Art. 40. — Tout certificat signé d'un chirurgien ou médecin de prison ou d'hôpital sera reçu comme preuve sous la responsabilité du signataire.

Art. 41. — Tout avis devra être remis directement à la personne intéressée ou à son domicile habituel.

Art. 42. — Toute poursuite devra être effectuée (pour être valable) dans les trois mois qui suivront le fait visé et jamais autrement. Avis écrit de chacune de ces actions et de leur cause sera donné à l'avocat ou au défenseur au moins un mois avant le commencement de l'action.

Le document précédent est suivi de l'*Acte additionnel* suivant concernant la *détention temporaire des femmes*, Appendice, nᵒˢ 1, 2, 3.

4) Toute femme qui, se présentant à la visite ou pendant la visite même du médecin, est reconnue par lui être en une telle condition qu'il ne puisse l'examiner convenablement, sera détenue (si le chirurgien a des motifs plausibles de la croire affectée d'une maladie contagieuse) dans un hôpital qualifié à cet effet, conformément aux prescriptions des règlements des maladies contagieuses de 1866 et de 1869 jusqu'à ce que le chirurgien puisse l'examiner convenablement, de manière toutefois qu'elle ne soit pas détenue pour une période de plus de cinq jours. Le chirurgien chargé de la visite signera un certificat attestant qu'elle était dans une telle condition, etc.

Si le motif qui empêche le chirurgien d'examiner la femme est l'état d'ivresse, elle pourra être détenue, mais pour une période n'excédant pas vingt-quatre heures, en un endroit désigné habituellement pour les personnes accusées d'ivresse ou de scandale sommairement punissable.

5) Lorsqu'une déclaration sous serment est déposée devant un juge par un inspecteur de police établissant que l'auteur de la déclaration a de bonnes raisons de croire que la femme dénommée est une prostituée et qu'elle réside dans les limites d'une localité à laquelle cet Act s'applique; ou bien si elle n'a pas de domicile fixe et qu'elle soit venue dans un but de prostitution dans ces limites dans les quatorze jours qui ont précédé le dépôt de la déclaration; ou bien si elle est allée, dans le but—

de prostitution, avec des hommes résidant dans ces limites, le juge devra, avant d'agir, en faire donner à cette femme un avis que lui fera remettre l'inspecteur de police.

6) Lorsqu'une femme se soumet volontairement et par écrit à une visite médicale périodique, cette soumission aura, pour tout ce qui concerne les effets du règlement, la même conséquence que l'ordre d'un juge.

7) Une femme pourra être détenue pour une nouvelle période n'excédant pas trois mois, à ajouter aux six mois attribués par le chapitre xxiv de l'Act principal, s'il est fourni, à l'expiration de ces six mois, un certificat établissant qu'une détention ultérieure est nécessaire pour son traitement médical, de façon toutefois qu'une femme ne soit pas détenue plus de neuf mois en vertu du même certificat.

8) Quand un ordre est donné de laisser sortir une femme de l'hôpital, ou bien quand il est délivré un certificat attestant qu'une femme n'est pas atteinte d'une maladie contagieuse, cet ordre, ou ce certificat, sera remis à l'inspecteur de police qui le conservera.

9) Toute femme soumise, soit volontairement, soit par ordre d'un juge, à la visite médicale périodique, et désirant en être délivrée, si elle n'est pas détenue dans un hôpital *ad hoc*, peut adresser sa demande écrite au chirurgien chargé de la visite. Celui-ci fera remettre à l'inspecteur de police une copie de cette demande et si, après l'avis de l'inspecteur ou d'après quelque autre témoignage, il lui est démontré que la demanderesse a cessé d'être une prostituée commune, il peut, par un ordre signé de sa main, mais sous sa responsabilité, prescrire qu'elle soit libérée de la visite, et elle le sera par ce fait. Cet ordre sera délivré en triple exemplaire; l'un sera remis à la femme, et deux seront remis à l'inspecteur de police lequel en transmettra un au juge qui a émis l'ordre de soumettre la femme aux visites médicales ou à son successeur.

13° Les stipulations relatives à un enfant né d'une mère détenue dans un hôpital spécial seront les mêmes que si cet enfant était né dans une maternité ordinaire. (Voir l'*Act de la 13ᵉ année du règne du roi Georges III*, chapitre LXXXII.)

Suivent un premier appendice déterminant les limites exactes des localités dans lesquelles les précédents actes seront en vigueur et un deuxième appendice composé des formules des divers documents officiels dont il a été question. »

Tels sont ces fameux actes dont il a tant été question dans ces derniers temps, soit en Angleterre, soit en Europe. Une première mesure, pour la prévention des maladies vénériennes, avait été adoptée en 1864. Or, à Plymouth, toutes les prostituées qu'on examina furent trouvées malades. La moyenne générale fut de 84,9 p. 100.

La loi de 1864 donnait à la police l'autorisation de saisir les femmes publiques suspectes, de les amener et de les faire examiner dans un hôpital désigné à cet effet, et de les y retenir, en cas de maladie, pour une période (renouvelable selon les besoins du traitement) ne dépassant pas trois mois.

Mais, avant qu'une femme fût déclarée suspecte, elle avait eu le temps de transmettre bien des fois la maladie dont elle était atteinte. De là, la nécessité des visites périodiques préventives et la nouvelle loi de 1866, faite sous l'inspiration de Skey, président du *Royal College of Surgeons*. Les Acts furent complétés en 1869 par des articles additionnels, le tout adopté par le Parlement anglais.

Les *contagious diseases Acts* restèrent en vigueur jusqu'au 21 avril 1883, époque à laquelle les Chambres, influencées par l'agitation de Stansfeld, décrétèrent leur abolition.

Par les conditions dans lesquelles elles furent mises en pratique, ces lois préventives constituent une véritable expérience de laboratoire dont on aurait bien tort de ne tirer aucun enseignement.

Avant 1863, nous avons dit que les maladies vénériennes sévissaient comme un véritable fléau sur l'armée anglaise : 1,416 hommes étaient, par ce seul fait, *journellement* immobilisés dans les hôpitaux (1). Pendant que, dans quinze villes de garnison navale ou militaire de l'Angleterre ou de l'Irlande étaient instituées les lois sanitaires, 15 autres garnisons, de 500 hommes au minimum, restaient comme les témoins de l'efficacité des Acts, abandonnées, comme par le passé, à tous les dangers de la prostitution libre. On ne procéda, d'ailleurs, que lentement et successivement à l'organisation sanitaire des 15 garnisons à prostitution surveillées. En 1865, l'Act n'était encore appliqué que dans trois d'entre elles ; en 1866, à 4 ; en 1867, à 5 ; en 1868, à 8 ; en 1869, à 10 ; enfin, en 1870, il fonctionnait dans les 15.

Or, bien que l'épreuve, dans ces conditions, eût été boiteuse et incomplète, le bilan des années 1864-70 permet de constater que le *groupe surveillé*, qui présentait avant l'acte un excédent de maladies vénériennes de 14 pour 1000 sur le *groupe libre*, en avait bénéficié au point de descendre au-

---

(1) Longuet, *Arch. de méd. militaire*, mars 1884.

dessous de celui-ci de 21 pour 1000 environ. L'expérience se poursuivit plus probante encore pendant les années 1870-1881 ; les villes surveillées présentèrent une atténuation croissante, les autres offrant des fluctuations à peine variables. Pour l'année 1881, les garnisons surveillées ont eu 74 cas d'ulcères vénériens primitifs pour 1000 hommes, et 97 blennorrhagies. Les autres, respectivement, 181 et 122 pour 1000. En ce qui concerne la blennorrhagie, on n'observa entre les deux groupes que des différences peu marquées.

Tous ces chiffres sont démonstratifs.

Ce n'est donc pas, comme on l'a dit, à cause de déceptions ou de résultats inférieurs aux prévisions des optimistes que les actes furent abolis par les Chambres, sous le cabinet Gladstone, lié par son programme. Du reste, *depuis l'abolition des lois protectrices* de la santé publique au moyen de l'inspection obligatoire des femmes publiques, le *nombre des prostituées a augmenté* et *les cas de syphilis graves sont devenus plus fréquents*. Un fait identique a lieu actuellement en Italie, où la liberté de la prostitution compromet gravement la Santé publique (1).

L'opinion générale en Angleterre paraît être en accord avec celle de la majorité des médecins ; elle exige non seulement le rétablissement des *contagious diseases Acts* dans les districts autrefois protégés, mais encore la promulgation de règlements de police efficaces pour Londres même (2).

<hr>

(1) De Amicis, Congrès de Paris, 1889.
(2) Keser, *Semaine méd.*, 30 décembre 1885.

Il faut bien savoir que ce n'est nullement sous les influences médicale ni administrative que les lois ont été abrogées. Ses ennemis furent surtout la ligue « pour relever la condition sociale et la dignité de la femme et pour abolir la prostitution » et surtout l'action si puissante en Angleterre du puritanisme protestant. Enfin de pseudo-moralistes s'écriaient, se montrant impitoyables aux malades : « Qu'ils souffrent de leurs péchés ! » Nous ne pensons pas que ce soit là un argument pour les quelques médecins partisans de la liberté de la prostitution ; ces médecins n'ignorent pas que la maladie syphilitique compromet les générations futures et la race, en rejaillissant à jamais sur les femmes et sur les enfants, c'est-à-dire sur *des innocents*. Nous ne pensons pas non plus que ce soit là un argument en faveur des doctrines radicales qui se réclament d'une façon si farouche de la liberté individuelle. *Il n'est pas douteux que le plus grand nombre souffre et que ceux qui souffrent le plus sont les prolétaires, ceux qui n'ont ni temps ni argent pour se soigner.*

Que ces idéologues se souviennent que ce sont les susceptibilités du fanatisme religieux qui, en prêchant le mépris du corps et la malpropreté, ont finalement amené la déplorable fréquence des maladies vénériennes par la négligence des examens et des soins. On peut dire que ces écrivains se sont laissés convaincre *à Londres par le puritanisme protestant et que ce sont les théories étroites qu'ils veulent aujourd'hui faire triompher à Paris.*

Loin d'être humains et sensés, loin d'être éclairés, loin de défendre les idées les plus larges, ils sont les alliés des pires fanatiques. Qu'ils n'oublient pas que c'est ainsi qu'on les juge et surtout qu'ils ne fassent pas tant souvenir que les souteneurs, *les chevaliers du trottoir*, aussi, sont des électeurs !

Quoi qu'il en soit, on peut prédire qu'un long temps ne se passera pas sans que, chez nos voisins, la raison et le sens pratique aient repris le dessus. Bientôt, loin de les abolir, on reprendra les lois sanitaires pour les améliorer et les compléter encore.

En France, voici où nous en sommes. Chacun sait que maintenant le service sanitaire n'existe plus que d'une façon presque nominale. Il n'est pas complètement aboli, mais il est sans vigueur, sans régularité ; il fonctionne comme en vertu d'une vitesse acquise ; chacun sent qu'il n'est plus qu'un service provisoire attendant, soit l'abolition définitive et la chute totale, soit une réorganisation complète.

Comme en Angleterre, comme en Belgique (ce petit pays donne aux grands aujourd'hui l'exemple, puisque les Belges ont su faire de leur capitale une des villes les plus saines de l'Europe), en France, la question eut l'honneur d'être discutée dans les hautes sphères médicales. Un remarquable esprit de conciliation a présidé à la discussion remarquablement menée par Fournier, Brouardel, Le Fort et d'autres autorités médicales, et a permis d'arri-

ver à un accord à peu près complet. Les conclusions adoptées le 3 *avril* 1888 par l'Académié
(Voy. p. 268) ne sont pas encore le dernier mot de
cette question délicate entre toutes, mais elles mar-
quent déjà un progrès considérable sur ce qui est
ou plutôt sur ce qui n'est plus. Nous devons donc
souhaiter qu'elles soient bientôt transmises et en-
tendues en haut lieu et que les Pouvoirs publics
daignent enfin tenir compte des avis des médecins et faire entrer leurs vœux dans la période de
réalisation.

Nous avons dans un précédent chapitre analysé
le rapport de Fournier et reproduit ses conclusions si sages, si humanitaires (Voy. p. 252).

Pour être complet, plus vaste, le programme des
médecins parisiens ne diffère pas dans le fond de
celui des médecins des pays étrangers.

L'unanimité, *sans entente préalable*, des médecins de toute nationalité à conseiller les mêmes
restrictions de la prostitution, les lois de préservation et l'obligation légale du contrôle médical périodique est, à notre avis, un argument de premier
ordre.

La question est facile à résumer : personne n'est
dans l'obligation légale de se prostituer ; mais si
une personne a le droit de disposer comme elle
l'entend de son corps, d'aller jusqu'à le vendre,
il est indispensable que *cette marchandise, comme
toute autre*, ne soit pas avariée et qu'elle ne constitue, pour le consommateur, ni duperie ni péril.

Or, comme dans l'espèce, il est trop tard d'agir quand le mal est fait, il faut le prévenir, et il n'est pas d'autre garantie que le *contrôle préventif.* Notons en passant qu'il est indigne et choquant, comme font les littérateurs euphémistes, de qualifier ces marchandes du nom de marchandes d'amour ; il s'agit, tout au plus, de marchandes de plaisirs ou mieux de jouissances. *De telles marchandes, la Société a le devoir de les exiger saines!*

Notons d'ailleurs un fait observé par tous ceux que leurs fonctions mettent à même de juger. L'obligation des visites sanitaires n'est pas considérée par les intéressées comme une corvée pénible ou vexatoire ; beaucoup savent qu'elles sont exposées à contracter, dans l'exercice du métier qu'elles pratiquent volontairement, un affreux mal ; elles sont heureuses, souvent reconnaissantes, qu'on cherche à les préserver et à les soulager ; et d'ailleurs, elles savent que leur intérêt direct est d'être absolument saines.

En résumé, nous sommes de ceux qui pensent que la liberté de la prostitution est un encouragement à la débauche, en même temps qu'un danger public. Dans un chapitre suivant, nous ferons connaître les diverses mesures qui, dans l'état des esprits et des mœurs à notre époque et dans notre pays, nous semblent les plus propres à *combattre la syphilis par l'assainissement de la prostitution.* Cela est si évident pour nous que nous consentirions à la rigueur à ne soumettre à l'obligation du traitement *que les femmes atteintes de syphilis* et pendant la durée seulement bien entendu de la période contagieuse.

Il suffit pour triompher dans un plaidoyer, a-t-on dit, que les victimes soient nombreuses et intéressantes ; dès lors notre cause est gagnée ; car rien n'est plus digne de sollicitude que le cas des victimes dont nous prenons ici la défense, femmes, enfants, etc. Faut-il donc encore rappeler que tout l'entourage des syphilitiques est menacé d'un empoisonnement, d'abord immérité, ensuite capable, soit de compromettre la vie, soit de faire souffrir pendant toute la durée de l'existence, soit enfin de se reproduire jusque dans les descendants de ces victimes ? Et cet empoisonnement, renaissant ainsi de ses cendres, va donner lieu à une transmission indéfinie et pourra atteindre les proportions, dans certaines conditions, d'un véritable désastre public.

En vérité, on le voit, il ne s'agit pas de morale compromise, ni de la liberté individuelle, ni de la dignité ou de l'inviolabilité de la femme ; il ne s'agit que de la Santé et *nous ne faisons ici qu'œuvre médicale* sans nous mêler des affaires de police ou des choses administratives ; ce sont de considérations exclusivement médicales dont il est question ici.

Nous pensons en médecins que, pourvu que l'hygiène soit respectée, les rapports des sexes doivent être traités d'après les principes sacrés de la liberté ; mais il faut bien savoir que *compromettre*, et parfois irrémédiablement, la *santé d'autrui est un vé-*

ritable crime qu'on ne saurait encourager par une impunité systématique. Les Pouvoirs publics, protecteurs naturels des populations, ne peuvent ni rester tolérants ou indifférents ni s'abstenir ; et si des cas se présentent où des mesures sévères soient indispensables, que les plaintes du corps médical, que les avis des médecins, c'est-à-dire des seules personnes réellement compétentes, soient enfin entendus ! Le législateur ne saurait assister impassible à la destruction libre, impunie, graduelle ou journalière de la vigueur et de la santé des populations à la destinée desquelles il a brigué la mission de veiller ! Tout cela pouvant d'ailleurs se faire, comme l'a montré Fournier, sans brutalité et sans arbitraire de la part de l'administration ou de la police. Que ceux qui ont qualité avisent !

On a souvent reproché aux médecins de n'indiquer que le mal et d'omettre l'indication du remède. Ici, la plainte n'est plus fondée ; mais hélas, il ne s'agit plus d'une simple ordonnance pharmaceutique à faire extemporanément exécuter. C'est à cette *œuvre sanitaire*, bien digne de tous les efforts, que nous convions les médecins de tous les pays, commençant ainsi l'*union des peuples par la Science et par l'Hygiène*. Pour l'instant, ne nous occupons que de la France et adressons-nous aux Pouvoirs publics pour faire entrer la question dans la pratique. Peter l'a dit à propos du choléra : « Rien n'est plus désirable que l'union du législateur et du médecin. De tels vœux pour un tel résultat ne peuvent rester indéfiniment platoniques. A cette croi-

sade scientifique, il est plus qu'honorable de partii-
ciper ! » Nous terminerons par la formule de Marr-
tineau : « Qui dit liberté de la prostitution dit libertté
de la contagion, liberté de l'empoisonnement !   »
C'est pour cela que le devoir du médecin est dle
crier : « A bas les empoisonneurs publics ! »

CHAPITRE IV

URGENCE D'UNE LOI SANITAIRE (1)

On vient de voir que la question qui nous occupe a été l'objet de discussions et d'études, presque simultanément, sur divers points de l'Europe, en France, en Belgique, en Italie, en Angleterre aussi bien qu'en Russie. Ce fait démontre l'état de préoccupation qu'éveille et entretient partout le *problème de la prostitution*, les dangers qu'elle crée et l'importance de la réglementation. Remettons-en les données sous les yeux du lecteur.

Une première question se pose : ce qu'il s'agit de réglementer est-il donc indispensable ? S'il s'agit d'un mal, ne vaudrait-il pas mieux procéder par suppression ? En d'autres termes, ne *peut-on se passer de la prostitution ?* Tant de choses ont été dites et écrites à ce sujet que nous ne jugeons pas utile d'entrer ici dans les détails. La prostitution a résisté à toutes les lois faites pour l'anéantir. Elle

(1) Barthélemy, *France médicale*, 1888.

a été de tous les âges, de tous les temps, dans tous les pays, sous tous les climats. Elle est *partout* florissante et *prospère de nos jours autant que jamais : nous n'approuvons pas, nous constatons.* On peut aspirer au temps rêvé par les philanthropes où la perfection des mœurs fixera pour jamais chaque homme à chaque femme. Mais, hélas le jour n'est pas proche pour ce triomphe du bien absolu ; en attendant, il faut prendre une décision protectrice ; entre deux maux inévitables, c'est le moindre qu'il faut se hâter de choisir.

On tend, de nos jours, à se marier de plus en plus tard ; et pourtant, si nous observons impartialement ce qui se passe autour de nous, que constatons-nous ? Dès l'âge de 20 ans, pour tout homme bien bâti, bien constitué, l'appétit génital demande impérieusement satisfaction. C'est peut-être ici le cas de rappeler les vers, si connus, que Voltaire a inscrits sur le socle d'une statue de l'Amour :

> Qui que tu sois, voici ton maître ;
> Il l'est, le sera, le doit être !

Un auteur contemporain, Ach. Leroy, n'a-t-il pas écrit ? « Une bonne fornication porte à la bienveillance, à la joie, aux affections tendres ; qu'elle soit mauvaise ou nulle, l'être humain, de même que le constipé, devient irritable, atrabilaire. » « L'amour non satisfait donne le désespoir à l'homme », a dit un autre moderne.

Dès lors, s'il est des organes qui ne se laissent plus oublier, il est des fonctions qu'il doit être possible

d'accomplir impunément. La croissance est terminée, — parlons en médecins, puisqu'il s'agit de
médecine, — pourquoi donc vous opposeriez-vous
aux velléités, aux ardeurs du jeune homme ? N'au-
riez-vous pas alors raison de craindre des tendances
ou des habitudes qui seraient, au nom même de la
Santé, beaucoup plus nuisibles, beaucoup plus
regrettables ? Ch. Richet nous citait dernièrement
une grande Université du Nord où la chasteté est
de règle jusqu'à un âge beaucoup plus avancé.
D'abord le fait n'est peut-être pas aussi certain qu'il
peut paraître. Ensuite, en France, il ne serait pas
possible. Y a-t-il d'ailleurs tant à s'en défendre ?
Les Gaulois ont toujours eu les nerfs à fleur de
peau. Gardez-vous donc d'intervenir. L'âge que
nous avons indiqué est, pour la moyenne des individus et dans l'état de nos esprits, plutôt trop
éloigné que rapproché. Et cela, qu'on l'approuve
ou qu'on le déplore, qu'on l'accepte ou qu'en principe on le repousse, *le fait est ;* il constitue la loi
qui règle la grande majorité de nos contemporains.
Bien des parents n'ont pas l'air de s'en douter ; ils
ne savent pas la vérité ; ils se sont laissés tromper ;
ils n'ont pas su observer, voilà tout ; *mais le fait
est, et, puisqu'il est, il faut compter avec lui.*
Nous répèterons : Si la prostitution était sans danger pour la santé publique, ce ne serait pas à nous,
médecins, à nous en préoccuper.

Dans ces conditions, que convient-il de faire ?
On ne peut ou qu'organiser la vie orientale ou que
garder les mœurs européennes. Parler de rétablir

la polygamie ne saurait être sérieux ; il n'y a donc pas à hésiter : *il faut réglementer, assainir la prostitution* ; ce n'est certes pas là *travailler pour la débauche*, mais, ainsi que nous espérons l'avoir démontré, c'est *travailler pour la Santé* et pour l'avenir d'un nombre vraiment considérable d'innocents.

Dans l'hypothèse précédente, nous n'avons même pas discuté le mariage de l'homme de 20 ans. A notre avis, le mariage précoce est en général une erreur. Aucun des adversaires de nos propositions ne serait certes disposé à donner sa fille à un si jeune homme ; et il aurait raison. Nous qui approuvons les mœurs libres du jeune âge, nous ne le ferions pas non plus. Ne faut-il donc pas que le futur chef d'une famille ait quelque expérience de la vie ? Est-ce bien à lui d'être vierge pour deux ? Ne convient-il pas que le jeune mari soit apte à donner des leçons plutôt qu'à en recevoir ? Ne faut-il pas, enfin, que jeunesse se passe, que le jeune homme fasse, selon l'expression consacrée, ses farces ? Or, à cet âge, les farces sont pardonnables, en général peu chargées de conséquences, et vite pardonnées. Au contraire, après l'âge mur, — et c'est alors que les écarts auront lieu s'ils n'ont pas existé pendant la jeunesse, — les farces deviennent des fautes répréhensibles et justement blâmées, souvent causes des plus grands malheurs, et susceptibles, en tous cas, de compromettre le bonheur et l'avenir de toute une famile.

Ainsi donc, d'une part, le mariage précoce n'est

pas, selon nous, désirable ; nous pensons même que, dans notre état social, il n'est qu'exceptionnellement possible. D'autre part, il faut tenir compte des questions d'argent et de temps ; et pour le plus grand nombre des hommes il n'existe pas d'autre moyen honorable de se tirer d'embarras que de suivre le conseil donné jadis par Caton qui s'y connaissait en vertu autant que qui que ce soit. Voyez Horace, deuxième satire : « *Quidam notus homo, quum exiret fornice, etc..... non alienas permolere uxores.* »

Nous le répétons, nous n'hésitons pas à aspirer au temps idéal où toute prostitution sera supprimée, par ce simple mais merveilleux fait que chaque homme aura à jamais une seule et même femme et réciproquement... mais n'est-ce pas là un rêve philosophique. Certes nous ne disons pas qu'il ne se réalisera jamais, — nous ne voudrions décourager les espérances de personne, — mais il ne se réalisera certainement pas avant de longs siècles. Donc, *en attendant il faut agir contre la vérole.* Le mal est en permanence, prenons des garanties contre un fléau qui n'admet pas de trêve. Eh bien, *en fait de garantie, il n'en existe pas en dehors de la réglementation.* Il faut, d'une part, supprimer, anéantir la prostitution libre, clandestine, celle qui répand toutes les mauvaises semences parce qu'elle échappe à toute surveillance, et, d'autre part, assainir la prostitution reconnue, tolérée.

Nous laisserons les gens compétents discuter

dans une commission spécialement nommée à cet effet, et fixer les détails et les modes de l'application de la mesure ; nous ne voulons aborder ici que la question, exclusivement médicale, des principes de la *doctrine de protection*. Or, voici ces principes :

L'*hygiène générale*, appliquée avec réserve, avec discernement, avec compétence et réflexion, sans brutalité ni partialité, doit primer la *liberté individuelle*. En d'autres termes, l'intérêt individuel doit céder le pas à l'intérêt général. La liberté de l'individu ne saurait s'étendre jusqu'au point de compromettre les intérêts majeurs du plus grand nombre.

Voyons ce qui se passe dans d'autres domaines : les libéraux sont les premiers à préconiser l'obligation du service militaire, l'obligation de l'instruction. Ils violent pour cela non seulement la liberté individuelle de ceux qui ne veulent ni servir ni s'instruire, mais encore ils morcèlent l'autorité paternelle. Notons que nous approuvons hautement — eu égard aux temps où nous vivons — ces mesures qui subordonnent l'individu au plus grand nombre, et les intérêts personnels aux intérêts généraux ; la liberté individuelle n'est respectable, ne devient sacrée qu'autant qu'elle ne porte ni atteinte ni préjudice à la liberté et aux intérêts de la majorité de la Nation. Mais ne trouvez-vous pas lesdits libéraux bien mal venus à prétendre interdire aux hygiénistes (sous couvert de cette même liberté individuelle qu'ils viennent de fouler aux pieds avec tant de désinvolture pour telles raisons qui leur semblent excellentes) de penser qu'il devrait être défendu de pouvoir transmettre, ou impossible même de contracter, une maladie contagieuse ? De quel mirage leur raison est-elle donc le jouet quand ils soutiennent que la Société doit respecter la liberté de ceux qui refusent de se faire vacciner ou revacciner, de ceux qui se constituent ainsi à l'état de foyers permanents de contagiosité générale ? Dire qu'il serait possible ainsi de supprimer la variole du cadre nosologique, comme jadis par l'isolement on a détruit la lèpre chez nous, de même qu'à l'étranger par des mesures très sévères de police, on rend la rage inoffensive ! De même, pourquoi ne pas contraindre à la désinfection des objets qui ont servi aux malades atteints de rougeole, coqueluche, scarlatine, diphthérie tuberculeuse même, etc. Pourquoi vouer à ces maladies ceux qui viendront après ? Pourquoi ne pas prendre les mesures nécessaires pour délivrer notre espèce de ces déplorables mais non inévitables tributs ?

Cette indifférence pour la Santé et même pour la Vie humaine dans les cas précédents est déjà inexplicable, mais elle devient coupable lorsqu'il s'agit de la maladie qui fait l'objet de cette lettre sur l'hygiène ; c'est qu'il n'est plus question ici de maladies aiguës, passagères, mais bien d'une maladie ayant une grande gravité et une durée si longue qu'elle est impossible à préciser exactement. Certes ce n'est pas une maladie déshonorante, elle est très loin de constituer un certificat de débauche, mais elle peut être si terrible dans ses conséquences qu'il y a lieu de mettre l'individu — la plupart du temps inconscient du danger — en garde contre de si graves et de si malheureuses éventualités. Bien plus, il ne s'agit plus ici seulement de l'individu, il est question de la Race. Il ne s'agit plus d'un coupable ou d'un imprudent, il s'agit des femmes et des enfants du malade, lesquels sont innocents et pourtant presque constamment frappés ! (1)

Ignorez-vous donc la fréquence des contaminations de l'épousée vertueuse ? Vous qui, pour des raisons en apparence puissantes et très respectables, ou même en vertu des spéculations de l'esprit, et par pure théorie philosophique, vous opposez aux mesures si utiles que proposent les hygiénistes, savez-vous donc dans quelle effrayante proportion succombent les enfants héritiers d'un tel vice ? Savez-vous le nombre des fausses couches, des avortements qui relèvent de cette seule cause ? Dès lors, rendez-vous compte de la diminution de la population qui en résulte. C'est dans les livres, dans les mémoires spéciaux, dans les statistiques, surtout dans les travaux de Fournier, que tous ces renseignements abondent et que chacun peut se renseigner complètement.

Or, de toutes ces innocentes victimes, n'aurez-vous donc pas pitié ! Toutes ces nourrices contaminées par leur nourrisson ou inversement, tous les bébés roses infectés par la petite bonne ; toutes

<hr>

(1) Voir Fournier, *Syphilis et mariage* (Masson, 2° édit., 1890

ces sages-femmes, tous ces médecins dont la santé a été professionnellement compromise, toutes ces victimes innocentes des épidémies de famille ou de village, ne vous serviront-ils donc jamais d'exemple ou d'enseignement ? Ah ! vous n'avez pas été comme nous les témoins et les confidents des angoisses de ces pères qui, dans les moindres indispositions de leurs enfants, croient voir ou redoutent une manifestation ou un indice de l'éclosion du fatal héritage. Ce sont là des tourments incessants, des alarmes toujours menaçantes bien moins à cause de leur santé propre qu'à l'occasion de la prospérité de ceux qui leur sont chers et qui dérivent d'eux ; ce sont là de véritables tortures morales, susceptibles d'assombrir toute une existence, et cela pour un instant de défaillance ou plus exactement de mauvaise chance ! Combien ces malheureux eussent préféré être dépouillés de leurs biens : on eût puni l'escroc ; on ne daigne pas agir contre ceux qui ont ruiné leur santé et détruit leur bonheur ! Combien ils ont tort et combien ils sont cruels ceux qui, avec les Anglais, pensent que *cette affreuse maladie est d'essence divine*, seule capable d'enrayer les débordements, et par conséquent digne d'être conservée !

Est-il possible de qualifier de providentiel un châtiment qui, épargnant le plus souvent les viveurs habiles et expérimentés, va s'appesantir, et parfois si cruellement, soit sur les naïfs, soit, et surtout, sur l'enfance innocente ?

Et c'est dans la patrie d'Hutchinson qu'une pareille théorie — et notez qu'elle est actuellement triomphante — a pu prendre naissance? Là encore on retrouve la trace de ces moralistes, pleins d'excellentes intentions, mais tout à fait incompétents et incapables de juger la question dans sa réalité et dans la profondeur implacable de ses conséquences. Car, s'il y a quelques coupables, — et encore, à ce moment, ne sont-ils plus que des malades — il y a beaucoup plus d'inexpérimentés et surtout d'innocents dans toute l'acception du mot. Les médecins seuls peuvent mesurer toute l'étendue de ce mal qui, dans certains cas, a pu peser jusque sur la deuxième génération, parce que les médecins seuls sont au courant, étant les confidents de victimes qui, loin de proclamer leur mal, le cachent avec le plus grand soin.

Fournier et nous-mêmes avons observé plusieurs cas où *l'approche de la mort même* n'a pas décidé les malades à avouer des antécédents — que leurs papiers ont démontré ultérieurement être connus d'eux — qui eussent pu mettre sur la voie d'un traitement peut-être définitivement curatif!

Empêcher tout ce mal ce n'est certes point *travailler pour la débauche*, selon la judicieuse et énergique protestation de Fournier!

N'oublions pas qu'il s'agit ici *des maladies dites bien à tort honteuses,* car elles ne peuvent être, en bonne équité, considérées comme déshonorantes ni comme un certificat de débauche. Néanmoins les malades se taisent, les familles font le silence et ainsi se perd, même quand elle est soupçonnée, la trace du mal, lequel n'est jamais avoué qu'au mé-

decin. Voilà ce que nous voyons, nous autres médecins, et ce que nous constatons journellement ;
voilà ce que les philosophes et les littérateurs sont
assez heureux d'ignorer.

Mais allons plus loin : Cet enfant, par des
veilles et des soins de tous les instants, grâce à
une sollicitude qui ne s'est pas démentie pendant
les quinze ou dix-huit premières années, la mère
enfin l'a arraché à la mort. Que devient-il ? c'est
la plupart du temps un être peu robuste, peu intelligent, arriéré, peu capable d'affection, voire de
procréation. Ajoutez à cela que la maladie est très
répandue ; que, *de la ville*, par les ouvriers et les
soldats (service obligatoire), *elle passe à la campagne*, et que les *vénériens des champs* (1) et les
épidémies de villages ne sont plus rares. Il s'agit
bien d'une altération graduelle de la Race et
d'une véritable cause de dépopulation. C'est donc
d'un *péril national* qu'il est question ici ; nous
dirons même, comme la maladie est universelle,
qu'il s'agit d'un *mal social*. Fournier a affirmé,
avec la plus grande raison, que la syphilis de la
rue rebondit jusque dans les familles les plus
honnêtes. Nous ajouterons que l'infection d'une
nation, grâce aux transactions commerciales, aux
moyens rapides de transport, aux voyages, rebondit journellement sur les peuples voisins. *Il n'est
pas une nation qui puisse aujourd'hui rester indifférente à la disparition du mal syphilitique.*

(1) Lardier, Rambervillers (Vosges).

C'est donc le devoir des académiciens, le devoir du Corps médical de *tous les pays*, d'éclairer ceux de la puissance desquels dépend la solution pratique du problème ici proposé, de leur montrer la nature et l'étendue du mal et de les convier à y remédier. Nous n'avons pas le droit de laisser nos semblables souffrir et mourir sans les avertir ou les prévenir du danger. L'hygiéniste digne de ce nom ne doit ni se lasser ni se rebuter. Il doit proclamer la vérité et dire qu'il y a un mal, un mal formidable, auquel il est urgent de porter remède. Rappelons que nous sommes partisan de toutes les libertés, hormis celle de nuire et d'empoisonner : or *ici il ne s'agit d'empêcher que des empoisonnements*. Il faut, non supprimer, mais assainir. Si nous protestons contre la provocation, c'est surtout parce que nous sommes certain que toutes celles qui les pratiquent ne sont pas saines de corps. Ce n'est pour ainsi dire qu'une *question de voirie* que nous traitons ici. En vérité, nous admirons l'utilité du projet voté récemment par le Conseil d'hygiène de la Seine : « Le nombre des chiens enragés devient considérable. Il est indispensable de débarrasser sans retard la voie publique de tous les chiens errants, *véritables propagateurs de la rage...*, etc. » A bon entendeur, salut !

Ce n'est pas là sortir du domaine médical. *Dans notre code, aucune disposition ne s'oppose à la répression de l'acte de la provocation;* mais jusqu'à ce jour, rien n'autorise à le faire directement. Et pourtant, ainsi que nous le disait récemment

encore un éminent jurisconsulte, le sénateur Hum-
bert, « toute provocation scandaleuse peut et doit
être considérée comme une infraction punie par le
code pénal. Ce sont les tribunaux qui auront à
apprécier, comme ils ont habitude de le faire pour
l'escroquerie et pour tant d'autres situations délicates ».

Mais, dira-t-on, avec ce système de réglementation, la femme seule est frappée bien que l'homme
contribue aussi, pour sa bonne part, à la diffusion
du mal. Cela est incontestable ; mais qui soutiendra
qu'à ce point de vue la puissance de rayonnement,
de diffusion, ne soit infiniment plus grande chez la
femme que chez l'homme. Qu'on se souvienne du
cas rapporté par Burlureaux, de cette fille qui,
seule, infecta *trente-deux militaires* dont deux
moururent dans l'espace de quelques années, l'un
fou, l'autre paralysé. Plusieurs autres furent con-
traints de quitter le service, etc.....

D'ailleurs la femme seule *fait commerce de son
corps* et c'est *à titre de commerçante* qu'elle *doit
être surveillée*. Quiconque l'imiterait serait passible des mêmes obligations. Il y a surveillance
nécessaire partout où il y a trafic, partout où il y a,
d'une part des consommateurs et, de l'autre, des
marchands. Ces derniers, *en cette affaire comme
en toutes autres*, doivent subir un contrôle et les
consommateurs doivent trouver protection. N'em-
pêche-t-on pas le boulanger de mettre du plâtre
ou de l'arsenic dans son pain ? N'exige-t-on pas
du marchand qu'il ne fuchsine pas son vin et ne

salicylate pas sa bière ? La Santé publique ne mérite pas moins de soins au point de vue spécial où nous nous plaçons. Ce n'est donc pas soumettre les prostituées à une loi d'exception, c'est les *faire rentrer dans le droit commun*. D'autre part, les hommes coupables de transmission vénérienne bien démontrée (c'est dans cette démonstration, comme pour la recherche de la paternité, que gît toute la difficulté), pourront, devront être poursuivis pour coups et blessures volontaires ou non et condamnés, *quand la preuve sera possible*, comme dans le cas de nourrices et nourrissons, par exemple, à des dommages et intérêts proportionnels.

Mais ce sont là des détails d'application de loi dans lesquels nous ne voulons pas entrer *ici*, pas plus que dans certaines considérations sociales d'importance pourtant considérable. A titre d'exemple, nous ne citerons que ce fait : *la tolérance de la prostitution clandestine a pour corollaire inévitable l'accroissement continu de la corporation des souteneurs*, cette armée du crime, ainsi qu'on l'a appelée avec quelque emphase mais non sans raison ; réglementer la première, c'est supprimer la seconde, et, par le fait, rendre un nouveau service à la Société. Celle-ci est doublement intéressée, car les deux maux coexistent toujours et sévissent partout.

Les pouvoirs publics ne peuvent rester plus longtemps indifférents à la prophylaxie des maladies contagieuses. Il est temps, en vérité, qu'on songe enfin à protéger la Santé contre un fléau duquel *il n'est personne* qui, dans son être ou dans sa famille, puisse se dire ou se sentir certainement et toujours à l'abri ! En tout cas, qu'on se souvienne que la *syphilis est un mal permanent* qui ne peut être *combattu efficacement par le sentiment* et que ce n'est pas non plus par des mythes philosophiques qu'on l'empêchera de sévir sur les innocents et qu'on préservera les nouveau-nés.

CHAPITRE V

RÉGLEMENTATION DE LA PROSTITUTION (1)

En France, le système de la réglementation de
la prostitution actuellement en vigueur, est de tous
points détestable. En effet, il n'existe pour ainsi dire
que virtuellement ou par intervalles, procédant par
bonds et par à-coups, sans continuité d'action et par
conséquent sans garantie effective, sans résultat
bienfaisant. Les agents se sentent mal soutenus,
dès lors ils laissent faire. Cet état de choses pro-
vient des attaques dirigées contre le service des
mœurs, non à tort, nous en avons convenu. Il a été
question d'y apporter les améliorations réclamées
par l'opinion publique, mais la réorganisation n'est
pas encore entrée dans la période de réalisation.

D'un autre côté, on ne peut dire que la prostitution soit absolument libre, de sorte qu'il règne un
état intermédiaire bâtard, plus dangereux, à cause
de la sécurité apparente qu'il donne, que l'absence

(1) Barthélemy, Congrès international de syphilis, Paris,
1889.

formelle de toute réglementation, comme cela existe aujourd'hui en Angleterre. Là, chacun doit se préserver soi-même sans jamais pouvoir accuser la Société d'imprévoyance.

En vérité, la syphilis est un accident trop grave et trop fréquent pour qu'on ait le droit de ne pas se préoccuper de ses progrès. Une Société vraiment digne de ce nom ne peut procéder vis-à-vis d'elle avec autant de légèreté ni négliger les moyens d'en préserver ses membres. Sans doute, en réglementant la prostitution, on ne peut se flatter de supprimer tous les cas de syphilis, ni même d'atteindre toutes les prostituées.

En résumé, en France, le système de rigueur est délaissé, le système de douceur n'est pas encore institué, l'état intermédiaire est très fâcheux, et c'est lui qui est adopté aujourd'hui.

On a lu dans un précédent chapitre l'analyse du célèbre rapport de Fournier, voté par l'Académie; on y trouve les plus précieuses indications sur l'application de mesures aussi adoucies, aussi exemptes d'arbitraire que possible.

Nous avons dit que les femmes, même de foi sincère et de bonne volonté, ne se rendent pas toujours compte de la gravité de la syphilis. Elles ont vu la facilité avec laquelle le mal leur est venu; de leurs yeux elles ont constaté l'impunité des hommes malades; elles ne s'imaginent pas commettre une faute en transmettant le mal à leur tour. Il faudrait le leur faire comprendre puisque, somme toute, elles exercent volontairement un métier insalubre, et que, comme tout le monde, elles jouissent de toutes les libertés, sauf de celle de nuire à autrui.

Une d'elles, craignant d'avoir transmis la maladie et ayant été rassurée, nous dit, en apprenant qu'elle n'avait rien : « Ah ! tant mieux, je craignais d'avoir commis une faute de politesse ! »

Une seconde comparait en riant cette maladie à une pièce fausse qu'on cherche à faire passer en omnibus : « On me l'a bien donnée, disait-elle ; pourquoi voulez-vous que ce soit moi qui perde ? » C'est là un raisonnement naïf mais dangereux.

Une troisième, enfin, nous a présenté récemment un cas qui était fort embarrassant à cause du secret professionnel : nous avions à l'informer qu'elle est atteinte de syphilis. Son amant qu'elle n'a pas revu depuis deux mois doit arriver d'Espagne la nuit suivante. « Jamais je ne le lui dirai, nous répond-elle ; c'est impossible. Que pensera-t-il de moi ; et puis, ma position en dépend ! Je ferai comme si je ne savais pas... etc. » Nous lui démontrâmes alors la gravité de sa conduite ; dans un mois, ce monsieur le verra ; ce n'est donc que reculer ce qu'elle redoute, etc. Bref, la dame avoua tout, et le monsieur ne fut pas contagionné.

Ce fait montre bien qu'il n'est pas indifférent d'éclairer les malades sur la gravité du mal qu'ils peuvent propager.

Mais, si excellentes que soient toutes les mesures indiquées et proposées, elles ne sont certainement que secondaires. Le point capital est toujours celui qui a trait à la réglementation de la prostitution, à la répression de la provocation sur la voie publique, en un mot à la surveillance, surtout dans les grandes villes, de la *prostitution clandestine.*

Cette dernière, au grand désespoir des hygiénistes, fait des progrès incessants. Il est certain qu'une des causes de cet accroissement est la négligence dans laquelle est aujourd'hui tombé chez nous le service des mœurs. On sait maintenant dans le public que la surveillance est illusoire et que les établissements publics n'offrent pas plus de sécurité que le hasard. Ajoutons que par cette négligence et sous pretexte de ne vouloir pas reconnaître officiellement la prostitution, l'administration est une des causes du développement d'un nouveau vice. Ecoutez plutôt cette prostituée qui confessait qu'ayant reçu dans sa journée 9 hommes, deux seulement avaient procédé par les voies naturelles.

Ceci est un mal évidemment en ce sens que la prostitution clandestine, celle qui échappe, celle qui est insaisissable, celle qu'il est par conséquent impossible d'assainir, s'en trouve favorisée.

A Paris, la prostitution fait vivre peut-être 100,000 femmes. 4,000 seulement sont inscrites, dont une partie, qui n'excède pas 2,000, passe la visite. Sans doute les 4,000 en question constituent le corps principal de cette armée, le foyer le plus intense de la contagion ; peut-être, à elles seules, par leur rayonnement, sont-elles plus dangereuses que toutes les autres, du moins est-on en droit de le penser ; mais il est certain que la disproportion entre les prostituées qui échappent aujourd'hui à la surveillance médicale et celles qui y sont soumises, est beaucoup trop élevée. Qu'on se souvienne que si l'on remonte à la source, on démontre d'une manière irréfragable que *tout le mal vient du trottoir*. Mais là ne sont pas tous les desiderata du système actuel. Une chose remarquable a lieu : Les femmes bien portantes seules viennent au dispensaire. Les autres se contentent de changer de quartier pour faire perdre leurs traces et leur adresse, et s'abstiennent systématiquement de toute visite : ce sont les insoumises : ces chevalières ou ces maîtresses du trottoir sèment la syphilis de tous côtés, mais elles refusent, la plupart du temps par défaut d'intelligence, de se soumettre à toutes les lois, même à celle de la propreté. Les autres, enfin, se font traiter, soit chez elles, soit surtout dans les hôpitaux. Quelques chiffres confirmeront les données précédentes et prouveront qu'il ne s'agit nullement de vues de l'esprit ou d'hypothèses.

1°. — Femmes insoumises arrêtées en 1888 :

Elles ont été au nombre de 1.932 sur lesquelles 680 malades, à savoir :

Syphilis, 262; affections vénériennes, 371; gale, 47.

Pendant la même année les soumises visitées au dispensaire donnaient un total de 47.371 visites :

Syphilis, 56; affections vénériennes, 78; gale, 9.
Soit un total de 143 malades.

Il y a environ 4.000 visites par mois ; ce qui ne fait guère plus de 2.000 femmes, chaque femme venant tous les 15 jours. Ainsi est confirmé le chiffre que nous avons donné plus haut.

2°. — Les femmes soumises arrêtées sur la voie publique ont donné lieu à 14.574 visites.

> Syphilis, 195; affections vénériennes, 90; gale, 29
> Soit un total de 314 malades.

3°. — Maisons de tolérance: 42.795 visites.

Cette statistique montre bien qu'au lieu de maisons de tolérance, ces maisons devraient être appelées *maisons préservatrices*.

Rappelons un autre résultat démontré aussi par les chiffres, à savoir que les prostituées sont malades surtout dans les premiers temps de leur inconduite, et que *c'est de 17 à 24 ans*, et plutôt avant qu'après 20 ans, qu'elles sont de beaucoup le plus dangereuses.

Les chiffres rapportés plus haut font ressortir aussi :

1° La dissémination de la syphilis par les insoumises ;

2° Ce fait que les filles soumises ne viennent plus au dispensaire lorsqu'elles se savent malades.

Comparez en effet.

143 malades sur 47.000 visites volontaires, et 314 malades sur 14.000 visites forcées.

Or, ce n'est pas seulement par négligence que les malades s'abstiennent de paraître au dispensaire. Si on les interroge, on apprend que c'est parce qu'elles n'ont pas eu le temps, parce qu'elles de-

meurent trop loin, parce que la maladie est survenue au lendemain d'une visite ; mais aussi
parce qu'elles veulent échapper à la contrainte
et qu'elles redoutent les rigueurs administratives.
Elles ajoutent qu'elles sentent fort bien qu'il est
de leur intérêt d'avoir une bonne santé, qu'elles
seraient très heureuses de se faire soigner si elles
ne redoutaient d'être traitées comme des coupables et non comme des malades.

On comprendra combien ces résultats sont
fâcheux et combien ils contribuent à rendre ineffi-
cace le régime actuel. Ce qu'il y a de plus anormal
c'est que c'est le Dispensaire, auquel s'appliquent
les chiffres précédents, qui est chargé du recrutement des malades destinées à Saint-Lazare. Il en
résulte que les grandes et belles salles de cet établissement restent presque vides, alors que les malades
assiègent chaque jour les hôpitaux de la ville pour
réclamer des soins spéciaux. A chaque consultation
le nombre des demandes d'entrée est beaucoup
plus considérable que celui des lits disponibles et la
contamination publique en est augmentée. Pendant ce temps, à Saint-Lazare, bien des lits restent
ainsi inoccupés qui pourraient rendre à la Santé publique les plus précieux services. L'arrêté en vertu
duquel tant de lits seraient mis à la disposition du
public serait d'autant plus utile que les hôpitaux
spéciaux ne sont certainement plus en rapport à
Paris avec l'augmentation de la population. Paris,
ainsi privé d'organisation sanitaire, nous fait l'effet
d'une belle personne, parée d'une toilette élégante

et de riches atours, mais dont les dessous seraient des guenilles.

Constater les plaies sociales est relativement facile, la difficulté commence quand il faut indiquer le remède. La question de la femme, a-t-on dit, sera le plus grave souci des législateurs de l'avenir. Sans doute, dans l'état des esprits, la solution de la question est difficile à trouver, mais ces difficultés ne sont pas de nature à modifier la conduite et surtout l'opinion des médecins.

Certes, nous applaudirons aux succès des efforts de ceux qui ambitionnent de supprimer la prostitution ; mais, nous autres médecins, nous n'ambitionnons que de supprimer la vérole. Si la prostitution était saine, nous ne nous occuperions même pas de lui interdire le trottoir. Il est loin d'en être ainsi ; aussi croyons-nous devoir insister encore.

Dans le cas particulier, il ne peut suffire de porter plainte une fois le délit consommé ; ce n'est pas par la condamnation d'une personne que l'on peut enlever la syphilis qu'elle aura transmise. *Il est donc indispensable de recourir à des mesures préventives*, dans tous les cas où l'on ne rencontre pas d'opposition, et à des mesures répressives applicables à tous les cas de résistance.

Il est évident que tous les détails de la loi en vertu de laquelle serait décrétée la prophylaxie de la syphilis devront être discutés méticuleusement, les uns après les autres, non seulement par des médecins, mais par des hommes au courant des attributions administratives et du fonctionnement des pouvoirs publics. Il ne s'agit donc ici que d'esquisser pour ainsi dire un projet de réglementation ou plutôt de signaler un certain nombre de mesures qui, tout pesé, nous ont paru à la fois utiles et justes.

Le problème se pose ainsi qu'il suit : la transmission de la syphilis est un mal énorme causé à autrui. Un grand nombre de syphilis ne sont pas d'origine vénérienne ; mais la cause première de tous les cas de syphilis réside dans le défaut de santé des prostituées. Ce fait donne à la société le droit et le devoir d'examiner quiconque *fait métier* de prostitution. Comme la prostituée ne peut savoir si elle est saine ou non, qu'il faut pour cela une compétence spéciale, et que la transmission morbide peut se faire à son insu, elle doit, de par ce fait qu'elle se décide à se prostituer systématiquement, être soumise à la visite systématique, préalable, préventive, et cela, jusqu'au jour où elle voudra changer de métier. Telle serait la loi ; et, c'est lorsque la femme refuserait de se soumettre à cette loi que, de malade, elle deviendrait coupable. Si toutes les prostituées se soumettaient de bonne grâce et régulièrement à la visite sanitaire et si, trouvées contagieuses, elles se traitaient au lieu de répandre leur maladie en continuant d'exercer leur métier, il ne serait besoin d'aucune espèce de réglementation. Malheureusement il n'en est pas ainsi. J'ai donc le droit, moi Société, de les contraindre, au nom de la Santé publique, soit à se démettre, soit à se soumettre.

Les mesures proposées ne peuvent être taxées de tyranniques puisqu'elles sont dégagées autant que possible d'arbitraire et qu'elles ne consistent que dans des *obligations*, pour ainsi dire *profession-nelles*, imposées à des personnes ayant librement choisi leur manière de lutter pour l'existence, mais restant toujours libres d'y renoncer.

Le choix du personnel chargé de cette délicate surveillance paraît de première importance. Le personnel devra être composé exclusivement d'agents consciencieux, instruits, capables de juger et de discerner. Leur titre ne sera plus celui d'*agents des mœurs*, mais bien celui d'*inspecteurs sanitaires*. Ils seront manifestement utiles et par conséquent respectés. D'ailleurs ils auront une situation sociale et des appointements proportion-nés aux services rendus. Les ordres seront formels de n'intervenir que pour des faits très nets de pro-vocation ou de prostitution répétée et de toujours négliger les cas douteux. Les mêmes inspecteurs garderont longtemps les mêmes postes afin qu'ils aient le temps de connaître à fond les personnes coutumières de prostitution dans leur quartier. D'ailleurs, leur jugement ne sera jamais sans appel et toute erreur grave de leur part sera rapidement suivie d'une répression sévère.

La loi votée à Berne en 1885 contre le racolage, loi qui a permis la suppression des maisons de to-lérance, et qui constitue néanmoins une arme excel-lente pour l'hygiène, pourra être consultée utilement en plusieurs points.

1°) Peut-être sera-t-il préférable de conserver les *maisons de tolérance*, parce que le moyen le plus efficace de combattre et d'assainir la prostitution consiste à la localiser. Il suffirait de mettre les tenanciers dans l'impossibilité de spéculer sur la débauche d'autrui et d'exploiter leurs pensionnaires, tout en les contraignant à avoir souci de leur santé. Il suffirait de protéger les mineures, qui seront dirigées sur les maisons de correction ou de travail, et enfin d'empêcher les détentions involontaires, toutes choses qui ressortissent à la législation commune. Tout cet assainissement est moins difficile à réaliser qu'il n'en a l'air. En tout cas, on voit qu'on n'a pas tout fait quand on a qualifié les tenanciers de *débitants de chair humaine*. Des inspecteurs devront s'enquérir de l'état des pensionnaires et recueillir leurs réclamations.

2°) *Les prostituées éparses* seront soumises à l'inscription, soit volontaire si elles sont majeures ou si elles ont le consentement de leurs ayants-droit, soit forcée, mais alors seulement après débat contradictoire devant un tribunal spécial. Elles devront se présenter à la visite deux fois par semaine, le lundi et le jeudi par exemple; ce seront là les obligations du métier. Telle femme qui les remplira exactement sera encouragée par une prime; et, si elle vient à être malade et qu'elle se soigne sans continuer sa profession, la liberté pourra lui être laissée et même des secours pourront lui être accordés pour subvenir à ses besoins, non seulement pour elle-même, mais dans l'intérêt même de la Société.

Si, au contraire, malade, elle est convaincue de persister dans sa profession, elle devra, soit volontairement, soit après jugement et expertise médicale, être internée et contrainte de se traiter.

Aussitôt passée la période contagieuse, la malade pourra être envoyée dans un établissement de convalescence, hors la ville. Le temps qu'elle y passera pourra être utilisé, grâce aux écoles professionnelles, à la ramener à des sentiments plus élevés et à lui donner par le travail un autre métier.

Pourra être définitivement exemptée de toute visite, toute prostituée qui aura eu, au moins cinq ans auparavant, la syphilis bien et dûment constatée et qui en aura été traitée. La maladie n'étant plus contagieuse, étant devenue individuelle, la Société a le droit dès lors de s'en désintéresser et de ne plus attenter à la liberté de la prostituée. Cette restriction aura encore l'avantage de diminuer dans une notable mesure le nombre des visites sanitaires. De là l'obligation de prendre et de garder au dispensaire l'observation de tous les cas de syphilis, réunis d'ailleurs en recueil général.

Chaque arrondissement de Paris sera divisé en un certain nombre de circonscriptions, à chacune desquelles sera attaché un nombre suffisant de médecins compétents, de façon qu'à aucun jour, même les jours de fête, et à des heures bien déterminées, la visite sanitaire ne fasse défaut.

Les médecins seront soumis à une inspection médicale qui devra fréquemment contrôler les diagnostics et toujours lors d'une réclamation soulevée par une malade. En cas de litige le tribunal devra prononcer.

Chaque circonscription sera placée sous la surveillance d'un ou de plusieurs inspecteurs sanitaires qui auront des réunions régulières avec leurs collègues des autres circonscriptions pour s'entendre au sujet des prostituées nouvelles venues, des insoumises, des disparues, toutes choses utiles à la surveillance. Ce contrôle sera facile à réaliser au moyen des photographies et des observations prises au dispensaire.

Enfin, et surtout il faut ouvrir de nombreux dispensaires dans chaque quartier. Plus vous en ouvrirez, plus vous pourrez fermer de prisons. Qu'il y ait donc des dispensaires dans toutes les mairies, dans les hôpitaux, dans les bureaux de bienfaisance et dans les établissements publics similaires, intelligemment distribués sur tous les points de l'arrondissement, de façon que les prostituées puissent facilement se rendre à la visite, de façon aussi que le médecin ait le temps de procéder à un examen complet.

Saint-Lazare sera ouvert, du moins en partie. Qu'il devienne le dispensaire par excellence, le plus vaste et le mieux agencé, qu'il soit doté, d'un côté, d'une consultation quotidienne, d'autre part d'un bâtiment de détention à l'usage des incorrigibles, des récalcitrantes ou des réfractaires ; mais surtout qu'il constitue, à l'usage des malades, une véritable maison de secours ouverte à toutes. Des salles spé-

ciales y seront réservées aux syphilitiques non prostituées, nourrices, etc... qui voudraient y être traitées sans être exposées à une promiscuité souvent
fâcheuse et toujours pénible.

Enfin que l'on distribue largement et gratuitement les médicaments spécifiques, que les pansements soient soignés et réguliers et si l'on punit
certaines prostituées, que l'on encourage les autres :
des primes seront accordées à toutes les femmes
qui auront été, pendant l'année, les plus exactes
pour les visites sanitaires. D'autres primes seront
destinées aux prostituées qui, se sentant malades
et étant atteintes de maladies contagieuses, seront
venues réclamer des soins sans retard, et spontanément.

Que les pansements soient doux, soignés, régulièrement faits. Que les médicaments spécifiques
soient largement et gratuitement distribués. *Que
l'on agisse toujours et partout avec la plus grande
douceur!* Telle est en quelque sorte la formule
dans laquelle doit se résumer tout le système.

Abordons maintenant le point capital de ce
programme, celui qui a trait à la prostitution clandestine.

Toutes les brasseries de femmes et tous les établissements similaires devront être astreints à l'inspection sanitaire. Les inviteuses, les verseuses, les
servantes devront être munies de certificats de
santé valables pour trois jours seulement.

Les noms resteront au dispensaire et pourrornt ne pas être portés sur les *cartes sanitaires;* celles-ci porteront seulement la date, la photographie et le signalement, selon le système proposé par Pospelow (de Moscou), elles porteront enfin le sigme de santé. Ces cartes devront être montrées aux inspecteurs sanitaires à toute réquisition, comme un permis de chasse. Les patrons, comme les propriétaires pour les prostituées logeant hors des maisons de tolérance, seront responsables, non seulement de la santé de leurs pensionnaires et des méfaits que celles-ci auraient pu causer, mais encore de la régularité avec laquelle les cartes de santé seraient renouvelées. Pour contraindre les patrons à se soumettre à ces règlements, l'administration pourra utiliser son droit de fermeture et d'affichage comme pour les marchands qui ont trompé sur la qualité des marchandises. L'examen médical nécessaire pourra d'ailleurs être fait, soit gratuitement dans les établissements publics et dans les dispensaires, soit par le médecin particulier des intéressés ou de leur patron. Ce dernier point devra être encore discuté.

On pourrait s'inspirer de ce qui se passe à Hambourg. Toute prostituée libre doit, à toute réquisition, montrer sa carte de santé. Si cette carte n'est pas en règle, il faut que, *dans les deux heures,* la prostituée se rende au dispensaire central permanent; sinon, elle y est conduite de force dès la troisième heure. Le médecin inspecteur ou en chef contrôle ou établit le diagnostic. En cas de maladie, la femme est gardée *jusqu'à guérison;* si elle proteste, une action judiciaire a lieu. Aussitôt guérie, la femme est libre, aussitôt malade elle est reprise.

Toute prostituée non inscrite, convaincue d'avoir exercé la prostitution pendant le cours d'accidents syphilitiques contagieux ou d'avoir transmis la syphilis, sera condamnée à une réclusion dont la durée sera en rapport avec le temps nécessaire à rendre pour l'avenir la maladie inoffensive. Cette réclusion ne pourra, bien entendu, être prononcée arbitrairement, mais seulement par un tribunal public spécial, après débat contradictoire et *expertise médicale.*

Seront aussi détenues dans des maisons de travail, même si elles sont en santé, toutes les filles convaincues de prostitution clandestine récidivante, pendant un temps variable avec le nombre de fois où elles auront manqué à la visite sanitaire. Après un certain nombre de récidives, si elles n'ont pas de moyens d'existence, elles pourront être expulsées de la ville.

D'ailleurs l'administration devra tenir la main à l'observation de tous les règlements dirigés contre les délits de droit commun; l'excitation de mineures à la débauche (article 334 du Code pénal français) : les proxénètes devront être punis très sévèrement, et les récidivistes seront passibles de relégation.

De plus, on n'omettra pas l'application des lois et décrets réprimant le scandale public, le tapage nocturne, la surveillance des garnis (ce qui est fort important), des arrêtés relatifs au vagabondage vrai, etc. En Russie, d'après Scherkakoff (1), tous les sujets, hommes ou femmes, arrêtés par la police pour vagabondage, ivrognerie, pour défaut de moyens d'existence et autres infractions à la tranquillité publique, peuvent être soumis à l'examen médical et être envoyés, s'ils sont trouvés atteints de syphilis à la période contagieuse, et retenus pour y être traités, dans les hospices spéciaux.

Toutes ces propositions, nous le disons encore, ne devront être décrétées en France qu'après discussion et réflexion, en rejetant autant que possible toute mesure inutilement tracassière, en considérant bien si le résultat utile surpasse les charges et en se souvenant que « plus fait douceur que violence. » Ce n'est là, d'ailleurs, qu'une sorte de canevas que nous proposons au travail d'une commission compétente spécialement réunie à l'effet de préparer un ensemble de mesures pratiques que le législateur puisse accepter et rendre exécutoires.

Il n'est pas d'ailleurs équitable que les hommes ne soient pas soumis à certaines obligations.

Déjà les mesures précédentes peuvent jusqu'à un certain point s'opposer à la contagion provenait de leur fait. Mais d'autres mesures doivent être recommandées. C'est ainsi qu'il faut que les hommes prennent l'habitude de se sauvegarder eux-mêmes

(1) *Bulletin médical*, p. 61, 3 janvier 1889.

et n'omettent pas, dans leurs rencontres de hasard, de réclamer la carte de santé et d'en vérifier l'exactitude. Dès lors, ceux qui négligeront cette précaution, ceux à qui on refusera le visa de la carte, ceux enfin qui s'exposeront sans réflexion ou de parti pris, n'auront, s'il leur arrive malheur, qu'à s'accuser eux-mêmes et ne pourront nullement incriminer l'incurie sociale. D'ailleurs ils devront à l'entrée des maisons publiques être examinés (organes génitaux, lèvres et bouche) par une matrone qu'on choisira compétente pour ce service, et qui aura pour mission d'interdire l'entrée à tout consommateur dangereux pour la santé publique.

Personne ne pourra du reste se formaliser d'une mesure prise dans l'intérêt de tous. La seule obligation de cette formalité suffira à éloigner beaucoup d'hommes malades. Par contre, tout établissement où il sera prouvé que trois cas de syphilis auront été contractés, sera fermé pendant un temps que l'administration ou la commission déterminera.

Nous avons vu un étranger, venu à Paris, avec des accidents secondaires du sillon balano-préputial. Cet homme, éminemment contagieux et le sachant, n'hésitait nullement, en dépit de toute objurgation, à changer tous les jours de femme : « Je les paie bien, disait-il ; c'est leur métier de risquer et de braver la vérole, comme un soldat les balles ! »

Certains hommes ne vont dans les maisons publiques que quand ils sont sous le coup d'accidents contagieux. Ils n'oseraient coïter avec une femme libre; ils n'ont aucun scrupule de contaminer une prostituée.

Dans le cas où de tels hommes seront convaincus (mais en pratique il faut s'attendre que la preuve soit bien difficile à établir) d'avoir transmis la maladie, les coupables pourront être condamnés à des indemnités pécuniaires en vertu de l'article 379 du Code pénal ou bien en vertu de l'article qui sévit contre les coups et blessures par imprudence, ou encore en vertu de l'article 1382 ainsi conçu :

Tout fait quelconque de l'homme qui cause à autrui un dommage oblige celui par la faute duquel il est arrivé à le réparer.

On est parfois stupéfait de la désinvolture, du défaut de sens moral, avec lesquels certaines personnes transmettent sciemment la syphilis, même quand ils sont avertis à temps par le médecin de la mauvaise action qu'ils vont commettre.

En voici plusieurs exemples ; le premier nous a été communiqué par Poyet, les deux autres ont été observés par nous. Bien d'autres faits analogues pourraient être rapportés. Qu'on lise notamment les lettres reçues par Fournier à l'occasion de mariages contractés par des personnes contagieuses, et cela, en dépit des conseils des médecins (1).

I. — Un boulanger, atteint de la vérole récente, voulait se marier. Prévenu du danger pour sa femme, il se marie tout de même, bien que, quinze jours seulement avant la cérémonie, il ait, de plus, contracté la blennorrhagie.

(1) Fournier, *Syphilis et mariage* (2ᵉ édit., Masson, 1890).

Les premiers temps du mariage se passent en baisers et en simples caresses. Plus tard seulement a lieu le coït. La chaudepisse était guérie, mais la vérole était restée. La boulangère ne tarda pas à être contaminée. Or, elle était enceinte. Traitement à chacun.

Poyet prévient que l'enfant n'ira probablement pas à terme. Il ajoute que si, contre son attente, l'enfant vit, il faut que la mère le nourrisse. « C'est impossible, s'écrie le mari, à cause de nos affaires. On ne peut se passer de nourrice. »

Le docteur Poyet. — Mais vous pouvez la rendre malade !

Le boulanger. — Ce n'est pas sûr ; et puis, tant pis pour elle !

Les deux cas suivants sont des observations de syphilis accidentelles. Ils n'ont pas la gravité du précédent, mais ils sont toutefois comparables à une blessure grave causée par imprudence.

II. — Lutteur de Ménilmontant, sur le point de succomber sous la force d'un amateur, lui enlève d'un coup de dents la moitié d'une oreille. Quelque temps après, guérison de la plaie. Mais bientôt celle-ci se rouvre et se couvre d'un chancre syphilitique.

III. — Chancre du doigt chez un débardeur, calottant un insolent qui lui communique la vérole par ce fait que la main est venue s'écorcher sur les dents.

Que dire aussi de la femme qui, en dépit de tous les conseils, quitte l'hôpital où son enfant est soigné du *croup*, et va, en le propageant, causer la mort de plusieurs enfants dans la maison qu'elle habite en ville ! C'est là une véritable mauvaise action que, dans l'état actuel des choses, personne ne

peut empêcher, ainsi que nous en avons été témoiin
pour une femme sortant de l'hôpital de la Charitéé.

Que dire encore de la sage-femme signalée paar
Le Fort (1) qui, dûment avertie, sème la fièvre puerr-
pérale et cause la mort de six mères de famillee?
Et cette autre de Saint-Denis qui, impunément, ffit
mourir neuf femmes par sa faute?

Mais revenons à la syphilis? Si toutes les prop)o-
sitions précédemment exposées sont adoptées, la
syphilis, ne pouvant venir du personnel de la maai-
son, ne pourra plus être apportée du dehors qiue
dans des cas très rares.

Dans les conditions que nous venons de diire,
les chances de contagion seront évidemment coin-
sidérablement diminuées.

Nous nous hâtons d'ajouter que la même coon-
duite blâmable a été observée chez des hommmes
des classes les plus élevées, poussés par le désir du
luxe ou par l'ambition et ne reculant devant rïien
pour faire l'opulent mariage qu'ils ambitionnaie nt.
Fournier et Besnier ont déploré fréquemment l'iim-
puissance médicale à empêcher de pareils accidents. Voici encore un fait de G. Leroux :

M. X..., 65 ans. Grande situation politique et finan-
cière, marié ; deux grands enfants. Sa femme me prie
d'examiner son mari qui a une fissure anale, diagnostiquée par un médecin, son collègue dans un conseil
d'administration. Je constate un chancre à l'anus. Huit

(1) Acad. de méd. de Paris, 10 fév. 1885.

jjours après cet examen, apparition de la roséole, puis des manifestations polymorphes secondaires, alopécie presque complète, le malade est fort ébranlé. Traitement très surveillé, consistant en pilules de Sédillot, sudations, toniques, etc. Le malade, six mois après, avait repris son apparence de santé, sauf des plaques muqueuses à l'anus et des manifestations squameuses légères au prépuce. Le malade s'est traité pendant quatre ans au milieu des siens sans que personne dans sa famille soupçonne la nature de sa maladie. Cette année il m'amène une jeune personne appartenant à sa société, qui devait se marier dans un mois et avec laquelle il n'avait eu que des rapports incomplets. Cette jeune femme avait la syphilis depuis cinq mois, ignorait la nature de son mal et ne s'était décidée à parler de ses accidents que lorsque la vulve, criblée de plaques muqueuses hypertrophiées et suintantes, il lui avait été impossible de dissimuler l'odeur qu'elle dégageait ; elle était venue raconter ses ennuis à M. X..., qui me l'amena de suite. Il fallait qu'elle fût en état de se marier un mois après sa venue chez moi. Je fis à cet égard les observations que je crus devoir faire. *Scandale pour scandale*, me fut-il répondu, *mieux vaut après qu'avant*. J'ai soumis cette jeune personne encore vierge à un traitement des plus rigoureux, et un mois après elle se mariait. Elle a quitté Paris, habite l'étranger ; elle a fait une fausse couche, m'a-t-on dit ; elle a continué à se soigner. (Leroux.)

Toutes les mesures précédentes sont applicables à Paris et aux villes très populeuses. Quant aux autres villes, elles peuvent plus facilement défendre la santé de leurs habitants, comme l'ont montré déjà plusieurs municipalités françaises, comme on le fait à l'étranger et notamment à Hambourg. Dans ces villes où la surveillance est relativement facile, les insoumises sont rapidement connues. Telle femme qui ne peut justifier de moyens d'existence est invitée à se faire inscrire pour être médicalement surveillée ; à plus forte raison si manifestement elle fait commerce de son corps. Refuse-t-elle de se soumettre au règlement de la ville, elle y est contrainte ; si elle refuse encore, elle est expulsée. Si elle est trouvée malade, elle est traitée à l'asile de détention. En dépit de l'arrêt d'expulsion, si elle revient, elle peut être emprisonnée, même si elle est saine, mais après débat contradictoire, s'il le faut, devant un tribunal. Mais la pratique démontre que ces femmes préfèrent se soumettre spontanément et sans bruit à l'inscription et aux visites sanitaires. Si une telle femme a rendu quelqu'un malade, les plaintes sont prises en considération ; si au contraire la femme *peut prouver* quel homme l'a rendue malade, elle est indemnisée.

Ainsi donc, après discussion, nous retrouvons comme conclusions les propositions que nous voulions démontrer, à savoir : en attendant que le progrès et la civilisation la suppriment, la prostitution en état de santé ne peut pas être considérée comme un délit. Ce qui est un délit manifeste, c'est la transmission de la syphilis de la part de l'homme aussi bien que de celle de la femme. Puisque le commerce d'amour (ce mot ne devrait jamais être prononcé en pareille circonstance) ou plutôt de volupté, ou plutôt encore de jouissances vulgaires, est un commerce, qu'on le soumette *aux lois de garantie* qui régissent tout conmerce ; qu'il soit surveillé par l'administration et par le médecin au même titre que le commerce des denrées alimentaires, de la boulangerie, de la boucherie, de la pharmacie, etc.

Loin de mettre la prostituée hors la loi, c'est la faire rentrer dans la loi commune. La santé publique exige ces garanties. L'intérêt général, ici comme ailleurs du reste, doit primer la liberté individuelle. Ce qui est immoral, ce n'est pas de reconnaître la prostitution en l'organisant, c'est de permettre les libres rapports aux personnes contagieuses, c'est de laisser se répandre impunément la syphilis. Ce qui est immoral enfin, c'est de feindre de ne pas apercevoir le mal et de n'opposer aucun obstacle à son extension, cédant aux difficultés qu'il y a de le tenter. Tel est l'ensemble des mesures que nous croyons rendre propres à rendre *l'infirmité sociale qui s'appelle la prostitution,* aussi peu nuisible que possible.

Mais, dira-t-on, toutes les mesures précédentes sont inspirées sans doute par de bons sentiments et sont plus ou moins facilement praticables. Mais, pour les mettre à exécution, il faut créer non seulement une juridiction spéciale, mais encore toute une administration, un personnel d'inspecteurs, un personnel de médecins, d'infirmières, d'employés de bureaux, il faut de nombreuses installations outilées en conséquence ; il faut des établissements, petits et nombreux en ville et quelques-uns très vastes à la campagne. Pour tout cela des sommes considérables sont indispensables.

Certes oui, quelqu'argent sera nécessaire pour une semblable organisation, mais peut-être en faudra-t-il moins qu'on suppose à priori. On peut en effet utiliser beaucoup de ce qui est déjà institué. D'autre part, si l'on calcule les maladies, les dépenses pour les soins, la perte de temps et de travail qui en résultent ; si on fait entrer en ligne de compte les désastres infligés à la société par la mortalité de cause syphilitique, alors qu'on sait aujourd'hui que la santé est une richesse évaluable et que toute épargne de vie humaine est une source de prospérité pour la nation, on verra que les dépenses sont, somme toute, modérées, et que c'est là d'ailleurs, pour les deniers publics, le meilleur et le plus noble des placements. Le système dont nous venons d'exposer les grandes lignes et qui, nous le savons, exige beaucoup de perfectionnements dans les détails, se compose de *mesures de douceur* et de *mesures de rigueur*. Nous croyons que, pour bien faire, étant données les difficultés de l'application, ce mélange est indispensable.

Pour obéir aux tendances du moment, inspirées peut-être plus par l'ambition de quelques-uns que par la recherche véritable de l'intérêt de tous, que si l'on veut appliquer exclusivement le système de douceur, qu'on en fasse vraiment l'expérience. Il sera toujours temps, constatation faite des résultats, de revenir, s'il y a lieu, au système combiné.

Eh bien, soit, mais alors qu'on agisse largement et rapidement. On n'a pas le droit, en vérité, de lais-ser plus longtemps des générations entières exposéées au fléau et de persister dans les errements où l'on s'attarde pour l'instant. Sans retard, qu'on prenne parti dans un sens ou dans l'autre. Pour nous, nous ne cesserons, en attendant, de réclamer des améliorations. *Salus populi suprema lex !*

CHAPITRE VI

MESURES INTERNATIONALES PROPHYLACTIQUES
PROPOSÉES PAR L'AUTEUR
ET ADOPTÉES PAR LE CONGRÈS INTERNATIONAL
DE 1889, A PARIS (1).

Chacun connaît maintenant les méfaits de la syphilis non seulement apparents et immédiats, mais encore la fréquence des conséquences éloignées, insidieuses ou manifestes, si souvent désastreuses pour le malade et pour son entourage quand le traitement n'a pas été fait au début de la maladie.

1° *Syphilis acquise.* — Fréquence des cas graves, lésions non seulement des téguments ou des os, mais encore des viscères, dystrophies artérielles ; de là, paralysies, infirmités variées, folie même, idiotie, etc... Résultat déplorable de la mortalité infantile, etc.

2° *Syphilis héréditaire précoce ou tardive.*

3° *Syphilis conceptionnelle.*

(1) Barthélemy. Congrès international de syphiligraphie (Hôp. Saint-Louis), Paris, 1889.

4° *Syphilis accidentelle ou professionnelle, contamination des nourrices, des médecins, etc.*

Voilà, exposé en quelques mots, un faisceau d'accidents formidables et bien faits pour faire réfléchir.

Combien on est loin de l'accident initial presque toujours si bénin !

Combien sont loin de la vérité ceux qui ne voient dans la contamination syphilitique que quelques plaques muqueuses !

Hélas ! les conséquences de l'infection syphilitique sont bien autrement déplorables ! Si graves en vérité que c'est un devoir pour le médecin compétent de rechercher tous les moyens de diminuer un si grand mal.

Quoi qu'on en ait dit, ces questions sont encore plus du domaine de la médecine que celui de l'administration ; car, le médecin seul peut posséder dans cette matière la vérité complète. Or, si le médecin doit bien connaître la syphilis et ses manifestations, s'il doit savoir diriger contre elle les moyens appropriés, il doit aussi la combattre dans son incessante propagation et s'attacher à la prévenir. Tout médecin a pour devoir de sans cesse montrer le danger, d'indiquer le remède et d'en réclamer l'application sans jamais reculer par mollesse ou par indifférence devant les difficultés de la tâche. Il n'y a donc, à notre avis, aucune bonne raison pour ne pas accorder à la prophylaxie de la syphilis, les préoccupations scientifiques et médicales, aussi bien que celles de l'administration.

Seule parmi les maladies vénériennes, la syphilis peut provoquer et justifier des mesures spéciales et coërcitives. Seule, en effet, elle atteint les femmes et les enfants et tant d'autres victimes, innocentes non seulement de toute débauche mais même de toute imprudence. Seule enfin, elle amoindrit les populations et peut compromettre la race, non seulement au point de vue de la constitution physique, mais même au point de vue de la puissance intellectuelle. Il est donc bien entendu que *les mesures de coërcition ne peuvent s'appliquer qu'à la syphilis et même qu'à la période contagieuse*, c'est-à-dire en moyenne aux trois premières années qui suivent le chancre.

Sans doute, tous les syphilitiques ne tiennent pas leur mal de femmes prostituées; mais, si l'on remonte à la source première d'une syphilis qui atteint par exemple toute une famille, on voit que, toujours, *c'est d'en bas que vient le mal*. La conclusion formelle de ces enquêtes, est que c'est en assainissant la rue qu'on aura seulement quelques chances d'affranchir la Santé publique d'un si lourd et si humiliant tribut.

Sans doute on n'abolira pas ainsi toutes les syphilis, mais il est certain qu'on en tarira la source principale et qu'on en diminuera prodigieusement le nombre.

C'est donc bien à la réglementation de la prostitution que se ramène surtout l'importante question de la prophylaxie publique de la syphilis. Dans tous les pays, d'ailleurs, des hommes éclairés et compétents se sont efforcés dans ces derniers temps, simultanément et sans entente préalable, de guider les pouvoirs publics dans la voie d'une sage et prudente préservation.

Il n'est nullement question de revenir à des procédés d'un autre âge, à des moyens barbares et justement délaissés. Il faut que les mesures à prendre soient en rapport avec l'état des esprits, l'élévation des idées et l'adoucissement des mœurs; mais certes il serait indigne de la civilisation contemporaine de laisser se répandre un tel mal sans rien faire pour mettre obstacle à ses déplorables empiétements.

C'est là une erreur néfaste qu'ont pu soutenir seuls des hommes mal renseignés sur les ravages de la syphilis et sur ce fait que c'est le peuple et les pauvres qui, par défaut de soins ou d'argent ou de conseils pour se soigner, en souffrent le plus.

Loin de nous la pensée de ne pas encourager les respectables tentatives ayant pour but de relever la situation de la femme et de ceux qui ambitionnent de voir un jour disparaître la prostitution. Mais, sous prétexte de moraliser, permettre que la syphilis continue librement à frapper tant d'innocents et à compromettre la Santé publique, ce serait commettre là une véritable immoralité.

Pour notre part, nous contestons qu'il y ait faute dans l'acte du coït. La honte qui s'attache à ceux qui fréquentent les prostituées est, non pas dans le fait du coït lui-même, mais dans le fait qu'une fonction si noble est profanée, elle qui doit

être exclusivement réservée à l'Amour, véritable
gage de la perpétuation de l'espèce.

Mais admettons même la faute ; une expiation
qui durerait toute la vie pour une faute momentanée et souvent pour une simple imprudence, est
une iniquité contre laquelle il faut protester ; et d'ailleurs, qu'il y ait faute ou non, le rôle du médecin
contre la maladie reste le même.

Nul ne connaît l'origine certaine de la syphilis,
mais, ce qu'on sait, c'est que la syphilis aime la
guerre et que c'est toujours aux époques troublées
qu'elle prend son essor et fait le plus de ravages.
On peut dire que c'est l'alliée de Mars. C'est pendant les guerres d'Italie qu'eurent lieu les effrayantes
épidémies qui, depuis 1496, se sont disséminées
de par le monde.

Mauricet nous apprend que c'est la guerre
civile contre les Chouans (auxquels le mariage
était interdit), qui a semé la syphilis en Bretagne,
par l'intermédiaire de nombreuses filles publiques qui, « non contentes de se perdre elles-
mêmes, ont perdu la santé de toute la population. »

La civilisation étant l'ennemie de la syphilis, il
appartient à notre époque de lui livrer la grande
bataille qui décidera de la santé et de la vigueur
des générations futures.

La question est d'autant plus d'actualité que le
service militaire prolongé et généralisé, amène fréquemment, de nos jours, tous les jeunes paysans à
la caserne, et que la syphilis, désormais moins cir-

coonscrite dans les villes (où on vient pourtant de toous côtés la contracter), *se répandant de plus en plus dans les campagnes* (où elle est souvent méconnue et mal soignée), ne tarderait pas à envahir la totalité des populations.

Veut-on en arriver à l'état des Indiens, chez lesquels, d'après les rapports des médecins anglais, sur 3 malades qui entrent à l'hôpital, 1 est syphilitique ?

La syphilis est une, dans les grands comme dans les petits Etats. Aucune race n'est réfractaire à la syphilis ; c'est un privilège que l'homme n'a pas à envier à la brute. A cause de la multiplicité des relations commerciales et autres, à cause de la facilitté et la rapidité des moyens de locomotion qui existent de nos jours, dans la paix comme dans la guerre, aucune agglomération d'hommes ne peut aujourd'hui rester indifférente au but que nous recherchons. Chaque pays doit se préoccuper des maladies du pays voisin. En les diminuant, il protège la santé de ses nationaux.

Il s'agit donc, pour ainsi dire, de prendre les mesures nécessaires pour sauvegarder non seulement la santé publique, mais encore la santé internationale.

Fournier l'a dit : « La syphilis d'en bas rebondit sur la syphilis d'en haut » ; de même, nous le déclarons, la syphilis d'un pays rebondit sur celle des autres pays. Toutes les classes, tous les pays, sont donc intéressés à la disparition de ce mal universel ; c'est pour cela que nous avons désiré soumettre la question au jugement du Congrès international de Paris (1889).

Sans doute, ce n'est pas le lieu de discuter tous les détails de ce grave problème. Il faudrait pour cela une commission spéciale composée de médecins compétents, de jurisconsultes, d'hommes connaissant tous les règlements administratifs de chaque pays, etc. Mais l'expérience des hommes éclairés ici réunis, ne peut qu'être utile à consulter. Il peut être bon de savoir ce qui est mis en pratique parmi les diverses nations, et tel pays peut profiter des institutions en vigueur dans tel autre pays. Chaque nation a ses mœurs et ses lois, mais il peut sortir des décisions d'une assemblée composée comme celle-ci, un ensemble de mesures générales qui soient utiles à toutes les nations.

On sait qu'il existe des ligues puissantes qui ont le titre d'universelles et qui ont pour but de relever la situation morale de la femme, de fortifier son éducation et son intelligence, d'organiser pour elle le travail et ainsi d'augmenter son indépendance et sa dignité.

L'heure n'est peut-être pas encore venue, quoique notre siècle soit celui des grandes œuvres internationales, de fonder la ligue universelle contre la propagation de la syphilis ; mais, en attendant, nous demandons au Congrès de vouloir bien émettre un vœu pour que l'étude de la prophylaxie de la syphilis soit mise à l'ordre du jour et surtout en pratique, pour que la prostitution soit réglementée et assainie, pour que la prostitution clan-

destine soit combattue le plus activement possible, les syphilitiques étant d'ailleurs traités
avec la plus grande douceur et considérés bien
comme des malades, et non plus comme des coupables.

Un vœu ainsi émis par une assemblée médicale
internationale, aurait certainement une autorité
extrême auprès des Pouvoirs publics de chaque nation, constituerait une force nouvelle et un puissant
argument en faveur des tentatives de préservation.
En un mot, le vote d'un tel vœu serait capable de
faire entendre, à qui de droit, la voix de médecins
réunis, demandant que la prostitution soit réglementée, que la diffusion de la syphilis soit conjurée
et qu'enfin, soit de nouveau et sérieusement déclarée la guerre aux empoisonnements publics.

En conséquence, nous demandons qu'un vote
vienne consacrer le *principe d'hygiène générale*
suivant, applicable en l'espèce : « toutes les libertés, hors celle d'empoisonner. »

Le Congrès international de dermatologie et de
syphiligraphie était composé de 217 médecins, dont
80 nationaux et 137 étrangers. Dans sa séance générale du 10 août 1889, à une immense majorité,
avec quelques abstentions, mais sans aucune opposition, la nécessité d'établir la surveillance médicale, par conséquent de réglementer la prostitution, fut votée conformément aux données
précédentes. Après une intéressante discussion à
laquelle prirent part de Watrozewski, Diday, Four-

nier, Mansourof, Pospelow, Butte, Commenger,
de Amicis, Le Pileur, Barthélemy, etc., on pro--
céda même à l'organisation d'une *commission in--
ternationale*, ayant pour but de centraliser les
recherches et de diriger les études relatives à la
prophylaxie internationale de la syphilis.

FIN

ÉMILE COLIN. — IMPRIMERIE DE LAGNY

LIBRAIRIE J.-B. BAILLIÈRE ET FILS

19, RUE HAUTEFEUILLE, PRÈS DU BOULEVARD SAINT-GERMAIN

LEÇONS SUR LES MALADIES VÉNÉRIENNES
PROFESSÉES A L'HOPITAL DU MIDI

SYPHILIS TERTIAIRE ET SYPHILIS HÉRÉDITAIRE

Par le docteur Ch. MAURIAC

Médecin de l'hôpital du Midi, lauréat de l'Institut et de l'Académie
de médecine

1890. 1 vol. grand in-8 de 1168 pages. . . . . 20 fr.

Pathologie générale de la syphilis tertiaire. — Syphilis tertiaire des organes génito-urinaires, de l'appareil locomoteur, de l'appareil respiratoire, du tube digestif, de l'appareil circulatoire et du système nerveux. — Syphilis héréditaire.

SYPHILIS PRIMITIVE ET SYPHILIS SECONDAIRE

Par le docteur Ch. MAURIAC

1 vol. gr. in-8 de 1072 pages. . . . . 18 fr.

Pathologie générale des maladies vénériennes. Contagion des maladies vénériennes. Étiologie de la syphilis. Chancre et syphilis primitive. Syphilis virulente et syphilis constitutionnelle. Syphilides. Traitement de la syphilis.

LA PROSTITUTION

AU POINT DE VUE DE L'HYGIÈNE ET DE L'ADMINISTRATION
EN FRANCE ET A L'ÉTRANGER

Par le docteur REUSS

1889. 1 vol. in-8 de 636 pages. . . . . 7 fr. 50

Prostitution à Paris. — Causes de la prostitution. Vie des prostituées. Maisons de tolérance. Prostitution clandestine. Santé des prostituées. Inscription et radiation. Stationnement et raccrochage sur la voie publique. Organisation des dispensaires de salubrité. Hôpitaux consacrés aux syphilitiques. Service des mœurs et répression de la prostitution. Prophylaxie de la syphilis.

Etat de la prostitution à Bordeaux, Brest, Lille, Lyon, Marseille, Alger, Berlin, Hambourg, Strasbourg, Londres, Liverpool, Portsmouth, Vienne, Budapest, Trieste, Bruxelles, Anvers, Madrid, Florence, Naples, Amsterdam, Libourne, Saint-Pétersbourg, Berne, Genève, aux Etats-Unis, — d'après les documents envoyés par les médecins des dispensaires de ces différentes villes.

LA PROSTITUTION A PARIS

Par le docteur A. CORLIEU

Médecin du Dispensaire de salubrité

1888. 1 vol. in-18 de 160 pages. . . . . 2 fr.

ENVOI FRANCO CONTRE UN MANDAT POSTAL

TRAITÉ PRATIQUE ET DESCRIPTIF

DES

MALADIES DE LA PEAU

Par Alfred HARDY

Professeur à la Faculté de médecine de Paris, médecin de Saint-Louis

1 vol. in-8, xvi-1228 pages, avec figures, cartonné : 18 fr.

Le professeur Hardy, qui, durant vingt-deux années, fut médecin de l'hôpital Saint-Louis, vient de publier un *Traité des maladies de la peau*. Un des mérites les plus incontestables de l'hôpital Saint-Louis, c'est d'exciter et de faire naître chez ceux qui ont coutume de le fréquenter, le désir d'y revenir sans cesse pour fouiller la mine inépuisable de documents qu'il tient toujours en réserve, et l'on peut se figurer ce qu'un enseignement d'un quart de siècle a permis au professeur Hardy d'y voir. Ce *Traité* est donc très riche en faits et en vues personnelles. Il faut de plus louer la concision de la rédaction, la clarté des descriptions, bref, l'ordonnance générale du livre.

Le cadre que s'est proposé de remplir le professeur Hardy est donc très vaste; il est juste de reconnaître au *Traité des maladies de la peau* une unité de vues, une simplicité de style, qui méritent d'être grandement louées.

JUHEL-RENOY. *Arch. gén. de méd.*

TRAITÉ PRATIQUE

DES

MALADIES VÉNÉRIENNES

Par le docteur Louis JULLIEN

Chirurgien de Saint-Lazare

DEUXIÈME ÉDITION

1 vol. in-8 de 1271 pages, avec 246 fig. cart. . . . . . 21 fr.

En écrivant ce livre, auquel il a consacré plusieurs années de travail, l'auteur a eu la préoccupation constante de montrer que les maladies vénérennes, systématiquement éliminées des traités généraux, ne font point exception aux grandes lois de la pathologie générale. Aussi, tout en apportant un son particulier aux questions de clinique et de thérapeutique, a-t-il essayé de mieux préciser que ses devanciers l'état des connaissances acquises en anatomie pathologique et en histologie.

L'étude des maladies vénériennes devient de moins en moins œuvre le spécialité, et ce n'est pas sans raison que Ricord a pu dire, en voyant l'extension croissante de leur domaine, que la syphilis s'était annexé la Pathologie tout entière.

ENVOI FRANCO CONTRE UN MANDAT POSTAL

BAASSEREAU (Édouard). Origine de la syphilis, 1873, in-8, 50 pages.. 1 fr. 50

DAIVASSE (J.). La Syphilis, ses formes, son unité, 1865, in-8, xii-568 pages.. 8 fr.

DESPRÉS (A.), chirurgien de l'hôpital de la Charité. La prostitution en France. Études morales et démographiques, avec une statistique générale de la prostitution en France, 1883. 1 vol. in-8, xii-208 pages, avec 2 pl. col.. 6 fr.

DIDAY (P.). Exposition des nouvelles doctrines sur la syphilis, 1858, 1 vol. in-18 jésus, 500 pages.............................. 4 fr.

DRYSDALE (G.-R.). Traitement de la syphilis et d'autres maladies sans mercure. Traduit de l'anglais. 1864, in-18 jés., 102 p. 1 fr. 50

CORNIL, professeur à la Faculté de médecine de Paris. Leçons sur la syphilis faites à l'hôpital de Lourcine. 1879, in-8 de 483 pages, avec 9 planches lithog., d'après les dessins de l'auteur, et figures intercalées dans le texte.................................... 10 fr.

GUYON (Félix) Leçons cliniques sur les Maladies des Voies urinaires, professées à l'hôpital Necker. *Deuxième édition.* 1 vol. in-8 de xxx-1008 pages, avec 46 figures.......................... 16 fr.

— Leçons cliniques sur les Maladies de la Vessie et de la Prostate. 1888, 1 vol. in-8 de 1100 pages.......................... 16 fr.

HOFFMANN. La syphilis débarrassée de ses dangers par la médecine homœopathique. 1874, in-18, 53........................... 1 fr.

HUTTEN (Ulric de). Livre sur la maladie française et sur les propriétés du bois de gaïc, traduit et commenté par le Dr POTTON, 1865, in-8, lxxx-218 p.................................... 24 fr.

JEANNEL (J.). De la prostitution dans les grandes villes au xixe siècle et de l'extinction des maladies vénériennes. *Deuxième édition*, 1874, 1 vol. in-18 jésus, 648 pages avec figures.......... 5 fr.

LAGNEAU (E.). Recherches comparatives sur les maladies vénériennes dans les différentes contrées. 1867, in-8, 76 pages.......... 2 fr.

MERCIER (J.). Conseils aux personnes affaiblies. 1883. 1 vol. in-18, 108 pages.. 1 fr.

ORY (E). Etiologie des syphilides malignes précoces. 1876, in-8, 100 pages.. 2 fr. 50

PUTEGNAT (E.). Histoire de la syphylis des nouveau-nés. 1854, in-8, 216 pages.. 3 fr. 50

RICORD. Lettre sur la syphilis, suivie des discours à l'Académie de médecine sur la syphilisation et la transmission des accidents secondaires, *Troisième édition*, 1863, 1 vol. in-18 jésus, vi-558 pages.. 4 fr.

ENVOI FRANCO CONTRE UN MANDAT POSTAL

ROBERT (Melchior). Nouveau traité sur les maladies vénériennues. 1861, 1 vol. in-8, 788 pages............................ 9 fr.

ROQUETTE (Ch.). Physiologie des vénériens, exposé des phénomènes caractéristiques qui accompagnent et suivent les accidents vénériens. 1865, 1 vol. in-18, jésus, 548 pages............... 5 fr.

ROUSSEL. De la syphilis tertiaire dans la seconde enfance et chez les adolescents. 1881, gr. in-8, 253 pages.............. 4 fr.. 50

SCHPERK. Recherches sur la syphilis dans la population féminine de Saint-Pétersbourg. 1875, in-8, 45 pages, avec fig..... 1 fr.. 50

SIMON (Léon fils). Des maladies vénériennes et de leur traitement homœopatnique. 1860, 1 vol. in-18 jésus, 744 pages .... 6 fr.

Syphilis vaccinale (De la). Communications à l'Académie de médecine, par MM. Depaul, Ricord, Trousseau, Devergie, suivies de mémoires sur la Transmission de la syphilis par la vaccination, par MM. A. Viennois, Pellizari, Palasciano et Auzias-Turenne. 1865, 1 vol. in-8, 392 pages................................ 6 fr.

TARDIEU (A.). Étude médico-légale sur les maladies produites accidentellement ou involontairement par imprudence, négligence., ou transmission contagieuse, comprenant l'histoire médico-légale de la syphilis 1879, 1 vol. in-8...................... 4 fr.

TARTENSON. La syphilis. 1881, 1 vol. in-18, 238 pages..... 3 fr.

THOMPSON (Sir Henry), professeur de clinique chirurgicale et Chirurgien à « University College Hospital ». Traité pratique des Maladies des Voies urinaires. *Deuxième édition*, revue et complétée avec le concours de l'auteur, précédée des *Leçons cliniques sur les Maladies des Voies urinaires*. 1 vol. gr. in-8 de xxiii-1030 pages, avec 278 figures cartonné.......................... 20 fr.

— Leçons cliniques sur les Maladies des Voies urinaires, traduites par le docteur Robert JAMIN. 1 vol. in-8 de 876 pages, avec 148 figures cartonné.. 12 fr.

Méthode à suivre pour le diagnostic. — Structure et fonctions de l'urethre. Rétrécissements. Uréthrotomie interne. — Hypertrophie de la prostate. Retention d'urine. Catéthérisme. Infiltration d'urine et fistules urinaires. — Accidents nerveux et febriles consécutifs aux opérations. — Calculs vésicaux. Lithotritie. Taille périnéale et sus-pubienne. — Complications rénales des affections calculeuses. — Régime et hygiène des malades qui excrètent de l'acide urique en excès. — Traitement des calculs vésicaux par les dissolvants. Cystite et prostatite. — Paralysie et atonie de la vessie. Exploration digitale de la vessie. — Tumeurs de la vessie. — Hematurie et calcul rénal. — Examen de l'urine dans un but clinique.

ZAMBACO (A.). Des affections nerveuses syphilitiques. 1862. 1 vol. in-8... 7 fr.

ENVOI FRANCO CONTRE UN MANDAT POSTAL

Les Organes génitaux de l'Homme et de la Femme

STRUCTURE ET FONCTIONS

Formes extérieures, régions anatomiques, situations,
rapports et usages, démontrés à l'aide de planches
coloriées, découpées et superposées.

Dessins d'après nature	Texte par le docteur
Par É. CUYER	G.-A. KUHFF
PProsecteur de l'École des Beaux-Arts	Préparateur à l'École des Hautes Études

(Gr. in-8 jésus, avec 2 planches coloriées et 56 figures.   7 fr. 50

La Pratique des Accouchements chez les peuples primitifs

ÉTUDE D'ETHNOGRAPHIE ET D'OBSTÉTRIQUE

Par G.-J. ENGELMANN

Avec préface par le docteur A. CHARPENTIER

1886. 1 vol. in-8 de XVI-388 pages, avec 83 figures. .   7 fr.

I. La grossesse. — II. L'accouchement: le travail, la posture dans le
travail. — III. La delivrance. — IV. Massage et expression. — V. Suite
de couches. — VI. Soins donnés aux nouveau-nés. VII. — Mœurs obs-
tétricales des peuples primitifs

Histoire de la Génération chez l'Homme et chez la Femme

Par le docteur David RICHARD

1889. 1 vol. in-8 de 332 pages, avec 8 planches gravées
en taille-douce et tirées en couleur. Cartonné. . . . . .   12 fr.

Première partie. Organes génitaux de l'homme et de femme. — Des herma-
phrodites.

Deuxième partie. Organes de la génération à l'état actif. — Érection,
copulation, fécondation.

Troisième partie. De l'évolution des fonctions sexuelles. — Puberté, âge
viril, vieillesse. — Des causes qui modifient les facultés sexuelles.

Quatrième partie. De la fécondation, de la grossesse et de l'accouchement.
— Mamelles et lactation.

ENVOI FRANCO CONTRE UN MANDAT POSTAL

NOUVEAU DICTIONNAIRE

DE

LA SANTÉ

Illustré de 600 Figures intercalées dans le texte

COMPRENANT

LA MÉDECINE USUELLE, L'HYGIÈNE JOURNALIÈRE, LA PHARMACIE DOMESTIQUE,
ET LES APPLICATIONS
DES NOUVELLES CONQUÊTES DE LA SCIENCE A L'ART DE GUÉRIR

Par le Dr PAUL BONAMI

Médecin en chef de l'hospice de la Bienfaisance,
Lauréat de l'Académie de médecine.

1 vol. gr. in-8 jésus de 900 pages à 2 colonnes, avec 600 figures. 10 **fr.**

L'attention et la curiosité des gens du monde se portent de plus en plus vers tout ce qui concerne les moyens de prévenir ou de guérir les maladies : c'est à ce public soucieux de sa santé et désireux de connaître les plus récents progrès réalisés par l'hygiène, la médecine et la chirurgie, que s'adresse le **Dictionnaire de la Santé.**

Le **Dictionnaire de la Santé** se publie en 30 SÉRIES à 50 CENTIMES, paraissant tous les jeudis.

L'ouvrage complet formera un volume grand in-8 jésus de 900 pages, à deux colonnes, illustré de 600 figures, choisies avec discernement, d'une exécution parfaite, et semées avec profusion dans le texte, dont elles facilitent l'intelligence et à la clarté duquel elles ajoutent d'une façon très agréable pour les yeux.

On peut souscrire à l'ouvrage complet, qui sera envoyé franco chaque semaine, en adressant aux éditeurs un mandat postal de **quinze francs**. *Aussitôt l'ouvrage complet, le prix en sera augmenté.*

Toutes les sciences médicales ont trouvé place dans le **Dictionnaire de la Santé,** parce qu'elles forment un ensemble dont toutes les parties s'éclairent et se complètent mutuellement; mais, tout en restant exact dans le fond, l'auteur s'est attaché à exclure de son langage ces termes à mine rébarbative qui effrayent les profanes.

Ce livre sera le guide de la famille, le compagnon du foyer, que chacun, bien portant ou malade, consultera dans les bons comme dans les mauvais jours.

ENVOI FRANCO CONTRE MANDAT POSTAL

NOUVEAUTÉS SCIENTIFIQUES PARUES EN 1888

ANATOMIE ET PHYSIOLOGIE

TRAITÉ PRATIQUE DE BACTÉRIOLOGIE

Par E. MACÉ

Professeur agrégé d'histoire naturelle médicale à la Faculté de médecine de Nancy.

1 vol. in-16 de 714 pages avec 173 figures. . . . . 8 fr.

ANATOMIE DES CENTRES NERVEUX

Par le Docteur L. EDINGER

TRADUIT PAR M. SIRAUD

1 vol. in-8 avec 120 figures. . . . . 8 fr.

PETIT ATLAS PHOTOGRAPHIQUE

DU SYSTÈME NERVEUX

LE CERVEAU

Par le Docteur LUYS

Médecin de la Salpêtrière, Membre de l'Académie de Médecine

1 volume in-12, comprenant 24 photogravures avec texte explicatif, cartonné. . . . . 12 fr.

NOUVEAUX

ÉLÉMENTS DE PHYSIOLOGIE HUMAINE

COMPRENANT LES PRINCIPES DE LA PHYSIOLOGIE COMPARÉE ET DE LA PHYSIOLOGIE GÉNÉRALE

Par H. BEAUNIS

Professeur à la Faculté de médecine de Nancy.

Troisième édition

2 vol. gr. in-8 ensemble 1672 pages avec 626 figures, cart. . 25 fr.

Traité d'anatomie comparée des animaux domestiques, par A. CHAUVEAU, inspecteur général des Écoles vétérinaires, membre de l'Institut. 4e *édition*, revue et augmentée, avec la collaboration de M. ARLOING, 1 vol. gr. in-8 avec 368 figures noires et coloriées. . . . . 24 fr.

PATHOLOGIE INTERNE ET CLINIQUE MÉDICALE

TRAITÉ
DES MALADIES DES PAYS CHAUDS

PAR LES DOCTEURS

A. KELSCH　　et　　**P.-L. KIENER**

Professeur à l'École de médecine militaire　　Professeur à la Faculté de médecine
du Val-de-Grâce.　　de Montpellier.

1 vol. in-8 de 905 p. avec 6 chromo-lithographies et 36 fig.　24 ffr.

NOUVEAUX ÉLÉMENTS
DE PATHOLOGIE MÉDICALE

PAR

A. LAVERAN　　et　　**J. TEISSIER**

Professeur à l'École de médecine militaire　　Professeur à la Faculté de médecine
du Val-de-Grâce.　　de Lyon.

Troisième édition

2 vol. in-8 de 1700 pages avec figures. . . . . . . 20 ffr.

NOUVEAU DICTIONNAIRE DE LA SANTÉ

Illustré de 702 figures intercalées dans le texte

COMPRENANT LA MÉDECINE USELLE, L'HYGIÈNE JOURNALIÈRE, LA PHARMACIE
DOMESTIQUE ET LES APPLICATIONS DES NOUVELLES CONQUÊTES DE LA SCIENCE A L'ART
DE GUÉRIR

Par le Docteur Paul BONAMI

Médecin en chef de l'hospice de la Bienfaisance, lauréat de l'Académie

Structure et fonctions des organes, hygiène des villes et des campagnes, hygiène des âges
et des professions, alimentation, maladies, empoisonnements, accidents, microbes,
hypnotisme, plantes médicinales, médicaments, pansements, électricité, hydrothérapie
eaux minérales et bains de mer.

1 vol. gr. in-8 jésus de 950 p. à 2 col., illustré de 702 fig.　16 fr.

Le même, cartonné. . . . . 18 fr.

Scènes de la vie médicale, par le D' Jules CYR. 1 vol. in-16, 325 p. . 3 fr. 50

Les maladies de l'enfance, description et traitement homœopathique, par
le D' Marc JOUSSET. 1 vol. in-18 jésus de 445 p. . . . . 4 fr.

Hypnotisme, par le D' COSTE. 1 vol. in-16 de 160 p. . . . . 2 fr.

ENVOI FRANCO CONTRE UN MANDAT POSTAL

Traité ; de l'empyème, par le Dʳ Bouveret, professeur agrégé à la Faculté de
  médecine de Lyon. 1 vol. in-8 de 500 pages. . . . . - . 12 fr.
Asepsie et antisepsie, par le Dʳ Auguste Mazer, gr. in-8 . . ᵒ. **2 fr. 50**
Contribution à l'étude de la scrofule. Ophtalmie dite scrofuleuse, par le
  Dʳ Dessir de Fortunet, gr. in-8, de 112. . . . . **2 fr. 50**
Essai ssurlemalde tête, par le Dʳ Johannès Chaumier, 1 v. gr. in-8. **2 fr. 50**
Traitenment de la dyspnée, par le Dʳ Chabannes, in-8. . . . . _ . . . **2 fr.**
Étude cclinique sur la fièvre du goitre exophtalmique, par le Dʳ Henry
  Bertooye Gr. in-8, de 126 p. . . . . **2 fr. 50**
L'Écolee de Salerne et les médecins salernitains, par le Dʳ Becavin. Gr.
  in-8. . . . . **2 fr. 50**

PATHOLOGIE EXTERNE ET CLINIQUE CHIRURGICALE

LEÇONS CLINIQUES SUR LES AFFECTIONS CHIRURGICALES

DE LA VESSIE ET DE LA PROSTATE
Par le Docteur Félix GUYON
Chirurgien de l'hôpital Necker, professeur à la faculté de médecine de Paris.

1 vol. gr. in 8 de 1200 pages. . . . . 16 fr.

LA CHIRURGIE JOURNALIÈRE
LEÇONS DE CLINIQUE CHIRURGICALE
Par Armand DESPRÉS
Chirurgien de l'hôpital de la Charité, professeur agrégé à la Faculté de médecine, etc.

Troisième édition

1 vol. gr. in-8 de 804 pages avec 45 figures. . . . . . 12 fr.

TRAITÉ DES MALADIES DES YEUX
Par le Docteur X. GALEZOWSKI
Troisième édition

1 vol. in-8 de xvi-1020 pages avec 483 figures. . . . 20 fr.

e pansement antiseptique, manuel pratique, par J. de Nussbaum, 2ᵉ *édition*,
  1 vol. in-8, 300 p. . . . . 5 fr.
es névralgies vésicales, par le Dʳ Chaleix-Vivie, gr. in-8. . . . 2 fr 50
es tumeurs à tissus multiples, par le Dʳ Trévoux. In-8. . . . . 3 fr.
tude clinique sur le massage, par le Dʳ Rafin. In-8, 46 p. . . . . 1 fr. 50
'avenir de l'art dentaire en France, par le Dʳ Lecaudey. Gr. in-8, p. 152. 3 fr.

ENVOI FRANCO CONTRE UN MANDAT POSTAL

FORMULAIRE DE L'UNION MÉDICALE

DOUZE CENT FORMULES FAVORITES DES MÉDECINS FRANÇAIS ET ÉTRANGERS

Par le Docteur N. GALLOIS

Quatrième édition

1 vol. in-32 de 670 pages, cart. . . . . 3 fr. ! 50

NOUVEAUX

ÉLÉMENTS DE CHIMIE MÉDICALE

ET DE CHIMIE BIOLOGIQUE

Par le Docteur R. ENGEL

Professeur à la Faculté de médecine de Montpellier.

1 vol. in-8 de VIII-671 pages avec 100 figures. . . . . . 9 fr.

Formulaire pathogénétique usuel, ou Guide homœopathique pour traiter soi-même les maladies, par J. PROST-LACUZON, 6ᵉ *édition*. 1 vol. in-18 jjésus de 583 pages. . . . . 6 fr.

Traité pratique et clinique d'hydrothérapie, par E. DUVAL. 1 vol. in-8 de 910 pages. . . . . 10 fr.

SCIENCES PHYSIQUES ET NATURELLES

NOUVEAU DICTIONNAIRE DE CHIMIE

Comprenant

LES APPLICATIONS AUX SCIENCES, AUX ARTS, A L'AGRICULTURE ET A L'INDUSTRIE
A L'USAGE DES INDUSTRIELS, DES FABRICANTS
DE PRODUITS CHIMIQUES, DES AGRICULTEURS, DES MÉDECINS, DES PHARMACENS
DES LABORATOIRES MUNICIPAUX, DE L'ÉCOLE CENTRALE
DE L'ÉCOLE DES MINES, DES ÉCOLES DE CHIMIE, ETC.

Par E. BOUANT

PRÉCÉDÉ D'UNE INTRODUCTION
Par L. TROOST, Membre de l'Institut.

1 vol. in-8 de 1120 pages à 2 col., avec 630 figures et 2 planches. 25 fr.
Le même, relié. . . . . 28 fr.

BIBLIOTHÈQUE SCIENTIFIQUE CONTEMPORAINE

A **3** FR. **50** LE VOLUME

Nouvelle collection de volumes in-16, comprenant 300 à 400 pages, imprimés
en caractères elzéviriens et illustrés de figures.

AZAM (D^r). **Hypnotisme, double conscience et altérations de la personnalité.** 1 vol. in-16, avec figures...................... 3 fr. 50

BAYE (Baron J. DE). **L'archéologie préhistorique.** 1 vol. in-16, avec 50 figures .... 3 fr. 50

BEAUNIS (H.). **Le somnambulisme provoqué.** Études physiologiques et psychologiques. 1 vol. in-16, avec figures............. 3 fr. 50

BERNARD (Claude). **La science expérimentale.** 1 vol. in-16.   3 fr. 50

BOUANT (E.). **La galvanoplastie, le nickelage, l'argenture, la dorure** l'électro-métallurgie. 1 vol. in-16, avec figures......... 3 fr. 50

BOURRU et BUROT. **La suggestion mentale** et l'action à distance des substances toxiques et médicamenteuses. 1 vol. in-16 avec fig.   3 fr. 50
— **Les variations de la personnalité.** 1 vol. in-16, avec fig.   3 fr. 50

BROUARDEL (P.), professeur et doyen de la Faculté de médecine de Paris. **Le secret médical.** 1 vol. in-16...................   3 fr. 50

CAZENEUVE (P.). **La coloration des vins par les couleurs de la** houille. 1 vol. in-16, avec 1 planche...................... 3 fr. 50

CHARPENTIER (Aug.). **La lumière et les couleurs.** 1 vol. in-16, avec 30 figures....................................... 3 fr. 50

COUVREUR. **Le microscope,** ses applications à l'étude des végétaux et des animaux. 1 vol. in-16, avec 100 fig............... 3 fr. 50

CULLERRE (Dr A.). **Magnétisme et hypnotisme.** 1 vol. in-16 avec 28 figures...................................... 3 fr. 50
— **Nervosisme et névroses.** Hygiène des énervés et des névropathes. 1 vol. in-16.................................... 3 fr. 50
— **Les frontières de la folie.** 1 vol. in-16................. 3 fr. 50

DALLET (G.). **La prévision du temps** et les prédictions météorologiques. 1 vol. in-16 avec 40 figures.................... 3 fr. 50
— **Les merveilles du ciel.** 1 vol. in-16, avec 74 fig........... 3 fr. 50

DEBIERRE (Ch.). **L'homme avant l'histoire.** 1 volume in-16, avec 84 figures....................................... 3 fr. 50

DUCLAUX, professeur à la Faculté des sciences de Paris. **Le lait.** Etudes chimiques et microbiologiques. 1 vol. in-16 avec fig.   3 fr. 50

FERRY DE LA BELLONE (D^r). **La truffe.** 1 vol. in-16, avec 20 figures et 1 planche....................................... 3 fr. 50

FOLIN (Marquis DE). **Sous les mers.** Campagnes d'explorations sous-marines. 1 vol. in-16, avec figures..................... 3 fr. 50

FOUQUÉ (F.), membre de l'Institut, professeur au Collège de France. **Les tremblements de terre.** 1 vol. in-16, avec 50 figures.   3 fr. 50

FOVILLE (A.), inspecteur général des établissements de bienfaisance. **Les nouvelles institutions de bienfaisance,** les dispensaires pour enfants malades, l'hôpital rural. 1 vol. in-16, avec 10 pl.   3 fr. 50

GALEZOWSKI et KOPFF (D^r). **Hygiène de la vue.** 1 vol. in-16, avec 50 figures...... .... 3 fr. 50

GARNER (Léon). **Ferments et fermentations,** étude biologique des ferments, rôle des fermentations dans la nature et dans l'industrie. 1 vol. in-16, avec 65 figures...................... 3 fr. 50

GAUDRY (Albert), membre de l'Institut, professeur au Muséum. **Les ancêtres de nos animaux** dans les temps géologiques. 1 vol. in-16, avec figures.. 3 fr. 50

GAUTIER (Arm.), professeur à la Faculté de médecine de Paris. **Le cuivre et le plomb** dans l'alimentation et l'industrie. 1 volume in-16.. 3 fr. 50

GIRARD (Maurice). **Les abeilles.** Organes et fonctions, éducation et produits, miel et cire. 1 vol. in-16, avec 30 fig. et 1 planche. 3 fr. 50

GRAFFIGNY (H. DE). **La navigation aérienne** et les ballons dirigeables. 1 vol. in-16, avec 43 figures.................... 3 fr. 50

GUN (Colonel). **L'électricité** appliquée à l'art militaire. 1 vol. in-16, avec 70 figures.. 3 fr. 50

— **L'artillerie actuelle,** canons, fusils et projectiles. 1 vol. in-16, avec 80 figures.. 3 fr. 50

HERZEN (Alex.), professeur à l'Académie de Lausanne. **Le cerveau et l'activité cérébrale** au point de vue psycho-physiologique. 1 vol. in-16... 3 fr. 50

KNAB. Les minéraux utiles et l'exploitation des mines. 1 vol. in-16, avec 50 figures.. 3 fr. 50

LARBALÉTRIER. L'alcool au point de vue chimique, agricole, industriel, hygiénique et fiscal. 1 vol. in-16, avec 50 figures.... 3 fr. 50

LEFÈVRE. La photographie, ses applications aux sciences, aux arts et à l'industrie. 1 vol. in-16, avec 100 figures........... 3 fr. 50

LORET (V.). **L'Égypte au temps des Pharaons.** 1 vol. in-16, avec 20 photogravures.. 3 fr. 50

MONIEZ. Les parasites de l'homme, animaux et végétaux. 1 vol. in-16, avec 50 figures.. 3 fr. 50

MOREAU (Dr P.), de Tours. **Fous et bouffons,** étude physiologique, psychologique et historique. 1 vol. in-16.................. 3 fr. 50

— **La folie chez les enfants.** 1 vol. in-16.................... 3 fr. 50

PERRIER (Edm.), professeur au Muséum d'histoire naturelle. **Le transformisme.** 1 vol. in-16, avec 100 figures........... 3 fr. 50

PLANTÉ (G.). **Les phénomènes électriques de l'atmosphère.** 1 vol. in-16, avec 50 figures.. 3 fr. 50

QUATREFAGES (A. DE), membre de l'Institut, professeur au Muséum. **Les pygmées.** 1 vol. in-16, avec figures.................. 3 fr. 50

RIANT (Dr A.). **Les irresponsables devant la justice.** 1 volume in-16.. 3 fr. 50

— **Hygiène des orateurs,** hommes politiques, magistrats, avocats, prédicateurs, professeurs, artistes et de tous ceux qui sont appelés à parler en public. 1 vol. in-16............................... 3 fr. 50

RENAULT (B.). **Les plantes fossiles.** 1 vol. in-16, avec fig. 3 fr. 50

RICHE (A.). **Monnaies et bijoux,** garantie et poinçonnage. 1 vol in-16, avec 40 figures.. 3 fr. 50

SAPORTA (A. DE). **Les théories et les notations de la chimie moderne.** 1 vol. in-16, avec figures........................... 3 fr. 50

SAPORTA (Marquis G. DE), correspondant de l'Institut. **Origine paléontologique des arbres** cultivés et utilisés par l'homme. 1 vol. in-16, avec figures.. 3 fr. 50

SCHMITT (J.). **Microbes et maladies.** 1 vol. in-16, avec 24 fig. 3 fr. 50

SIMON (Dr P. Max). **Le monde des rêves.** 1 vol. in-16.... 3 fr. 50

VUILLEMIN. La biologie végétale. 1 vol. in-16, avec 80 fig. 3 fr. **50**

Derrniers volumes parus de la Bibliothèque Scientifique contemporaine à 3 fr. 50 c.

BEAUNIS (H.). L'évolution du système nerveux, avec 237 figures.

BLLEICHER (G.), Les Vosges, le sol et les habitants, avec 28 coupes, profils et figures.

COLLINEAU. L'Hygiène à l'école, pédagogie scientifique, avec 50 figures.

COTTEAU (G.). Le préhistorique en Europe. Congrès, Musées, Excursions, avec 87 figures.

COUVREUR. Les exercices du corps. Le développement de la force ett de l'adresse, étude scientifique, avec 78 figures.

FRIÉDÉRICQ (L.). La lutte pour l'existence chez les animaux marins. avec 37 figures.

GAIDEAU DE KERVILLE. Les animaux et les végétaux lumineux, avec 49 figures.

GAIRNIER (Paul), médecin en chef de l'infirmerie du dépôt de la Préfecture de police, avec tableaux.

GRIÉHANT (N.), aide naturaliste au Muséum d'hystoire naturelle. — ILes poisons de l'air, l'acide carbonique et l'oxyde de carbone, avec 20 figures.

GUÉRIN (Alph.). Les pansements modernes. Le pansement ouaté et son application à la thérapeuthique chirurgicale, avec figures.

HAMMONVILLE (baron d'). La vie des oiseaux, scènes d'après nature, avec 18 planches.

HOUSSAY (Fr.). maître de conférences à l'école Normale Supérieure. Les industries, des animaux, avec 33 figures.

HUXLEY (Th.). Les sciences naturelles et les problèmes qu'elles font surgir.

IMBERT, professeur à la Faculté de médecine de Montpelier. Les anomalies de la vision. Introduction par le Docteur JAVAL, de l'Académie de médecine.

JOURDAN. Les sens chez les animaux inférieurs, avec 50 figures.

LUY'S, membre de l'Académie de Médecine. Les émotions chez les sujjets en état d'hypnotisme, études de psychologie expérimentale faittes à l'aide des substances médicamenteuses ou toxiques impressionnant à distance les réseaux nerveux périphériques, avec 28 planches.

MONTILLOT. La télégraphie actuelle en France et à l'Etranger. Lignes, réseaux, appareils, téléphones, avec 131 figures.
— La lumière électrique. Générateurs foyers, distribution, applications, avec 190 figures.
L'amateur d'insectes. Caractères et mœurs des insectes. Chasse, préparation et conservation des collections, avec 100 figures.

RAVENEZ, médecin-major à l'Ecole de Saumur. La vie du soldat au point de vue de l'hygiène, avec 55 figures.

RÉVEILLÉ-PARISE et CARRIÈRE. La goutte et les rhumatismes.
— Hygiène de l'esprit. Physiologie et hygiène des hommes livres aux travaux intellectuels.

RIANT. Le surmenage intellectuel et les exercices physiques.

SIMON (P. Max). Les maladies de l'esprit.

VINAY, médecin des hôpitaux de Lyon. La lutte contre les microbes et la désinfection par la chaleur.

ENVOI FRANCO CONTRE UN MANDAT POSTAL

BIBLIOTHÈQUE DES CONNAISSANCES UTILES

NOUVELLE COLLECTION
de volumes in-16, comprenant 400 pages
ILLUSTRÉS DE FIGURES INTERCALÉES DANS LE TEXTE
Prix de chaque volume, cartonné : 4 fr.

La **Bibliothèque des Connaissances utiles** a pour but de vulgariser les notions usuelles que fournit la science, et les applications sans cesse plus nombreuses qui en découlent pour les Arts, l'Industrie et l' économie domestique.

Son cadre comprend donc l'universalité des sciences, en tant qu'elles présentent une utilité pratique au point de vue soit du bien-être, soit de la santé. C'est ainsi qu'elle abordera les sujets les plus variés : *industrie agricole et manufacturière, chimie pratique, médecine populaire, hygiène usuelle*, etc.

Ceux qui voudront bien recourir à cette *Bibliothèque* et la consulter au jour le jour, suivant les besoins du moment, trouveront intérêt et profit à le faire, car ils y recueilleront nombre de renseignements pratiques, d'une utilité générale et d'une application journalière.

Nouvelle Médecine des familles, à la ville et à la campagne, à l'usage des familles, des maisons d'éducation, des écoles communales, des curés, des sœurs hospitalières, des dames de charité et de toutes les personnes bienfaisantes qui se dévouent au soulagement des malades, par le Dr A.-C. DE SAINT-VINCENT. *Neuvième édition*, revue et corrigée. 1 vol. in-16 de 380 p., avec 442 fig., cartonné........ 4 fr.

LES REMÈDES SOUS LA MAIN, EN ATTENDANT LE MÉDECIN, EN ATTENDANT LE CHIRURGIEN, L'ART DE SOIGNER LES MALADES ET LES CONVALESCENTS.
Ouvrage approuvé par M^{grs} les arch vêques d'Albi, d'Arras, de Bourges et de Toulouse.

Premiers secours en cas d'accidents et d'indispositions subites, par E. FERRAND et A. DELPECH, membre de l'Académie de médecine. *Troisième édition*. 1 vol. in-16 de 350 p., avec 50 fig., cart.. 4 fr.

LES EMPOISONNÉS, LES NOYÉS, LES ASPHYXIÉS, LES BLESSÉS DE LA RUE, DE L'USINE ET DE L'ATELIER, LES MALADIES A INVASION SUBITE, LES PREMIERS SYMPTOMES DES MALADIES CONTAGIEUSES.

La Gymnastique et les exercices physiques, par A. LEBLOND et H. BOUVIER, membre de l'Académie de médecine. 1 vol. in-16 de 400 p., avec 80 fig., cartonné................................. 4 fr.

MARCHE, COURSE, DANSE, NATATION, ESCRIME, ÉQUITATION, CHASSE, MASSAGE, EXERCICES GYMNASTIQUES, APPLICATION AU DÉVELOPPEMENT DES FORCES, A LA CONSERVATION DE LA SANTÉ ET AU TRAITEMENT DES MALADES.

L'Industrie laitière, le lait, le beurre et le fromage, par E. FERVILLE, ingénieur agronome. 1 vol. in-16 de 350 p., avec 100 fig., cart. 4 fr.

Manuel de l'Essayeur, par A. RICHE, directeur des essais à la Monnaie de Paris. 1 vol. in-16 de 350 p., avec 70 fig., cartonné. 4 fr.

Les Industries d'amateur, le papier, le bois, le verre, la porcelaine et le fer, par H. DE GRAFFIGNY. 1 vol. in-16 de 350 pages, avec 150 fig., cartonné.. 4 fr.

Les Secrets de l'Économie domestique à la ville et à la campagne, par A. HÉRAUD. 1 vol. in-16 de 400 p., avec 180 fig., cartonné. 4 fr.

Les Secrets de la Science et de l'Industrie, par A. HÉRAUD. 1 vol. in-16 de 380 p., avec 165 fig., cart.............................. 4 fr.

ENVOI FRANCO CONTRE MANDAT POSTAL

PETITE BIBLIOTHÈQUE MÉDICALE

A 2 FR. LE VOLUME

Nouvelle collection de volumes in-16 comprenant 200 pages et illustrés de figures

La première Enfance, guide hygiénique des mères et des nourrices, par le Dr E. Périer. 1 vol. in-16 de 200 p., avec figures .... 2 fr.

La seconde Enfance, guide hygiénique des mères et des personnes appelées à diriger l'éducation de la jeunesse, par le Dr E. Périer. 1 vol. in-16 de 236 pages.............................. 2 fr.

Le tabac et l'absinthe, leur influence sur la santé publique, sur l'ordre moral et social, par le Dr Jolly, membre de l'Académie de médecine. 2e *édition*. 1 vol. in-16 de 216 pages............. 2 fr.

Hygiène morale, par le Dr Jolly. 1 vol. in-16 de 300 pages.. 2 fr.

L'homme, la vie, l'instinct, la curiosité, l'imitation, l'habitude, la mémoire, l'imagination, la volonté.

Mémoires d'un Estomac, par le Dr C.-H. Gros. 4e *édition*. 1 vol. in-16 de 186 pages................................ 2 fr.

L'auteur suppose un estomac écrivant sa propre biographie, avec toutes les péripéties de son enfance, de sa jeunesse et de son âge mûr, toutes les épreuves qu'il a eu à subir aux différentes époques de la vie du sujet auquel il appartenait.

La pratique du Massage, par W. Murrell, professeur à l'hôpital de Westminster. Introduction par M. Dujardin-Beaumetz, membre de l'Académie de médecine. 1 vol. in-16, avec figures .... 2 fr.

Manuel du pédicure ou l'art de soigner les pieds (sueurs, durillons, oignons, cors, œils-de-perdrix, engelures, ongle incarné, etc.), par Galopeau. 2e *édition*. 1 vol. petit in-16 de 132 p., avec 28 fig. 2 fr.

Les plantes oléagineuses et leurs produits (Huiles et Tourteaux), **et les plantes alimentaires** des pays chauds (cacao, café, canne à sucre, etc.), par P. Boéry, 1 vol. in-16, avec 22 figures..... 2 fr.

La Folie érotique, par B. Ball, professeur à la Faculté de médecine de Paris, membre de l'Académie de médecine. 1 vol. in-16. 2 fr.

La Prostitution à Paris, par le Dr A. Corlieu. 1 vol. in-16... 2 fr.

Les passions, dans leurs rapports avec la santé et les maladies, l'amour et le libertinage, par le Dr L. X. Bourgeois. 1 vol. in-16, 208 p. 2 fr.

La femme stérile, par le Dr P. M. Dechaux (de Montluçon). 2e *édition*. 1 vol in-16, 200 pages................................ 2 fr.

Les lois de la génération, sexualité et conception, par le Dr Gourrier. 1 vol in-16 de 200 pages................................ 2 fr.

De l'Onanisme, causes, dangers et inconvénients pour les individus, la famille et la société, remèdes, par le Dr H. Fournier. 3e *édition*. 1 vol in-16 de 216 pages................................ 2 fr.

ENVOI FRANCO CONTRE UN MANDAT POSTAL

BERGERET (L.-F.). — Des fraudes dans l'accomplissement des fonctions génératrices, causes, dangers et inconvénients pour les individus, la famille et la société, remèdes. *Neuvième édition.* Paris, 1881. 1 vol. in-18 jésus, 228 pages.......... 2 fr. 50

Table des Matières. — Causes qui produisent les fraudes : affaiblissement des idées religieuses, accroissement de l'aisance générale, influence des doctrines malthusiennes, prétendus inconvénients des grossesses nombreuses. — Dangers et inconvénients des fraudes pour la femme et pour l'homme : fraudes directes (accidents locaux chez la femme, accidents locaux chez l'homme, accidents généraux communs aux deux sexes), fraudes indirectes. — Dangers et inconvénients des fraudes pour la famille : débauche et jalousie du mari, démoralisation de la femme, dégénérescence des enfants, extinction de la famille. — Dangers et inconvénients des fraudes pour la société : démoralisation, arrêt dans l'accroissement de la population. — Moyens capables de prévenir ou d'atténuer les inconvénients des fraudes : loi civile et loi économique, loi religieuse, loi d'hygiène ou morale de l'intérêt national.

BOURGEOIS. — Les Passions dans leurs rapports avec la santé et la maladie, **l'Amour et le Libertinage.** *Quatrième édition.* 1 vol. in-18 jésus.................................... 2 fr.

DECHAUX. — La femme stérile. 1 vol. in-18 jésus..... 2 fr.

DUPOUY. — Médecine et mœurs de l'ancienne Rome, d'après les poètes latins. 1 volume in-18 jésus de 450 pages, avec figures.. 4 fr.

FOURNIER. — De l'Onanisme, causes, dangers et inconvénients pour les individus, la famille et la société, remèdes. *Troisième édition.* 1 vol. in-18 jésus.......................... 2 fr.

MAYER. — Des rapports conjugaux, considérés sous le triple point de vue de la population, de la santé et de la morale publique. *Huitième édition.* 1 vol. in-18 jésus.............. 3 fr.

L'auteur a étudié le mariage dans son influence sur l'individu, la famille et la société. Il a traité le rôle que celle-ci est appelée à remplir dans la civilisation moderne, après avoir exposé les phases de sa condition dans les sociétés anciennes. Certaines découvertes toutes récentes ont été mises à profit, de même que les données de la statistique, pour éclairer divers points demeurés obscurs. Enfin la question de la *fécondation artificielle* a trouvé sa place naturelle, et, comme contraste, à la suite du chapitre consacré aux *artifices préventifs de la fécondation.*

— Conseils aux femmes sur l'âge de retour, médecine et hygiène. 1 vol. in-18 jésus................................. 2 fr.

MENVILLE. — Histoire philosophique et médicale de la femme, considérée dans toutes les époques principales de la vie, avec ses diverses fonctions, avec les changements qui surviennent dans son physique et son moral, avec l'hygiène applicable à son sexe et toutes les maladies qui peuvent l'atteindre aux différents âges. *Seconde édition.* 3 vol. in-8.................... 10 fr.

TARDIEU (A.). — Étude médico-légale sur les attentats aux mœurs. *Septième édition.* 1 vol. in-8 de 304 pages avec 5 planches... 5 fr.

— Étude médico-légale sur l'avortement. *Quatrième édition.* Paris, 1881. 1 vol. in-8 de 280 pages..................... 4 fr.

ENVOI FRANCO CONTRE UN MANDAT POSTAL